건축일반구조의 이해

이철구 · 이응직 · 방승기
함흥돈 · 이완건 공저

세진사

머리말...

비바람을 막아주는 단순한 셸터(shelter)의 개념에서 시작된 건축물은 주거에 관한 인간의 지혜와 과학기술의 발달과 함께 지속적인 발전을 거듭해 왔다. 원시시대 흙과 나무에서 시작된 건축재료는 벽돌이나 석재로 발전되었고, 근대에 들어 철이 사용되면서 다양한 형태와 높이의 건축물이 가능해졌다. 또 건축구조에 관한 눈부신 기술발전으로 19세기 들어 철근콘크리트구조 및 철골구조 등이 개발되면서, 초고층건물을 비롯한 현대 건축물의 대표적인 구조법으로 자리매김하게 되었다.

건축물이 갖추어야 할 세 가지 주요 요소로 미, 구조, 기능을 들 수 있는데, 건축구조는 이러한 요소 중 구조적인 면을 다루고 있으며, 그중 건축일반구조는 건축물의 구조형식에 따라 어떤 재료가 사용되고 그 건축물이 입체적으로 어떻게 구성되는가를 다루는 분야이다. 본서는 제목이 말해 주듯이 건축일반구조를 쉽게 이해할 수 있도록 하기 위해 가급적 수식은 배제하였으며, 또 그림 및 사진을 많이 싣도록 노력하였다.

본서는 총론과 기초구조 외에, 건축물의 주된 재료 및 시공법으로 구분하는 조적구조, 철근콘크리트구조, 철골구조, 나무구조로 각 장을 구분하였고, 아울러 각 구조에 공통되는 부분으로서, 지붕 및 방수, 계단, 창호, 마감을 각각 하나의 장으로 구성하였다.

소규모 단독주택부터 대규모 초고층건물에 이르기까지 다양한 건축물이 공존하는 오늘날에 있어서, 건축물의 각종 구조를 평이하게 이해할 수 있는 데 이 책이 일조를 했으면 하는 마음이며, 끝으로 본서의 출간을 위해 많은 노력을 기울여 주신 도서출판 세진사 문형진 사장님을 비롯한 임직원 여러분께 깊은 감사를 드리는 바이다.

저 자

목 차

Chapter 01

총론

1. 개요

2. 건축구조의 분류

3. 건축물에 작용하는 하중

4. 건축물의 주요 구성부분

Chapter

01 총론

1. 개요

단순히 비바람을 막아주는 셸터(shelter)의 개념에서 출발한 건축은 주거에 관한 인간의 지혜가 모아지면서 다양한 재료를 사용하게 되었으며, 또 과학기술의 발달에 따라 여러 형태의 건축구조법이 개발되었다. 즉, 원시시대에는 흙과 나무가 주거(건축)의 주된 재료였으나, 점차 흙을 불에 구운 벽돌이나 자연의 돌을 가공한 석재를 이용하게 되었으며, 그 후 18세기에 철을 건축재료로 사용하면서 다양한 형태와 높이의 건축물이 가능하게 되었다. 건축구조에 관한 기술 또한 활발히 이루어져, 19세기에 철근콘크리트구조 및 철골구조 등이 개발되면서 초고층건물을 비롯한 현대건축물의 대표적인 구조법으로 자리매김하게 되었다.

건축물이 갖추어야 할 세 가지 주요 요소로 미(esthetic), 구조(construction), 기능(function)을 일컫고 있는데, 건축구조(건축일반구조, 건축구조역학)는 이 중 구조적인 면을 다루고 있는 분야이다. 건축은 예술의 한 분야라고도 할 수 있듯이 아름다움을 추구하는 것은 당연하고, 또 최근의 인텔리전트빌딩에서 알 수 있듯이 기능(성능)적 향상을 도모해야 하는 것 또한 당연하지만, 어떠한 경우에도 건물이 무너진다든가 하는 구조적 불안정성이 있어서는 안 된다. 건축구조의 중요성이 강조되는 이유가 여기에 있는 것이다.

2. 건축구조의 분류

건축구조를 분류하는 방법에는 여러 가지가 있으나, 건축물의 주요 부분을 구성하는 재료에 따라 분류하는 방법이 가장 일반적이며, 그 외에도 구조체의 구조 및 형태에 따라 분류하기도 하고 시공방법에 따라 분류하기도 한다.

(1) 주요 구조체 재료에 따른 분류

1) 철근콘크리트구조

철근과 콘크리트로 이루어진 합성구조체로 내구성(耐久性), 내화성(耐火性), 내진성(耐震性)이 좋으나, 중량이 크고 시공이 복잡하여 중저층 건물의 구조 방식으로 널리 적용된다.

철근콘크리트구조의 기둥, 보, 슬래브(바닥) 부분에서, 콘크리트 속에 철근이 들어 있는 모습의 예를 그림 1.1에 나타낸다.

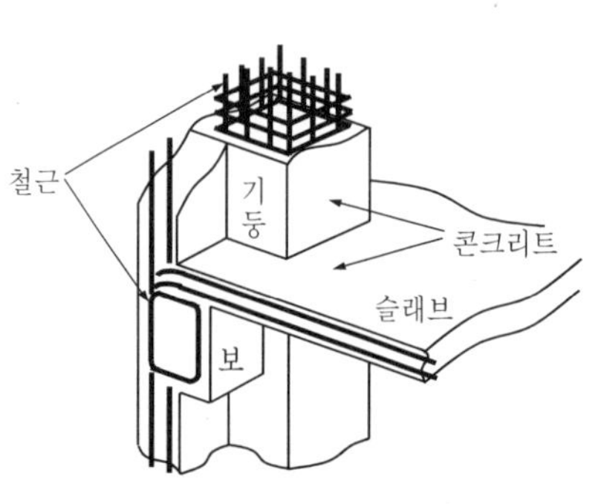

그림 1.1 철근콘크리트구조에서의 콘크리트와 철근

그림 1.2 철골구조에서의 보와 기둥

2) 철골구조

철강재를 리벳이나 볼트 또는 용접 등으로 접합하여 조립한 것을 건물의 주요 구조체에 사용하는 구조이다. 철강재로 조립한 주요 골조를 철골이라 하며 철골조나 강구조라고도 한다. 경량이면서도 강도가 커서 고층건물이나 스팬(span, 기둥과 기둥 사이의 거리)이 큰 건물에 유리하다. 그림 1.2에 철강재로 보와 기둥을 구성하고 있는 철골구조의 예를 나타낸다.

3) 철골철근콘크리트구조

철골을 중심으로 그 주위를 철근으로 둘러싸고 여기에 콘크리트를 부어 넣어 단일체(單一體)로 만든 구조로, 철근콘크리트구조와 철골구조의 중간적인 구조법이다. 철근콘크리트구조는 내화성은 좋으나 자중이 커서 고층일수록 기둥이 굵어지면서 실내 유효면적이 작아지는 결점이 있다. 반면 철골구조는 자중은 철근콘크리트에 비해 작지만 내화성이 좋지 않아 내화피복을 필요로 한다. 따라서 이들의 결점을 보완한 구조로서 철골철근콘크리트구조가 적용되고 있다. 그림 1.3은 철골기둥 주위에 철근이 배근된 예를 나타낸다.

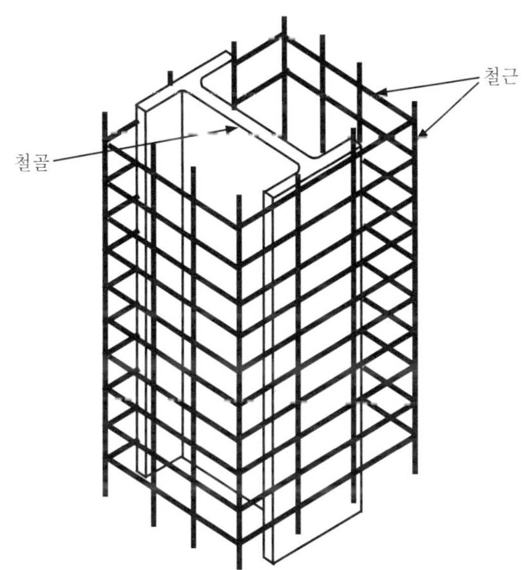

그림 1.3 철골 주위에 철근이 배치된 예

4) 벽돌구조

건물의 벽 등을 벽돌로 쌓아 만든 구조로, 벽돌의 재료적 성질에 따라 내구성과 내화성이 좋으나 쌓아 올리는 구조인 관계로 풍압이나 지진과 같은 수평력(횡력(橫力)이라고도 함)에 약해 단층건물을 비롯한 저층건물에 적용된다.

5) 블록구조

벽돌구조와 같은 개념으로 속이 빈 블록을 쌓아 올려 벽체를 만드는 방법으로 간단한 구조물에 이용되어 왔지만, 근래에는 철근콘크리트로 보강하여 널리 사용된다. 벽돌구조와 같은 특징을 갖고 있으나, 철근콘크리트로 보강할 경우 벽돌구조에 비해 수평력에 강하다.

6) 돌구조

돌을 쌓아 올려 벽체를 구성하는 구조로, 구조적인 특징은 벽돌구조 및 블록구조와 동일하다. 벽돌구조나 블록구조에 비해 외관이 미려한 반면 공사비가 더 들기 때문에, 뒷벽에 벽돌이나 콘크리트 벽체를 사용하고 앞에서 보이는 벽면만 돌로 장식하는 방법을 적용하기도 한다.

7) 나무구조

건물의 벽체나 지붕 등의 뼈대가 나무로 이루어진 것으로, 나무와 나무의 접합부분을 가공해서 맞추기도 하고, 못과 같은 접합철물을 이용해서 조립하기도 한다. 철근콘크리트의 발달로 사용 예는 많지 않으나 서양식 목조주택 등에 꾸준히 적용되고 있다.

(2) 주요 구조체의 구성방식 및 형태에 따른 분류

1) 일체식 구조

철근콘크리트구조 또는 철골철근콘크리트구조와 같이 주체가 되는 구조부를 다른 재료로 접합하지 않고 기초에서 지붕에 이르기까지 일체로 하는 구조를 말한다.

2) 가구식 구조

가늘고 긴 부재(部材)를 조립한 형태로, 나무구조(木構造)나 철골구조가 대표적인 예이다. 가구식 구조에서는 부재의 조립과 접합방법이 중요하며, 그에 따라 구조의 강도가 달라진다.

3) 조적식 구조

벽돌이나 돌 등의 각각의 재료를 모르타르와 같은 접착제를 이용하여 쌓아 올리는 구조로, 일반적으로 이때의 벽은 힘을 받기 때문에 내력벽(耐力壁)이라 한다. 아울러 힘을 받지 않고 단지 칸막이 역할만 하는 벽을 비내력벽이라 한다.

4) 입체트러스구조

삼각형 모양을 기본으로 하는 트러스로 넓은 지붕을 만든 구조로, 중앙에 기둥이 없으므로 전시장, 체육관 등의 대공간 건축에 적용한다. 트러스를 가로방향과 세로방향으로 짜서 입체적으로 구성한 것을 입체트러스구조라 하며, 하나의 방향으로만 짜여져 있을 경우에는 평면트러스구조라 한다. 그림 1.4에 입체트러스구조로 지붕이 이루어진 체육관을 나타낸다.

그림 1.4 입체트러스구조

그림 1.5 현수구조(서귀포 월드컵경기장)

5) 현수구조

구조물의 지붕이나 바닥 부분을 지지점에 매달아 구조물을 지지하는 것으로 서스펜션구조라고도 한다. 그림 1.5는 경기장 지붕을 로프(케이블)로 매단 모습을 나타내고 있다.

6) 절판구조

평면판을 꺾어 결합해서 다면체나 원통형 모양을 형성시킨 것으로, 평면판보다 큰 힘을 받을 수 있어 중앙에 기둥을 두지 않을 수 있으므로 체육관, 공장 등에 적합하나 적용 예는 많지 않다. 그림 1.6에 절판구조 건축물을 나타낸다.

그림 1.6 절판구조
(미국 공군사관학교 교회)

그림 1.7 셸구조
(미국 존에프케네디(JFK) 국제공항)

7) 셸구조

휘어진 얇은 판을 사용한 구조를 셸구조 또는 곡면판구조라 하며, 곡면판이 지니는 역학적 특성을 이용하여 큰 간사이(span)의 넓은 공간을 덮는 지붕을 경량으로 튼튼하게 만들 수 있는 특징을 가지고 있다. 그림 1.7에 셸구조 건축물을 나타낸다.

8) 막구조

텐트와 같은 원리로 된 구조로, 지붕 등의 구조는 얇은 막으로 되어 있으며, 이 얇은 막이 갖는 인장력(당기는 힘)을 이용하여 외력에 저항하며 안정된 구조를 유지한다. 막에 인장력을 주는 방식에 따라 텐트구조와 공기막구조로 구분하는데, 앞서 설명한 현수구조와 같은 형태로 이루어진 것을 텐트구조, 건물 내에 공기를 불어 넣어 막에 인장력을 부여하는 것을 공기막구조라 한다. 그림 1.8에 텐트구조와 공기막구조의 건물을 나타낸다.

(a) 텐트구조(미국 덴버 국제공항)

(b) 공기막구조(일본 도쿄돔)

그림 1.8 막구조

(3) 시공방법에 따른 분류

1) 습식구조

시공할 때 물을 사용하게 되는 구조로, 하나의 작업이 끝난 후 굳을 때까지 다음 작업을 계속할 수 없으므로 건식구조에 비하여 공사기간이 길어지고 현장작업이 복잡해진다. 철근콘크리트구조, 철골철근콘크리트구조, 조적조 등이 해당된다.

2) 건식구조

시공할 때 물을 사용하지 않아도 되는 구조로, 물을 사용하지 않으므로 겨울에도 공사가 가능하여 습식구조에 비해 공사기간이 단축된다. 나무구조, 철골구조 등이 해당된다.

3) 조립구조

부재를 규격화하고 가급적 많은 부재를 공장에서 생산 및 가공 조립한 후 현장에서 짜 맞추는 구조이다. 습식구조나 건식구조에 비해 현장에서의 작업량을 줄일 수 있어 단기간 공사가 가능하다.

3. 건축물에 작용하는 하중

하중이란 구조물이 외부로부터 받는 힘을 의미하는데, 건축물에 대해서는 건축물 자체의 무게, 건축물 안에 들어가는 각종 물건의 무게, 건축물 지붕에 쌓이는 눈의 무게 등의 하중이 있다. 건축물은 이러한 하중에 충분히 견딜 수 있도록 설계 및 시공이 이루어져야 한다. 아래에 건축물에 작용하는 대표적인 하중의 종류를 나타내며, 이러한 하중의 산정기준 및 방법은 국토교통부에서 고시한 「건축구조기준」에 명시되어 있다.

(1) 고정하중

기둥・보・바닥・벽과 같은 구조체 자체의 무게 및 마감재의 무게, 그리고 상시 구조물 위에 고정되어 사용되는 하중을 합계한 것이다.

(2) 적재하중

적재하중이란 일반적으로 건축물의 바닥에 가해지는 하중을 의미하며, 예를 들어 건물 안에 설치되는 물품이나 실내 거주자가 적재하중의 요소가 된다. 적재하중은 고정되어 있는 것이 아니기 때문에 활하중(live load)이라고도 한다.

(3) 적설하중

지붕 등에 쌓인 눈이 구조물에 작용하는 하중으로, 눈이 많이 내리는 지역에서는 쌓인 눈에 의해 지붕이 붕괴되는 경우가 있으므로 이러한 지역에서 특히 중요한 요소가 된다.

(4) 풍하중

바람이 건물에 작용하는 하중을 의미한다. 일반적으로 지상보다 높을수록 바람의 세기도 커지므로 특히 고층건물의 경우에는 풍하중에 대한 고려가 필요하다.

(5) 지진하중

바람에 의한 풍하중과 마찬가지로 지진이 발생하면 건물에 하중으로 작용하며 이때의 하중을 지진하중이라 한다.

4. 건축물의 주요 구성부분

수많은 부품으로 구성되어 있는 자동차의 각 부품마다 명칭이 있듯이 건축물을 구성하는 각종 요소에는 다양한 명칭이 있는데, 주요 구성부분으로는 다음과 같은 것들을 들 수 있다.
참고로 「건축법」에서는 내력벽, 기둥, 바닥, 보, 지붕틀 및 주계단(主階段)을 건축물의 주요 구조부로 규정하고 있다.

(1) 기초

건물의 자체 중량 및 건물에 가해지는 각종 하중을 안전하게 지반에 고정시키고,

건물에 허용범위 이상의 침하·변형·진동 등이 일어나지 않게 하는 것을 목적으로 한다.

(2) **기둥**

지붕, 바닥, 보 등의 상부 하중을 지탱하는 수직부재이다.

(3) **보**

수직부재인 기둥에 연결되어 지붕이나 바닥 등을 지탱하는 수평부재이다. 기둥과 기둥 사이에 걸쳐 있으면서 바닥을 지탱하는 것을 큰 보(거더, girder), 큰 보와 큰 보 사이에 걸쳐 있는 것과 같이 기둥에 연결되어 있지 않으면서 바닥을 지탱하는 것을 작은 보(빔, beam)라 한다.

(4) **벽**

수직으로 공간을 구획하는 수직부재이다. 상부의 하중을 지탱하는 벽과 단지 칸막이 역할만을 하는 벽이 있는데, 전자를 내력벽(耐力壁), 후자를 비내력벽(또는 장막벽)이라 한다.

(5) **바닥**

건물 각층을 수평으로 구획하는 수평부재로, 각층 바닥 위에 걸리는 하중을 바닥 밑의 보를 통해 기둥이나 벽에 전달한다.

(6) **천장**

실내공간의 상부를 구성하는 부분으로, 일반적으로 지붕틀이나 위층 바닥면을 가리면서 방음, 보온, 장식의 효과를 갖는다. 건축법에서는 반자라는 용어를 사용하고 있으며, 건축법에서의 반자는 천장과 같은 의미이다.

(7) **지붕**

비·눈 등을 피하기 위해 건물의 최상부에 설치하는 덮개 또는 구조를 말하는데, 외부에 면해 있으므로 의장적으로 중요한 요소이며, 그 형상이나 마감재료는 건축물 외관에 큰 영향을 미친다.

(8) 창호

출입, 채광, 통풍 등의 목적으로 설치한 창과 문을 총칭해서 창호라 하며, 개구부(開口部)라는 명칭 또한 많이 이용된다.

(9) 수장

단열, 방음, 장식 등의 목적으로 구조부재에 붙인 것을 총칭해서 수장이라 하는데, 뒤에 설명하는 마무리와 함께 마감이라는 용어가 많이 사용되며, 따라서 본서에서도 마감이라는 용어를 사용하기로 한다.

(10) 마무리

건물의 안팎에서 보이는 부분을 마무리하는 요소 또는 공법을 일컫는 것으로 페인트칠, 유리끼우기 등이 해당된다.

Chapter 02

기초구조

1. 기초구조의 구성요소
2. 기초의 종류
3. 지반조사
4. 지반개량
5. 터파기

02 기초구조

1. 기초구조의 구성요소

건물의 중량 및 이것에 가해진 각종 하중을 안전하게 지반에 고정시키고, 건물에 허용 이상의 침하·경사·이동·변형·진동 등의 장애가 일어나지 않게 하는 것을 목적으로 하는 구조물을 기초라 하는데, 다음과 같은 요소로 구성된다.

(1) 기초

건물 상부로부터의 하중 또는 외력을 지반에 전달하는 건물 최하부 구조체의 총칭이며, 넓은 의미로는 지정을 포함해서 기초라 하기도 한다.

(2) 지정(地定)

지반을 견고하게 다지는 일과 기초 또는 지반을 보강하는 일의 총칭이며, 기초판을 받치기 위한 모래·자갈·잡석다짐 또는 말뚝 등을 설치한 것을 뜻하기도 한다.

(3) 기초판(푸팅, footing)

기둥 또는 벽체의 하중을 넓은 지면에 분포시켜서 안전하게 지지할 수 있도록 확대한 부분을 말한다.

그림 2.1에 잡석 및 말뚝으로 지정이 이루어진 기초의 구성을 나타낸다.

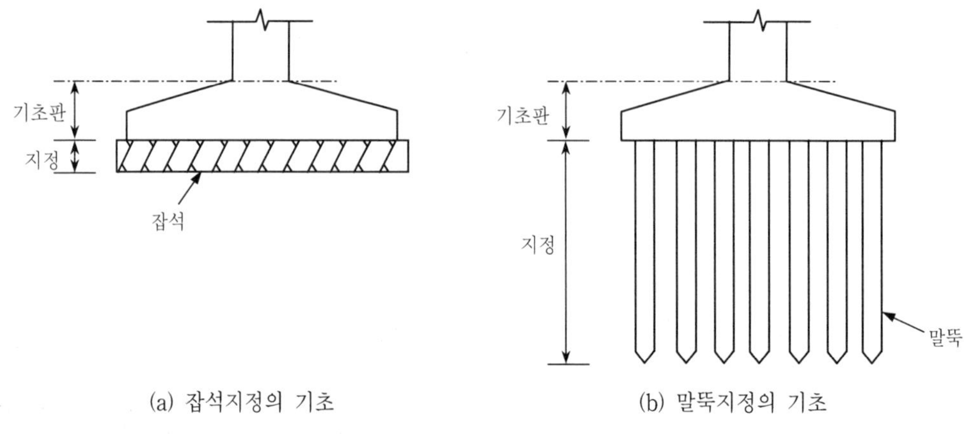

(a) 잡석지정의 기초 (b) 말뚝지정의 기초

그림 2.1 기초의 구성

2. 기초의 종류

기초에는 지정 형식에 따라 직접기초, 말뚝기초, 피어기초, 잠함기초 등이 있고, 또 기초판의 형식에 따라 독립기초, 복합기초, 연속기초, 온통기초 등이 있다.

(1) 지정 형식에 따른 분류

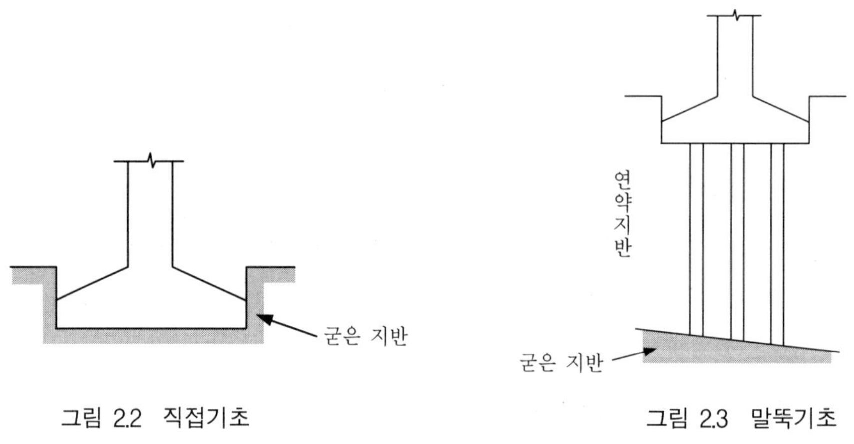

그림 2.2 직접기초 그림 2.3 말뚝기초

1) 직접기초

그림 2.2와 같이 직접 지반에 설치되거나 또는 그림 2.1의 (a)와 같이 경미한 잡석지정을 통해 설치되는 것으로, 견고한 지반이 지표면 가까이 있을 때 주

로 쓰이며, 특히 저층주택에서 많이 적용된다.

2) 말뚝기초

구조물의 하중을 말뚝 등의 구조물로 지반에 전달하는 방식의 기초로서, 그림 2.3과 같이 견고한 지반이 땅속 깊이 있을 경우나 구조물의 중량이 클 때 기둥(말뚝)을 통해 견고한 지반에 전달되도록 한다.

3) 피어기초

피어(pier)란 상부의 구조물을 떠받치는 하부 구조물이라 할 수 있는데, 따라서 피어기초란 땅속 견고한 지반까지 수직구멍을 낸 뒤 콘크리트를 타설하여 만든 원통형의 구조물로 건물 하중을 지반에 전달하도록 하는 것이다. 즉 기본개념은 말뚝기초와 유사한데 일반적으로 말뚝기초보다는 굵게 만든다. 그림 2.4는 상부구조물(건물)의 기둥 하부에 피어기초를 설치한 형태를 나타낸다. 피어기초가 암반과 같은 견고한 지반까지 내려갈 때는 그림 2.4 (a)와 같은 형태의 피어를 설치하나, 점토층과 같이 연약지반에서는 힘을 더 받게 하기 위해서 피어의 아랫부분을 확대시킨 그림 2.4 (b)와 같은 형태의 피어를 설치한다.

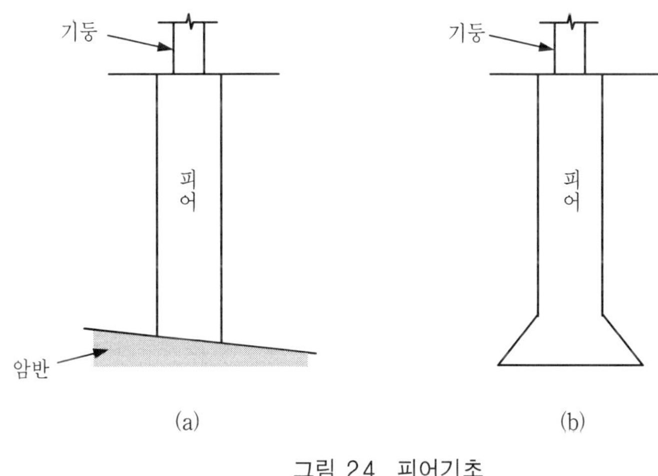

그림 2.4 피어기초

4) 잠함기초(케이슨(caisson)기초)

잠함(潛函)이란 가라앉는 상자라는 뜻이며, 따라서 잠함기초란 가라앉는 기초라 생각할 수 있다. 즉 기초부분을 지상에서 만든 후에 땅속으로 가라앉혀 만드는 기초를 잠함기초라 하며, 축조방법은 다음과 같다.

먼저 지상에서 밑면이 없는 원형이나 사각형 등의 형태로 된 상자를 철근콘크리트로 만들고, 상자의 아랫부분을 파내려가면서 자중(自重) 또는 별도의 하중에 의해 필요한 깊이까지 내려앉힌 후 아랫부분에 콘크리트를 부어 완성한다.

(2) 기초판 형식에 따른 분류

1) 독립기초

그림 2.5와 같이 한 개의 기둥 밑에 단독으로 설치된 기초이다.

2) 복합기초

그림 2.6과 같이 두 개 이상의 기둥을 하나의 넓은 기초로 지지하는 형식의 기초이다.

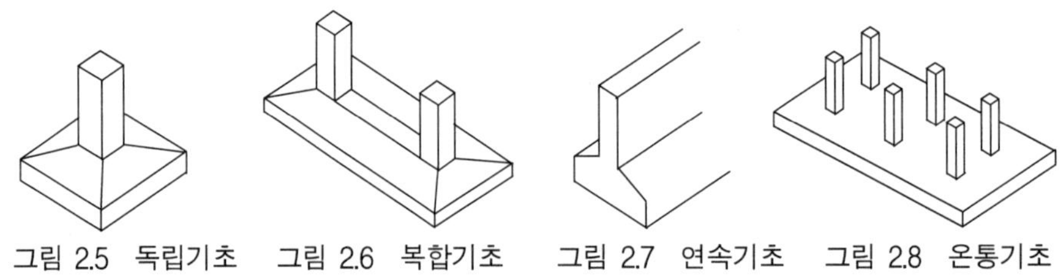

그림 2.5 독립기초　그림 2.6 복합기초　그림 2.7 연속기초　그림 2.8 온통기초

3) 연속기초

그림 2.7과 같이 기초가 연속적으로 형성되어 일체가 된 형식으로 줄기초라고도 하며, 조적구조의 벽기초나 철근콘크리트구조의 연결기초 등에 주로 적용된다.

4) 온통기초

그림 2.8과 같이 건물 하부 전체를 두꺼운 기초판으로 구성한 기초로, 하중에 비해 지내력(地耐力)이 작을 때 사용된다. 매트기초라고도 한다.

3. 지반조사

지반이란 우리가 일상적으로 말하는 땅이라 할 수 있는데, 건축물의 기초공사를 할 때는 땅속의 상태, 즉 딱딱한 경질지반인지 그렇지 않은 연약지반인지, 또 지하수가 있는지 없는지, 있다면 어느 위치에 있는지 등을 면밀히 조사해야 하며, 이렇게 대지 안에 계획하는 건축물의 설계 및 공사계획에 필요한 자료, 즉 지내력(地耐力), 지하수위, 침하 가능성 등을 조사하여 기초파기 방법, 기초의 넓이 · 깊이 및 기초의 종류 등을 결정하기 위한 조사를 지반조사라 한다.

(1) 지반조사의 순서

지반조사는 통상 예비조사와 본조사로 나누어 실시하며 필요한 경우 추가조사를 실시하기도 한다.

1) 예비조사

기초의 형식을 구성하고 본조사의 계획을 세우기 위해 시행하는 것으로, 대지 내의 개략적인 지반 구성, 지층 토질의 단단한 정도 및 지하수 위치 등을 파악한다.

2) 본조사

기초의 설계 및 시공에 필요한 각종 자료를 얻기 위해 시행하는 것으로, 땅에 구멍을 뚫는 천공조사를 비롯한 각종 방법에 의해 대지 내의 지반 구성, 기초의 지지력, 침하 및 시공에 영향을 미치는 범위에 관한 지반의 여러 성질과 지하수 상태 등을 조사한다.

(2) 지반의 조사사항

건축물의 기초를 설계할 때는 지반에 관한 다음의 사항들을 조사해야 한다.

1) 지내력과 부동침하

① 지내력

지내력(地耐力)이란 지반이 건물과 같은 구조물의 하중을 견딜 수 있는 정도를 말하며, 지반에 하중이 가해졌을 때 지반에 변형이 생기지 않고 또 허용량 이하의 침하만 이루어지게 하는 지내력을 허용지내력 또는 허용지지력이라 한다. 따라서 지내력 및 허용지내력은 지반의 종류에 따라 그 값이 다르다. 지반의 허용지내력은 국토교통부에서 고시한 「건축구조기준」에 따른 지반조사 및 하중시험에 의해 정하도록 하고 있으며, 지반조사 및 하중시험을 하지 않을 경우에는 표 2.1의 값을 따른 값으로 할 수 있게 되어 있다.

표 2.1 지반의 허용지내력(건축물의 구조기준 등에 관한 규칙 제18조(별표 8))

<table>
<tr><th colspan="2">지 반</th><th>장기응력에 대한 허용지내력 [kN/m²]</th><th>단기응력에 대한 허용지내력 [kN/m²]</th></tr>
<tr><td>경암반</td><td>화강암 · 석록암 · 편마암 · 안산암 등의 화성암 및 굳은 역암 등의 암반</td><td>4,000</td><td rowspan="8">각각 장기응력에 대한 허용지내력 값의 1.5배로 한다.</td></tr>
<tr><td rowspan="2">연암반</td><td>판암 · 편암 등의 수성암의 암반</td><td>2,000</td></tr>
<tr><td>혈암 · 토단반 등의 암반</td><td>1,000</td></tr>
<tr><td colspan="2">자갈</td><td>300</td></tr>
<tr><td colspan="2">자갈과 모래와의 혼합물</td><td>200</td></tr>
<tr><td colspan="2">모래 섞인 점토 또는 롬토</td><td>150</td></tr>
<tr><td colspan="2">모래 또는 점토</td><td>100</td></tr>
</table>

주 1) 장기응력이란 고정하중, 적재하중, 적설하중을 합한 하중인 장기하중(상시하중)에 의한 응력을 말하며, 단기응력이란 풍하중, 지진하중과 같이 단기간에 작용하는 하중인 단기하중(임시하중)에 의한 응력을 의미한다.
2) 응력이란 물체에 외력이 작용할 때 물체 내부에 생기는 저항력을 말한다.

② 부동침하

건물이 세워진 지반이 딱딱하고 그 건물이 비교적 가볍다면 완공 후 거의 가라앉지 않지만 지내력이 크지 않은 연약지반의 경우에는 크든 작든 침하가 있을 수 있는데, 이때 침하가 전체적으로 똑같으면 건물에 파괴나 변형을 일으키는 일은 드물다.

그러나 건물 전체적으로 고르게 침하하지 않고 부분적으로 침하량이 다를 경우에는 건물이 경사지거나 변형되면서 균열이 생기기 쉬운데, 이렇게 부분적으로 침하량이 다르게 되는 것을 부동(不同)침하 또는 부등(不等)침하라 한다.

㉠ 원인

부동침하의 원인은 다양하고 복잡하지만 다음과 같이 요약할 수 있다.

ⓐ 지반이 연약하거나 경사질 때 (그림 2.9 (a))

ⓑ 이질(異質) 지층일 때 (그림 2.9 (b))

ⓒ 지하의 수위가 변경되거나 지하에 구멍이 있을 때

ⓓ 땅을 메운 곳이 있어 건물 위치에 따라 지반의 강도가 다를 때

ⓔ 건물의 한쪽 면에 증축이 이루어지면서 그쪽이 무거워질 때(그림 2.9 (c))

ⓕ 지정(地定)이 일정하지 않거나 일부 장소만 이루어졌을 때(그림 2.9 (d))

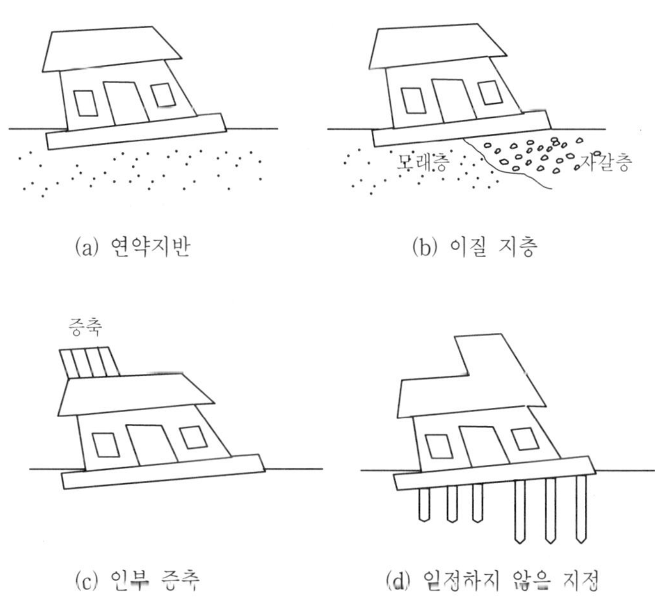

(a) 연약지반 (b) 이질 지층

(c) 인부 증축 (d) 일정하지 않은 지정

그림 2.9 부동친하이 원인

㉡ 대책

부동침하는 특히 연약지반에서 많이 발생할 수 있으며, 부동침하를 방지하는 방법으로는 다음과 같은 것들이 있는데, 이 모든 것을 다 적용하기는 어려울 수 있으나 가급적 많이 반영하도록 노력할 필요가 있다.

ⓐ 구조물을 가볍게 한다.

ⓑ 각 기초에 작용하는 하중을 균등하게 한다.

ⓒ 기초구조를 같게 한다.

ⓓ 구조물의 수평방향 강성(剛性)을 크게 한다.

ⓔ 건물의 평면길이를 작게 한다.

ⓕ 인접건물과의 거리를 길게 한다.

2) 상수면의 위치

홍수 때와 가뭄 때 강의 수위가 변화하듯이 땅속 지하수의 수위도 변하는데, 상수면(常水面)은 지하수가 가장 적을 때의 수면, 즉 땅속에서 지하수가 항상 존재하는 위치를 말한다. 땅의 위치에 따라 상수면의 위치도 다르며, 근처에 대규모 토목공사가 있다든가 지하수를 대량으로 퍼올리면 같은 곳이라도 그 수위가 달라진다. 지하실을 만들기 위한 굴착공사(땅파기공사)를 할 때라든가, 나무말뚝을 사용할 때는 상수면의 위치를 사전에 파악할 필요가 있다. 말뚝기초 중 나무말뚝을 사용할 때는 말뚝 윗부분까지 상수면 아래에 위치하여 말뚝 전체가 물에 잠기는 것이 바람직한데, 그 이유는 나무가 흙속에 있는 것보다 물속에 있는 것이 산소와의 접촉이 적어 잘 썩지 않고 또 벌레나 세균에 의한 부패를 방지할 수 있기 때문이다. 따라서 기초판의 밑부분이 상수면 이하가 되어 말뚝의 가장 윗부분까지 물속에 잠길 수 있는 곳에서만 나무말뚝을 적용하는 것이 원칙이다.

3) 동결선(동결심도)

동결선(凍結線)이란 겨울철에 땅이 어는 깊이를 말한다. 땅속 깊은 곳은 연중 온도가 거의 같아 겨울철에도 얼지 않으나 지면에 가까운 땅속은 겨울에 얼고 봄에 녹는 현상이 반복된다. 병에 들어 있는 물이 얼면 팽창해서 병이 깨지듯이, 땅이 얼면 팽창하여 기초를 들어올리고 다시 녹으면 수축하면서 기초가 내려가고 하는 현상이 반복되면서 기초가 불안정하게 되고 건물 균열의 한 원인이 된다. 따라서 기초공사를 할 때는 기초의 하단부가 동결선 이하에 위치하도록 해서 기초가 불안정해지는 일이 없도록 해야 한다. 동결선은 동결심도(凍結深度) 또는 동결깊이라고도 한다. 동결선은 지역에 따라 다르므로 그 건물이 위치할 지역의 동결선을 확인할 필요가 있으나, 일반적으로 중부지방은 900mm, 남부지방은 600mm 정도이다.

(3) 지반조사 방법

앞에서 설명한 바와 같이 건축물의 기초를 설계 및 시공하기 위해서는 지내력(地耐力), 지하수위, 침하 가능성 등을 조사하는 지반조사가 필요한데, 지반조사의 방법으로는 여러 가지가 있으며, 지층의 종류나 건물의 규모, 지반의 조사항목 등에 따라 각기 필요한 지반조사 방법을 행한다.

1) 시험파기

비교적 얕은 지반을 대상으로 정밀함이 요구되는 중요한 조사를 할 때 또는 뒤에 설명하는 보링 방법에 의해서는 부스러지지 않은 시료를 채취하기 어려운 경우 등에 적용하는 방법이다. 보링은 땅속 흙을 채취하여 조사하기 위해 대지에 구멍을 내는 방법임에 비해 시험파기는 구멍이 아니라 대지의 일부분을 직접 파는 방법이다. 비용이 많이 들어 얕은 지반에 대해서만 가능하지만 매우 확실한 방법이다.

2) 보링(boring)

토질과 지층 상태를 파악하기 위해 비교적 땅속 깊이 구멍을 뚫는 방법을 말한다. 땅에 구멍을 뚫는 방법에 따라 다음과 같은 종류로 나뉜다.

① 수세식 보링

이중으로 된 철관의 안쪽 관에서 고압수를 분출시켜 철관의 바깥쪽 관으로 토사가 씻겨 올라오게 하면서 구멍을 뚫는 방법이다. 딱딱하지 않은 연질층 지반 30m 정도 깊이까지의 조사에 적절한 방법이다. 그림 2.10에 수세식 보링의 개념도를 나타낸다.

② 회전식 보링

끝에 굴착날(비트, bit)이 부착된 로드(rod, 막대)를 모터로 회전시키면서 땅에 구멍을 내는 방법이다. 연약지반은 물론 경질지반과 암반도 뚫을 수 있어 가장 널리 이용되는 방법이다. 그림 2.11에 회전식 보링의 개념도를 나타낸다.

③ 충격식 보링

끝에 굴착날(비트, bit)이 부착된 로드를 이용하는 것은 회전식 보링과 같으나, 충격식 보링은 로드를 회전시키면서 구멍을 내는 것이 아니고, 로드를 와이어로프(wire rope)에 매달아 600~700mm 정도 상하 이동시키면서 떨어뜨리는 충격으로 구멍을 내는 방법이다.

④ 오거 보링

끝이 나사형 송곳으로 되어 있는 오거(auger)를 회전시키면서 구멍을 내는 방법이다. 경질지반은 뚫을 수 없어 10m 정도의 점토층에 적합하다.

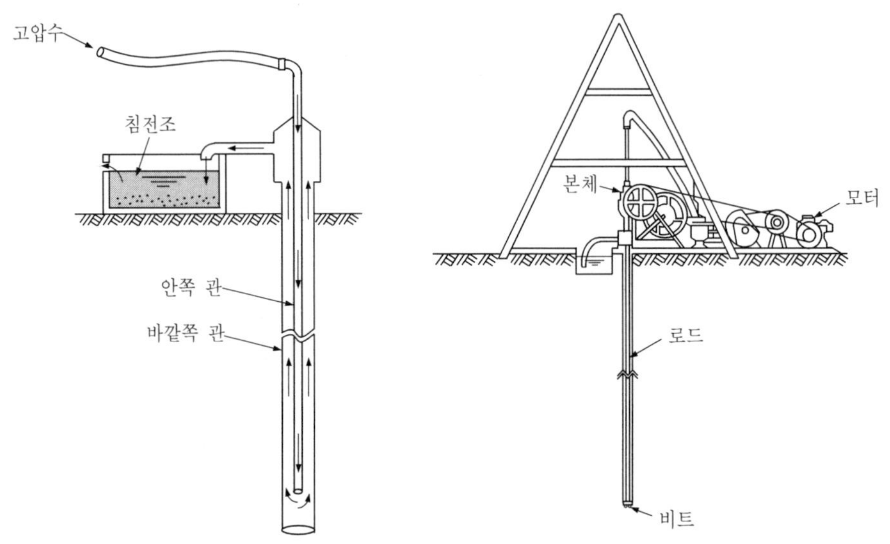

그림 2.10 수세식 보링 개념도 그림 2.11 회전식 보링 개념도

3) 사운딩(sounding)

땅속 필요한 위치에서의 지반의 각종 성질을 측정하기 위해 보링구멍 등에 시험기를 설치하여 각종 시험을 하는 것을 총칭하여 사운딩이라 하는데, 표준관입시험과 베인테스트 등의 방법이 있다.

① 표준관입시험

보링구멍 속에 표준관입시험용 시료채취기(샘플러, sampler)를 로드(rod) 끝에 달고, 63.5±0.5kg의 해머를 760±10mm 자유낙하시켜 로드 윗부분을 타격하면서 샘플러가 300mm 땅속으로 들어가는데 소요되는 타격횟수인 N값을 구하고 동시에 샘플러로 시료를 채취한다. 구해진 N값을 이용하여 흙의 지내력 등을 추정하는데, N값이 클수록 단단한 지반이라 생각할 수 있다. 모래질(사질) 지반에서는 비교적 정확한 지내력이 측정되나 진흙질(점토질) 지반에서는 신뢰성이 낮다.

② 베인테스트(vane test)

연약지반인 점토층에서 점토의 점착력을 판별하기 위해 주로 이용되는 것으로, 로드(rod) 끝에 그림 2.12와 같은 +자형 날개의 베인테스터를 부착시키고 이것을 땅속에 박아 넣은 후 회전시킬 때의 회전력으로 점토의 점착력을 판별한다.

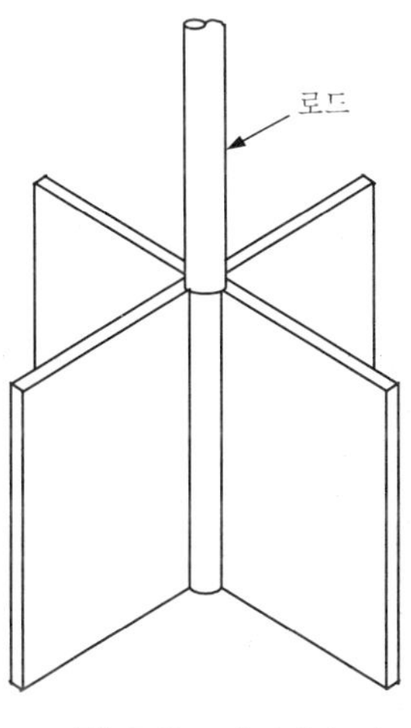

그림 2.12 베인테스터

4) 토질시험

시험파기나 보링 등의 방법으로 채취된 흙을 시료(試料)라 하는데, 이 시료를 가지고 여러 가지 시험을 하여 흙의 성질을 파악하는 것을 토질시험이라 한다. 토질시험의 종류로는 흙의 비중·함수량(含水量)·액성한계(液性限界)·소성한계(塑性限界) 등을 구하는 물리적 시험, pH·유기물함유량·염화물(鹽化物)함유량 등을 구하는 화학적 시험, 그리고 압밀시험(壓密試驗)·전단시험(剪斷試驗)과 같은 역학시험이 있다. 토질시험은 구조물의 설계나 시공에 충분한 도움이 되도록 시료의 채취법, 채취장소 및 시험의 종류와 방법 등을 적절하게 선택해야 한다.

5) 지내력시험(평판재하시험)

지반이 어느 정도의 무게를 견딜 수 있는가를 나타내는 지내력은 지반의 종류에 따라 앞서 표 2.1에 나타낸 허용지내력에 의해 대략적으로 판단할 수 있으나, 더 정확한 지내력을 파악하기 위해서는 지내력시험을 할 필요가 있다. 지내력시험은 일반적으로 지름 300mm의 원형철판(같은 면적의 사각철판도 가능)을 실제 기초판이 놓일 위치에 깔고 시험을 하기 때문에 평판재하시험(平板載荷試驗)이라고도 한다.

철판 위에 가하는 하중을 일정 비율로 늘려가면서 각 하중마다의 지반침하량을 측정하여 작성하는 하중-침하곡선에 의거해서 표 2.1에 나타나 있는 장기응력에 대한 허용지내력을 산정하게 되며, 구체적인 시험방법에 대해서는 한국산업표준(KS)에 규정되어 있다. 그림 2.13에 평판재하시험이 준비된 모습을 나타낸다.

그림 2.13 평판재하시험의 준비 모습

6) 말뚝시험

견고한 지반이 땅속 깊이 있거나 구조물의 중량이 클 때에는 말뚝을 이용해서 기초를 구성한다고 했는데, 이때 말뚝의 지지력을 결정하기 위한 방법으로 말뚝시험이 있다. 시험방법으로는 말뚝재하시험과 말뚝박기시험(항타시험)이 있다.

① 말뚝재하시험

말뚝재하시험은 앞에서 설명한 평판재하시험과 동일한 개념이다. 즉 평판재하시험은 지반의 지지력을 확인하기 위해 실제 기초판이 놓일 위치에 시험용 철판을 깔고 행하는 것이었는데, 말뚝재하시험은 실제 말뚝을 박을 위치까지 땅을 파고 말뚝을 설치한 후 그 위에 하중을 가해서 말뚝의 장기허용지지력을 결정하는 방법이다. 뒤에 설명하는 말뚝박기시험에 비해 신뢰성이 높다. 그림 2.14에 말뚝재하시험을 하고 있는 모습을 나타낸다.

그림 2.14 말뚝재하시험 모습

② 말뚝박기시험

실제로 말뚝을 박을 때와 마찬가지 형식으로 시험말뚝을 박으면서 그 침하량과 말뚝을 박는 도구인 추의 무게 및 낙하높이 등을 고려해서 말뚝의 장기허용지지력을 결정하는 방법이다.

방법이 간단하여 이전부터 많이 적용되었으나, 실제 말뚝에 걸리는 하중은 움직임이 없는 정적(靜的) 하중인데, 추의 움직임에 의한 동적(動的) 하중에 의해 지지력을 구하는 것에는 무리가 있어 앞에서 설명한 말뚝재하시험에 비해서는 신뢰성이 떨어진다.

7) 물리탐사

넓은 면적의 지층 구성상태를 신속하고 개략적으로 파악하고자 할 때 적절한 방법이지만 지반의 지지력 등을 파악할 수 없기 때문에 건축분야에서는 별로 사용되지 않고 자원이나 에너지분야 등에서 널리 적용되는 방법이다. 지층의 성질을 파악하는 방법에 따라 전류를 이용하는 전기탐사법, 방사성물질을 이용하는 방사능검층법, 화약폭발과 같은 인공적 진동을 이용하는 PS검층법(탄성파검층법) 등이 있다.

4. 지반개량

건축물의 기초를 설계 및 시공하기 위해서 지반의 지내력(地耐力), 지하수위, 침하 가능성 등을 조사하는 지반조사를 한 결과, 해당 건물에 대한 지반의 지지력이 부족할 경우 또는 지반을 안정시키기 위해서 지반의 상태를 좋게 할 필요가 있으며, 이것을 지반개량이라 한다. 지반개량 방법에는 여러 가지가 있으며, 지반의 종류에 따라 각기 적절한 방법을 선택하게 된다.

(1) 다짐공법

지반에 압축력이나 진동을 가해 지반을 다지는 방법으로 모래질(사질)지반에 유효하다.

1) 바이브로플로테이션(vibro-floatation)공법

바이브로플로트라는 장치의 앞부분에서 강력하게 물을 뿜고 동시에 진동시키면서 땅에 구멍을 내고 그곳에 모래 등을 다져 넣어 지반을 개량하는 방법이다. 기존의 흙에 여분의 흙이 더 들어간 결과가 되어 흙의 밀도가 높아지면서 지반이 개량되는 효과를 볼 수 있다. 다짐구멍의 간격은 일반적으로 1.2~1.5m이며 구멍의 깊이는 8m 정도이다.

2) 바이브로컴포저(vibro-composer)공법

바이브로플로테이션공법과 동일한 원리로 이루어지는 것으로, 바이브로플로트보다 훨씬 강력한 장비를 사용하여 깊이 20m 정도까지 모래를 다져 넣을 수 있는 방법이다. 다짐구멍의 간격은 2m 정도로 한다.

(2) 강제압밀탈수(强制壓密脫水)공법

완공 후의 건물 중량을 미리 추정하고 그 중량 이상의 하중을 지반에 가함으로써 연약지반을 압밀(압축하여 밀도를 높임)하면서 흙속의 수분을 탈수시켜 지반을 개량하는 방법으로 진흙질(점토질)지반에 효과적이다. 진흙질지반은 하중이 가해져 압밀침하가 생기면 강도가 커질 뿐 아니라 그 하중을 제거해도 쉽게는 다시 부풀어오르지 않는 특성이 있기 때문에 이 공법이 특히 유효하다.

1) 샌드드레인(sand drain)공법

흙속에 철관을 박고 그 관에 모래를 넣어 모래기둥을 형성시키고 철관을 뺀 후에, 지표면에서 성토(盛土, 흙을 쌓는 것) 등의 방법으로 하중을 가하면 일종의 모세관현상으로 인해 그림 2.15와 같이 흙속의 수분이 모래기둥(모래말뚝이라고도 함)을 타고 올라와 탈수가 되면서 지반이 개량된다.

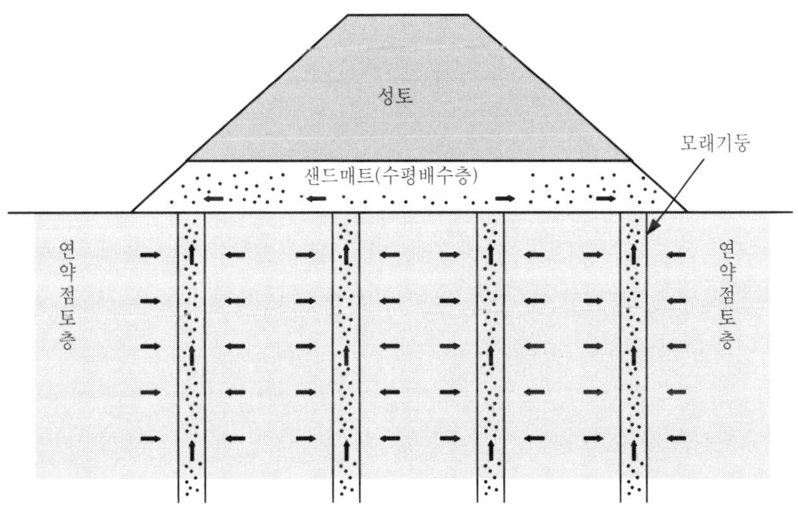

그림 2.15 샌드드레인공법

2) 팩드레인(pack drain)공법

샌드드레인공법은 지반개량 효과가 우수하여 많은 곳에서 적용되고 있지만 지반의 변형 등으로 인해 모래기둥이 중간에 절단될 가능성이 있으며, 이 경우 배수효과가 없어진다. 팩드레인공법은 샌드드레인공법에서 발생할 수 있는 모래기둥의 절단 가능성을 배제하기 위해 섬유망 속에 모래를 채워 모래기둥을 형성시킨 것이다. 따라서 지반개량을 위한 기본개념은 샌드드레인공법과 동일하다고 할 수 있다.

3) 페이퍼드레인(paper drain)공법

샌드드레인공법에서는 모래를 이용하여 흙속의 수분을 제거했는데, 모래 대신 물을 잘 흡수하는 종이를 이용하여 흙속의 수분을 제거하는 공법을 페이퍼드레인공법이라 한다.

4) 케미코파일(chemico-pile)공법

생석회(生石灰)는 물을 잘 흡수하고 또 물을 흡수하면서 팽창하는 성질이 있다. 이렇게 생석회의 흡수작용과 팽창작용을 이용하여 지반을 압밀시켜 개량하는 방법을 케미코파일공법이라 한다.

케미코파일공법에서는 샌드드레인공법에서의 모래기둥(말뚝)과 같은 역할을 생석회가 하기 때문에 이 공법을 생석회말뚝공법 또는 단순히 생석회공법이라고도 한다.

(3) 재하(載荷)공법

지반의 투수성(透水性)이 특히 양호할 경우에는 앞에서 설명한 강제압밀탈수공법의 내용 중 모래나 종이 등에 의한 배수 없이 지반 위에 하중을 가하는 것만으로 지반을 개량할 수 있는데, 이 방법을 재하공법이라 한다. 재하공법은 강제압밀공법이라고도 한다.

1) 성토

재하공법의 대표적인 것으로, 예를 들어 샌드드레인공법을 나타낸 그림 2.15에서 모래기둥에 의한 탈수(배수) 없이 지반 위 성토만으로 지반을 압밀시켜 개량하는 것을 성토라 한다.

2) 대기압공법

지반 위에 비닐시트를 깔고 시트 위 가장자리를 흙으로 덮어 공기의 출입이 없도록 한 후 시트 안의 공기를 펌프로 빼내면 시트 안은 진공이 된다. 시트 밖은 대기압이 되고 시트 안은 진공이 되므로 시트 위의 대기가 하중으로 작용하면서 성토와 같은 효과를 나타내게 된다.

(4) 기타공법

1) 치환공법

연약한 지반의 흙을 양호한 흙으로 모두 바꾸는 방식이다. 바꾸는 방식으로는 흙을 파내서 교체하는 굴착치환과 발파력으로 흙을 날려보낸 후 교체하는 폭파치환 등이 있다.

2) 주입공법

지반에 파이프를 매설한 후 그 파이프를 통해 고압으로 시멘트나 고결제(固結劑, 물체를 굳게 만드는 물질)를 땅속에 주입하여 지반을 굳게 만드는 방식이다.

3) 동결공법

주입공법과 마찬가지로 지반에 파이프를 매설한 후 그 파이프를 통해 액체질소 등을 주입하여 지하수 등을 동결시켜 지반을 개량하는 방법으로, 지하굴착 등을 할 때 일시적 용도로 이용된다.

5. 터파기

(1) 준비공사

1) 터고르기

건물이 위치할 대지에 나무, 전신주, 급배수관 등이 있으면 기초공사에 장애가 되므로 이것들을 모두 다른 곳으로 옮기고 또 지반의 높낮이가 심할 경우 어느 정도 평평하게 맞춤으로써 기초공사에 지장이 없도록 하는 것을 터고르기라 한다. 그림 2.16에 터고르기를 하는 모습을 나타낸다.

2) 기준점 설치

공사 중의 건물에 대한 모든 높이를 점검할 수 있도록 기준이 되는 점을 설정할 필요가 있는데 이 점을 기준점(Bench Mark, BM)이라 한다. 이 기준점은 공사 내내 변동이 없어야 하므로 설치된 이후에는 공사가 완료될 때까지 움직일 염려가 없는 곳에 설치되어야 한다.

그림 2.16 터고르기 모습

3) 줄치기

대지 내 건물 외곽선에 줄을 쳐서 표시하는 것을 줄치기라 하는데, 줄치기는 현장에서 건물의 형상을 파악하는데 도움이 되고 뒤에 설명하는 수평규준틀 설치의 기준이 된다.

4) 수평규준틀 설치

기초를 완전히 수평으로 설치하고, 기초의 중심선이나 기초의 폭 등을 현장에서 지상에 표시하기 위해서 건물 외벽선의 모서리, 칸막이벽 또는 그 외 필요한 곳의 벽면에서 1~2m 떨어진 위치에 설치하는 틀을 수평규준틀이라 한다. 그림 2.17 (a)에 나타낸 바와 같이 건물 모서리에 설치한 것과 같이 ㄱ자로 되어 있는 것을 귀규준틀, 칸막이벽 위치 등에 설치한 것과 같이 —자로 되어 있는 것을 평규준틀이라 한다. 그림 2.17 (b)는 수평규준틀 중 귀규준틀을 설치한 모습을 나타낸다. 그림에서 알 수 있듯이 먼저 말뚝을 박고 말뚝 상부에 수평의 꿸대를 댄다. 이때 말뚝 상부는 엇빗내기(어긋나게 빗겨 자르는 것)를 하는데, 이것은 노무자의 실수 등으로 인해 말뚝에 타격이 가해져 침하가 일어나면서 수평상태가 깨졌을 경우 쉽게 알기 위해서이다. 수평꿸대는 수평장치를 이용해서 윗면이 모두 완벽한 수평상태가 되도록 해야 한다. 그래야만 규준틀의 수평꿸대들 간에 걸쳐 있는 수평실이 수평이 되며 그로 인해 수평실과 평행하게 시공이 이루어지는 기초도 완벽한 수평상태가 가능해진다.

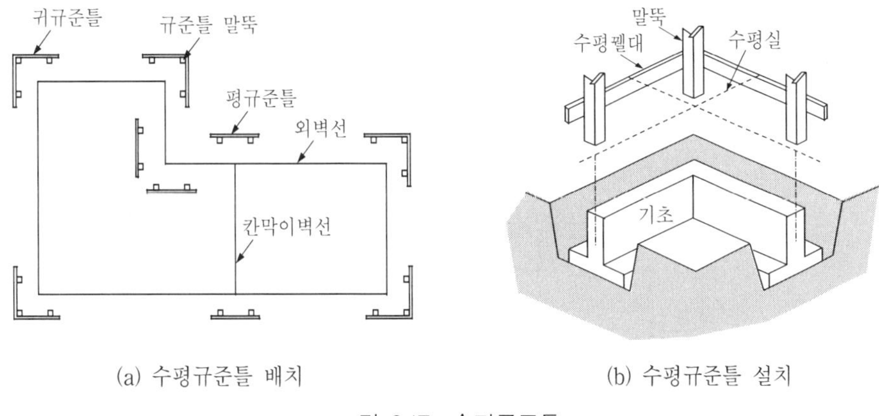

(a) 수평규준틀 배치 (b) 수평규준틀 설치

그림 2.17 수평규준틀

(2) **터파기**

건물의 기초 또는 지하실을 축조하기 위해 지반을 파는 것을 터파기라 하며, 흙을 파는 방법에 따라 몇 가지 종류로 구분한다. 터파기는 기초파기나 흙파기라고도 한다. 터파기는 오픈컷공법을 제외하고는 모두 흙막이를 이용하게 되는데, 흙막이란 그림 2.18과 같이 터파기를 했을 때 토압에 의해 주변 흙이 밀려오는 것을 막는 것을 말한다. 그림 2.18은 흙막이 중 어미말뚝식 흙막이를 나타낸 것으로 흙막이의 종류에 대해서는 「(3) 흙막이」에서 설명하기로 한다.

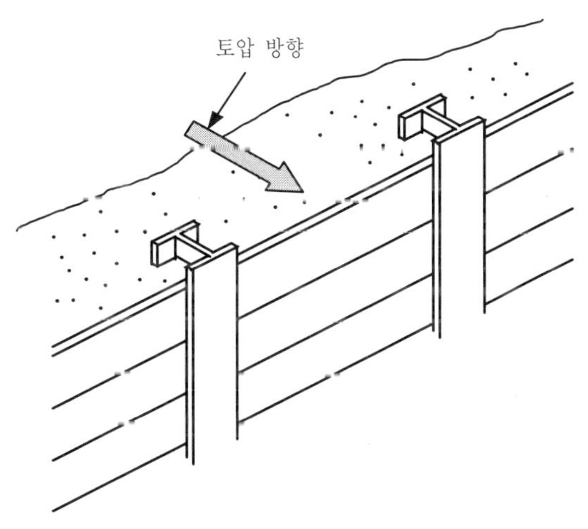

그림 2.18 흙막이의 예

1) 오픈컷(open cut)공법

앞에서 언급했듯이 터파기공사를 할 때는 일반적으로 흙막이공사를 미리 하게 되는데, 기초가 매우 얕거나 지반이 단단할 때는 흙막이를 하지 않고 지반에 경사를 지게 하면서 흙을 파는 경우가 있으며, 이 방법을 오픈컷공법이라 한다. 흙을 팔 때의 경사 각도를 안식각 또는 휴식각이라 하는데, 자연상태에서 흙이 흘러내리지 않는 각도를 의미하며 따라서 토질이 단단할수록 안식각의 크기를 크게 할 수 있다. 비가 오면 안식각이 있어도 흙이 흘러내릴 수 있으므로 경사면이 길 경우 도중에 단을 만들고 각 단마다 배수구를 설치한다. 그림 2.19에 오픈컷공법을 나타낸다. 그림에서 점선으로 된 곳 중 윗부분이 1층 바닥이라 생각할 수 있다.

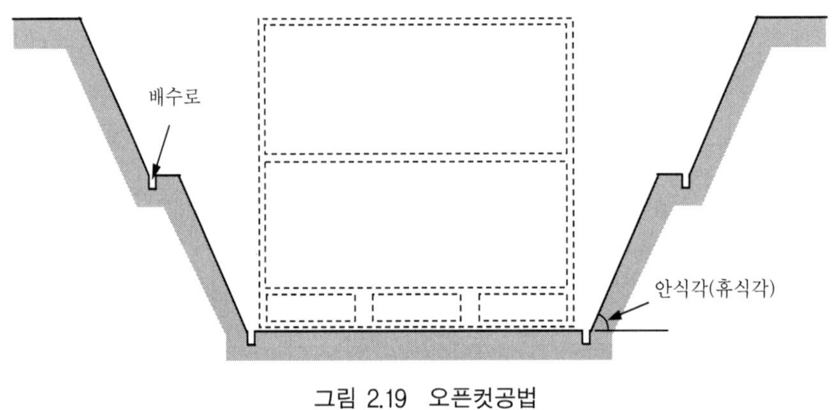

그림 2.19 오픈컷공법

2) 버팀대공법

그림 2.18에 나타낸 흙막이벽을 설치하고 가로방향으로 띠장을 돌리고 중간에 지지말뚝을 세워 한쪽 벽면에서 반대쪽 벽면까지 수평버팀대를 설치하는 방식으로, 예전부터 널리 이용되고 있는 대표적인 방식이다.

지반이 비교적 단단하고 터파기 깊이가 그다지 깊지 않을 경우에는 수평버팀대 없이 흙막이벽만으로 지반을 지지할 수 있는데 이 경우 자립(自立)공법이라 한다.

그림 2.20에 수평버팀대공법의 모습을, 그림 2.21에 자립공법의 단면형태를 나타낸다. 한편 그림 2.20에는 H형강의 어미말뚝을 이용한 흙막이벽과 스틸

시트파일(steel sheet pile)을 이용한 흙막이벽의 두 종류가 나타나 있는데, 이것은 흙막이벽의 다양성을 설명하기 위한 것으로 실제 설계 및 시공에서는 같은 종류의 흙막이를 선정하는 것이 일반적이다.

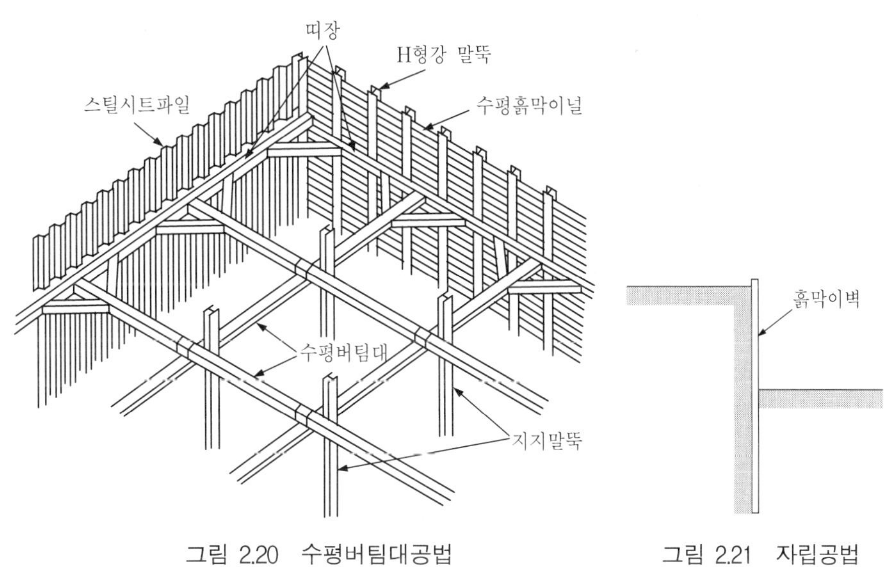

그림 2.20 수평버팀대공법

그림 2.21 자립공법

3) 이일랜드(island)공법

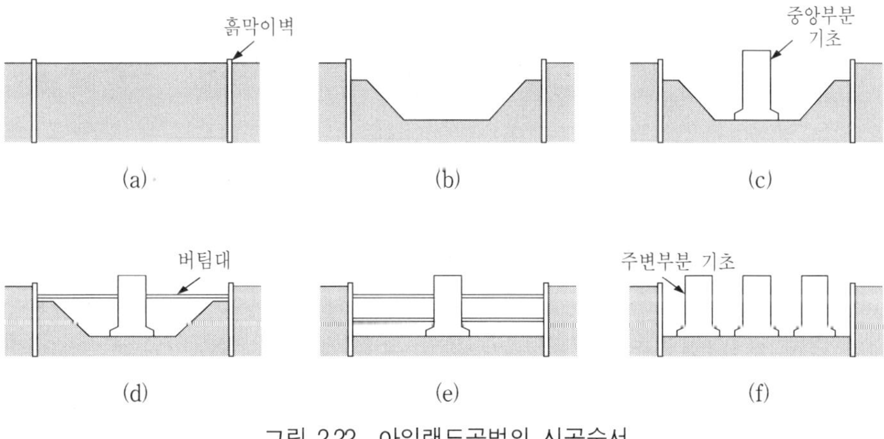

그림 2.22 아일랜드공법의 시공순서

비교적 규모가 큰 터파기공사를 할 때 두 단계로 나누어서 하는 공법으로 그림 2.22에 공사순서를 나타낸다. 먼저 (a)와 같이 흙막이벽을 설치하는 것은 다른 공법과 마찬가지인데, 흙막이벽을 설치한 후에 (b)와 같이 건물의 전체 부분이 아닌 중앙부분만 먼저 판다. 먼저 파는 부분은 크기가 작아 버팀대 없이도 팔 수 있으며, 또는 크기가 약간 커도 그림과 같이 경사지게 파면 마찬가지로 버팀대 없이 팔 수 있다. 이렇게 파낸 중앙부분의 기초를 (c)와 같이 축조한 후에 이 기초구조물과 흙막이벽을 (d), (e)와 같이 버팀대로 연결해 가면서 나머지 주변부분을 파내고 (f)와 같이 지하구조물을 완성하는 것을 아일랜드공법이라 한다. 중앙 부분에 먼저 축조된 기초가 섬과 같다 하여 아일랜드공법이라는 명칭이 붙었으며 아일랜드컷(island cut)공법이라고도 한다.

4) 트렌치컷(trench cut)공법

트렌치컷공법은 아일랜드공법과 비슷한 개념의 공법이며, 다만 터파기 순서는 반대이다.

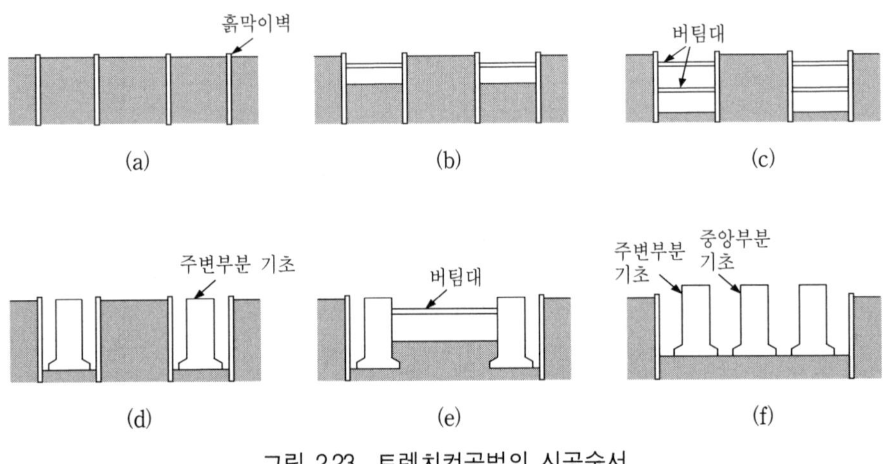

그림 2.23 트렌치컷공법의 시공순서

그림 2.23에 트렌치컷공법의 시공순서를 나타낸다. 트렌치컷공법에서는 우선 구축하려는 건물의 주변부분을 (a), (b), (c)와 같이 버팀대 공법으로 흙막이하면서 트렌치 형태로 굴착하고 그 부분의 기초구조물을 (d)와 같이 시공한다. 주변부분의 구조물이 시공된 후에는 그 구조물이 흙막이벽 역할을 하여 구조물 간에 버팀대로 연결해 가면서 중앙부분을 굴착한 후 그 부분의 기초를 시공하여 구조물을 완성한다. 그림에서 알 수 있듯이 트렌치컷공법에서는 다른 공법과는 다르게 처음 주변 부분을 팔 때 건물의 가장자리에 설치하는

흙막이벽 외에 조금 안쪽에 다른 흙막이벽을 설치하므로 흙막이벽 비용이 많이 드는 단점이 있으나, 대신 그 흙막이벽으로 인해 아일랜드공법보다 연약지반에서도 굴착이 용이하다.

5) 어스앵커(earth anchor)공법

앞에서 설명한 공법에서 적용한 버팀대를 사용하지 않고, 흙막이벽을 드릴로 구멍 뚫고 그 속에 철근이나 PC강선 등의 인장재를 넣은 후 모르타르를 채워 굳힌 다음 외부에서 PC강선이나 철근 등에 인장력(당기는 힘)을 가하면, 흙막이벽 뒤에서 당기는 힘이 작용하면서 흙막이벽이 앞으로 쓰러지는 것을 방지하게 되므로 버팀대와 같은 역할을 할 수 있게 된다.
타이백앵커(tie-back anchor)공법이라고도 한다. 그림 2.24에 어스앵커공법의 개념도와 시공 중인 모습을 나타낸다.

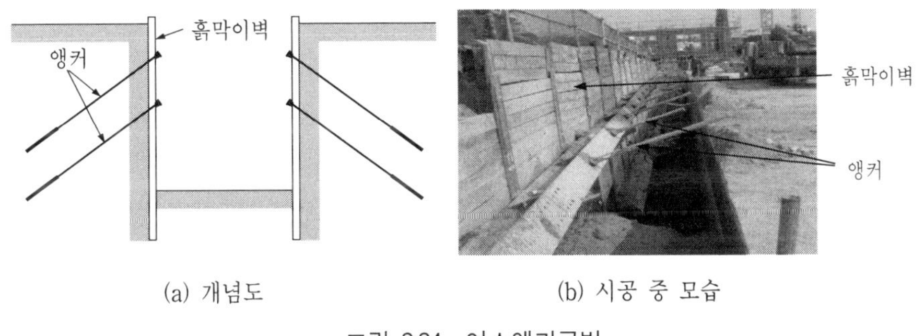

(a) 개념도 (b) 시공 중 모습

그림 2.24 어스앵커공법

(3) 흙막이

「(2) 터파기」에서 터파기공법의 종류를 나타냈는데, 터파기를 하는 도중에 흙이 밀려 내려올 수 있으므로 이것을 방지해야 하며, 그 역할을 하는 것을 흙막이라 한다.

1) 어미말뚝식 흙막이

그림 2.25와 같이 가로・세로 200~300mm 정도인 H형강 어미말뚝(엄지말뚝이라고도 함)을 1~1.8m 간격으로 땅에 박고 땅을 파내려 가면서 수평으로 흙막이널을 끼워 넣어 흙막이벽을 구성하는 방식이다. 공사비가 저렴하고 시

공성도 좋으나 수밀성(水密性)이 부족하여 지하수가 많은 곳에는 적합하지 않다. 따라서 지하수가 많은 곳에 적용하고자 하면 배수를 위한 대책을 세울 필요가 있다.

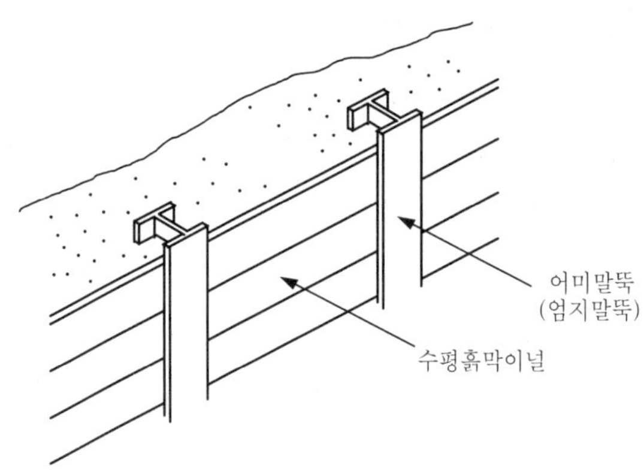

그림 2.25 어미말뚝식 흙막이

2) 널말뚝 흙막이

나무나 철판을 서로 밀착시켜 땅에 박아 흙막이벽을 형성하는 것으로, 나무는 강도가 약해 일반적으로 철판을 이용하고 있다.

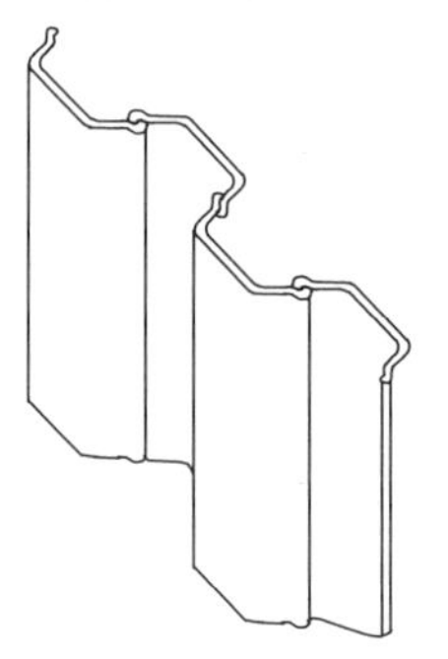

그림 2.26 널말뚝 흙막이

철판으로 된 널말뚝을 스틸시트파일(steel sheet pile)이라 하는데, 그림 2.26의 왼쪽과 같이 ㄷ자 형태의 스틸시트를 한 장씩 서로 맞물리게 하면서 땅에 박아 흙막이를 형성하게 된다. 이음매의 상태가 좋기 때문에 수밀성이 양호하고 강도도 높아 토압이나 수압이 큰 곳에서도 적용 가능하다. 그림 2.26의 오른쪽은 스틸시트파일을 박고 땅을 판 모습을 나타낸 것으로, 중간에 가로방향으로 댄 것은 파일의 안정성을 위해 설치한 띠장이다.

3) 주열(柱列)공법

그림 2.27과 같이 말뚝을 연속적으로 촘촘히 박아서 흙막이벽을 형성시킨 것으로, 일반적으로 현장 상황에 따라 말뚝의 종류, 형식, 공법 등을 적절히 선정해서 시행하게 된다.

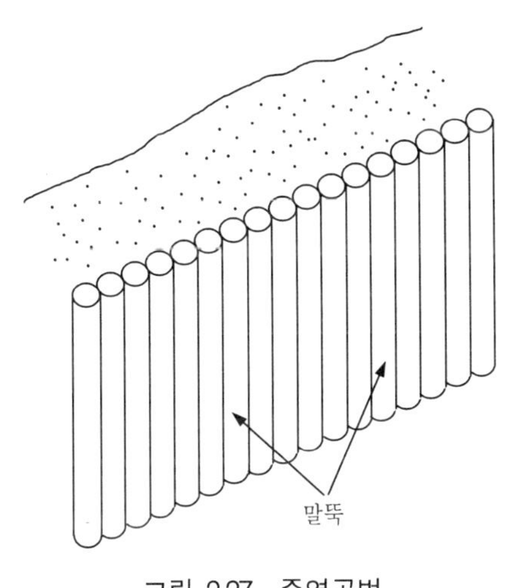

그림 2.27 주열공법

4) 지하연속벽

시공하는 건물의 둘레에 맞추어 납작하고 긴 직육면체 형태의 구멍을 파서 철근 등의 보강재를 넣은 다음 콘크리트를 부어 형성시킨 연속적인 흙막이벽을 지하연속벽이라 한다.

구멍을 파는 과정에서 벽면이 붕괴될 수 있으므로 구멍 안에 안정액을 가득 채워 벽면의 붕괴를 방지하면서 굴착기로 필요한 깊이만큼 굴착하게 된다. 흙막이벽으로서의 가설벽으로 사용되는 것은 물론 영구구조물로도 이용되는 특징이 있다.

그림 2.28에 지하연속벽의 시공과정을 왼쪽에서 오른쪽 방향으로 나타낸다. 그림에서 알 수 있듯이, 먼저 굴착기로 구멍을 판 다음 지상에서 조립한 철근

을 넣고 콘크리트를 부으면 지하벽이 구성되는데, 이 과정을 연속적으로 진행하면서 필요한 길이의 지하연속벽을 만들게 된다.

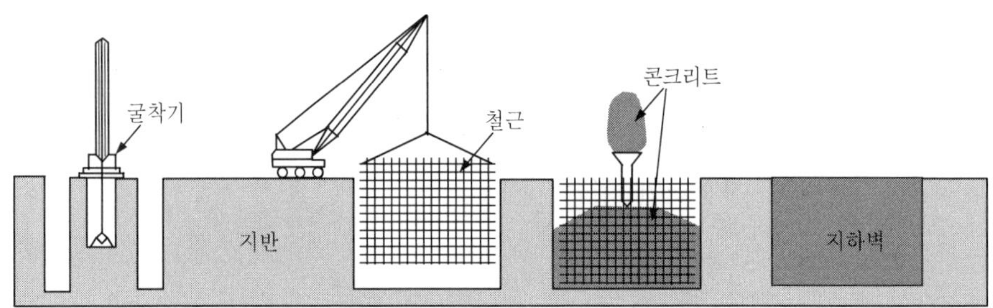

그림 2.28 지하연속벽의 시공과정

(4) 흙막이벽의 안전

흙막이벽에는 그림 2.29에 나타낸 바와 같이 토압 즉 흙의 압력이 작용함은 물론 지하수가 지표면 가까이에 있을 때는 수압도 걸리게 되며, 이 압력은 터파기 깊이가 길어질수록 커지므로 지지대로 튼튼하게 보강하여, 설치되어 있는 기간 중에 허물어지는 일이 없도록 해야 한다.

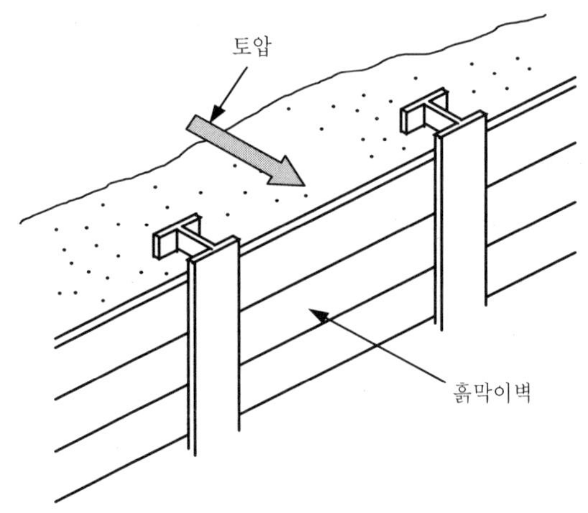

그림 2.29 흙막이벽에 작용하는 압력

1) 발생 현상

흙막이벽의 안전을 저해하는 현상으로는 다음과 같은 것들이 있다.

① 히빙(heaving)

그림 2.30과 같이 흙막이벽 앞과 뒤의 토압의 차로 인해, 뒤쪽 흙이 흙막이벽 밑을 돌아 터파기한 쪽으로 밀려오면서 터파기한 바닥을 부풀게 하는 현상이다. 점토층과 같이 지반이 무른 곳에서 발생할 수 있다.

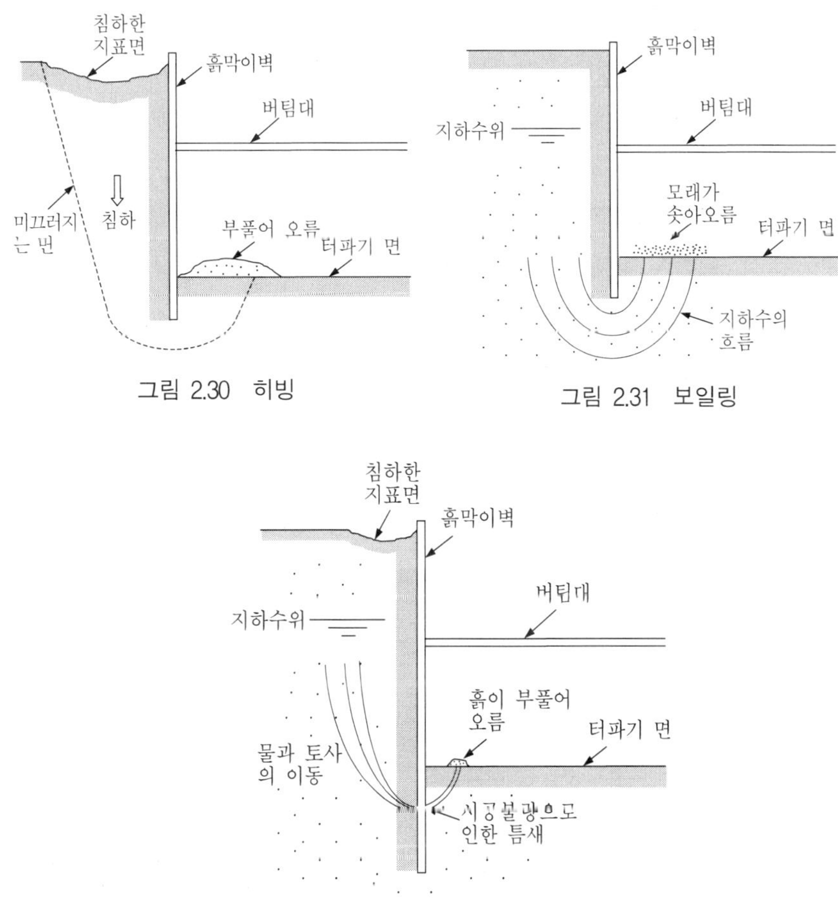

그림 2.30 히빙

그림 2.31 보일링

그림 2.32 파이핑

② 보일링(boiling)

그림 2.31과 같이 모래지반에서 흙막이벽을 설치하고 터파기를 할 때 흙막이벽 뒷면의 지하수위가 높으면 지하수가 흙막이벽 밑을 돌아 터파기한 바닥에서 물이 끓듯이 솟아오를 수 있는데 이 현상을 보일링이라 한다.

③ 파이핑(piping)

그림 2.32와 같이 흙막이벽 공사를 부실하게 하여 흙막이벽에 구멍이 있거나 이음부분에 틈새가 있을 경우, 그 구멍이나 틈새에서 지하수가 파이프를 통해 나오는 것과 같이 솟아오르는 현상을 파이핑이라 한다.

2) 안전 대책

히빙, 보일링, 파이핑 등의 현상이 발생하면 시공하고자 하는 건물의 대지 조건에 악영향을 끼치는 것은 물론, 주변 건물에 균열을 일으키기도 하고 인근 도로의 침하를 발생시키기도 하므로 사전에 방지해야 한다.

먼저 히빙은 무른 지반에서 발생하기 쉬우므로 흙막이벽이 경질지반까지 도달하도록 하는 것이 바람직하나, 그렇지 못할 경우 토질조사를 통해 흙파기 깊이를 적절히 산정할 필요가 있으며, 또 지표면에서 하중이 가해지지 않도록 지반 위에 적재하중이 없게 한다.

보일링과 파이핑은 터파기한 면보다 인근의 지하수위가 높을 때 발생하므로 사전에 지하수를 제거하는 배수공법을 통해 지하수위를 낮출 필요가 있다. 대표적인 배수공법으로 웰포인트(well point)공법이 있는데, 이것은 그림 2.33과 같이 터파기 공사장 주위에 파이프를 다수 꽂아 놓고 펌프를 이용해서 물을 끌어올림으로써 지하수위를 낮추는 방법이다.

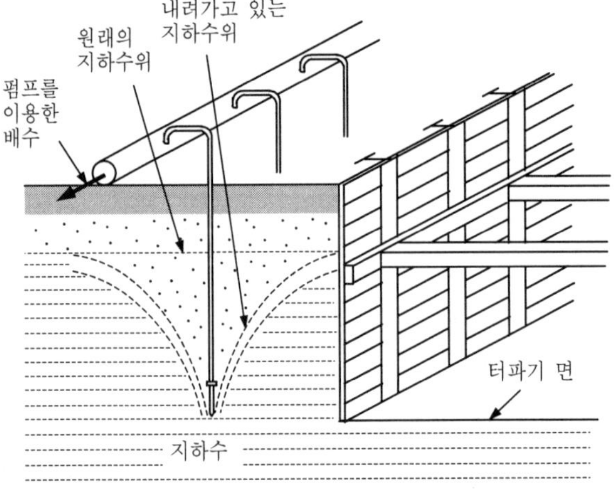

그림 2.33 웰포인트공법

그림 2.34는 현장에서 웰포인트공법을 시행하고 있는 모습이다.

그림 2.34 웰포인트공법의 현장 모습

Chapter 03

조적구조

1. 개요
2. 벽돌구조
3. 블록구조
4. 돌구조

Chapter

03 조적구조

1. 개요

벽돌, 블록, 돌 등을 모르타르와 같은 접착제로 붙이면서 쌓아서 건축물로서의 기능이 이루어지도록 한 것을 조적구조라 하는데, 재료로 벽돌을 사용하면 벽돌구조, 블록을 사용하면 블록구조, 돌을 사용하면 돌구조라 한다. 조적구조는 주 재료의 강도와 모르타르의 접착력에 의해 구조체의 강도가 결정된다.

조적구조는 일반적으로 내화성(耐火性) · 내구성(耐久性) 등이 우수한 반면, 바람이나 지진과 같은 수평력에 약한 단점이 있다. 또 벽돌 · 블록 · 돌로 지붕이나 바닥을 구성하기가 용이하지 않기 때문에 이 부분은 목조나 철근콘크리트조 또는 철골구조로 하는 것이 일반적이다.

2. 벽돌구조

(1) 특성

벽돌을 모르타르로 접착시켜 쌓아 구조물을 형성하는 벽돌구조는 다음과 같은 특징이 있다.

1) 장점

① 시공이 용이하여 공사기간이 단축된다.

② 수명이 길고 불에 강하다. 즉 내구성과 내화성을 가지고 있다.

2) 단점

① 풍압이나 지진과 같은 수평력에 약해 대규모 건물에는 부적합하다.

② 벽체에 균열이 쉽게 발생한다.

③ 자체 무게가 크다.

이와 같은 특징으로 인해 벽돌구조는 주택이나 창고와 같이 저층건물에 주로 적용된다.

(2) **재료**

1) 벽돌

① 형태

벽돌은 형태에 따라 크게 표준형벽돌과 이형(異形)벽돌로 나뉘는데, 표준형벽돌은 우리가 흔히 볼 수 있는 직육면체 형태의 벽돌로 보통벽돌이라고도 하며, 이형벽돌은 특별한 형상의 벽돌이 필요할 때 사용할 수 있도록 만들어진 벽돌로 아치벽돌, 팔모벽돌, 원형벽돌 등이 있다. 그 외에 특수용도를 위해 만들어진 것으로 내화성을 강조한 내화벽돌, 벽돌 내부에 구멍을 내는 등의 방법으로 무게를 가볍게 한 경량벽돌, 단단하고 흡수성을 작게 만들어 광장이나 도로의 포장에 사용되는 포장용 벽돌 등이 있다. 그림 3.1에 표준형벽돌과 이형벽돌의 모양을 나타낸다.

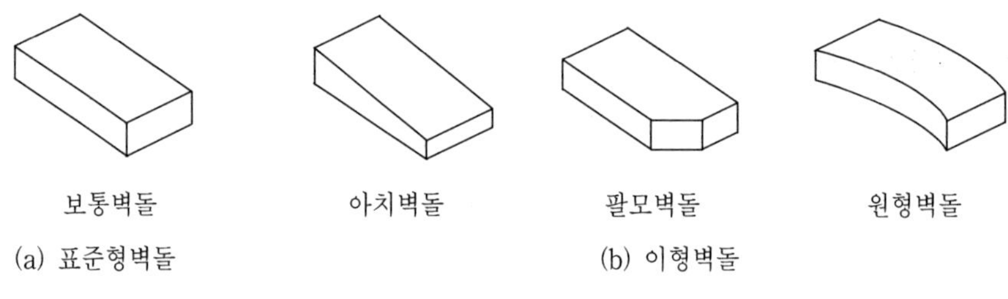

그림 3.1 벽돌의 형태별 종류

② 크기

벽돌의 표준적 크기는 종류에 따라 한국산업표준(KS)에 정해져 있는데, 대부분의 건물에서 주로 사용되는 보통벽돌(표준형벽돌)과 굴뚝용 등에 사용되는 내화벽돌의 경우 다음의 표 3.1과 같이 규정되어 있다.

표 3.1 벽돌의 치수 [mm]

종류	길이	너비	두께
표준형벽돌	190±5	90±3	57±2.5
내화벽돌	230	114	65

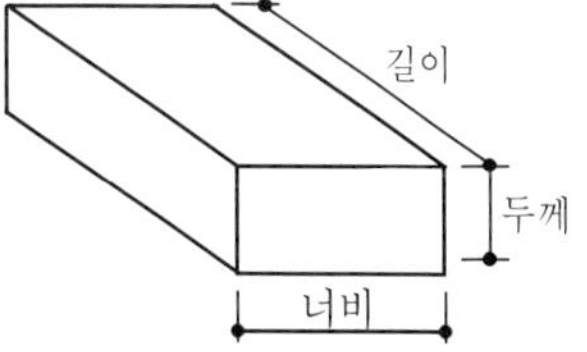

2) 모르타르

모르타르는 벽돌과 벽돌을 접착시키는 접착제의 역할을 하는 것으로, 벽돌구조에서 벽돌 자체의 강도와 함께 구조물의 강도에 큰 영향을 미친다. 일반적으로 시멘트와 모래를 물과 함께 섞어서 만들기 때문에 시멘트모르타르라고도 한다. 모르타르를 만들기 위해 사용되는 시멘트의 종류는 보통포틀랜드시멘트(포틀랜드시멘트 중 특별한 성질을 갖지 않은 일반적인 시멘트)이며, 모래는 직경(입도, 粒度) 약 1.2~1.5mm 크기가 이용된다.

시멘트와 모래의 배합비는 모르타르의 사용 목적에 따라 다르게 하는데, 주로 사용되는 일반쌓기용에는 1 : 3, 아치쌓기와 같은 특수쌓기용에는 1 : 2, 장식을 겸하는 치장용으로 사용할 때는 1 : 1로 하는 것이 일반적이나, 경우에 따라 배합비를 다르게 하기도 한다. 또 치장용으로 사용할 때는 색이 있는 분말인 안료(顔料)를 섞어서 벽돌의 색과 조화를 이루는 색으로 만들어 사용하기도 한다. 물을 섞은 모르타르는 1시간 정도 지나면 굳기 시작하므로 1시간 이내에 사용해야 한다. 따라서 일반적으로 시멘트와 모래를 먼저 비벼 놓고(이것을 건비빔이라 함), 1시간 정도 쓸 만큼씩 물을 부어 반죽해서 사용한다.

(3) 벽돌쌓기

1) 벽돌마름질

벽돌은 한 장(온장)을 그대로 쓰는 것이 원칙이지만 벽체 모서리 부분에서 크기가 맞지 않을 때와 같은 경우는 깨뜨려 쓰기도 하는데, 이렇게 하는 것을 벽돌마름질(cutting)이라 하며 그 종류로는 그림 3.2와 같은 것들이 있다. 그림에서 칠오토막과 이오토막은 0.75토막, 0.25토막이라는 뜻이다.

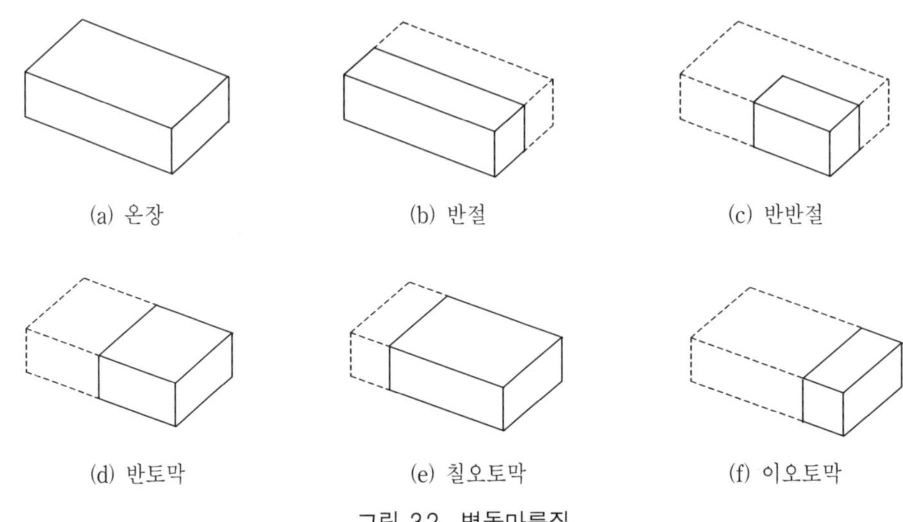

그림 3.2 벽돌마름질

2) 줄눈

줄눈은 벽돌을 쌓을 때의 접착제(주로 모르타르) 부분을 말한다. 줄눈의 두께는 보통 10mm이며 그 모양에 따라 다음과 같이 분류한다.

① 가로줄눈과 세로줄눈

벽면을 정면에서 볼 때 가로방향으로 연속되게 보이는 것을 가로줄눈, 세로방향으로 연속되게 보이는 것을 세로줄눈이라 한다.

② 통줄눈과 막힌줄눈

그림 3.3 (a)와 같이 세로줄눈이 연속적으로 연결되어 있는 것을 통줄눈이라 하고, (b)와 같이 끊겨 있는 것을 막힌줄눈이라 한다.

통줄눈 형태로 벽돌을 쌓을 경우 그림과 같이 벽체 상부의 어느 지점에서 집중하중이 작용할 때 벽체의 한 부분만 하중을 받으면서 수직침하가 생겨 벽면에 균열이 생기기 쉽고 습기가 스며들기도 쉬우나, 막힌줄눈으로 할 경우 그림과 같이 하중이 폭넓게 분포되어 그러한 염려가 없다.

따라서 벽돌구조를 비롯한 조적구조는 막힌줄눈으로 설계하도록 규정되어 있다.

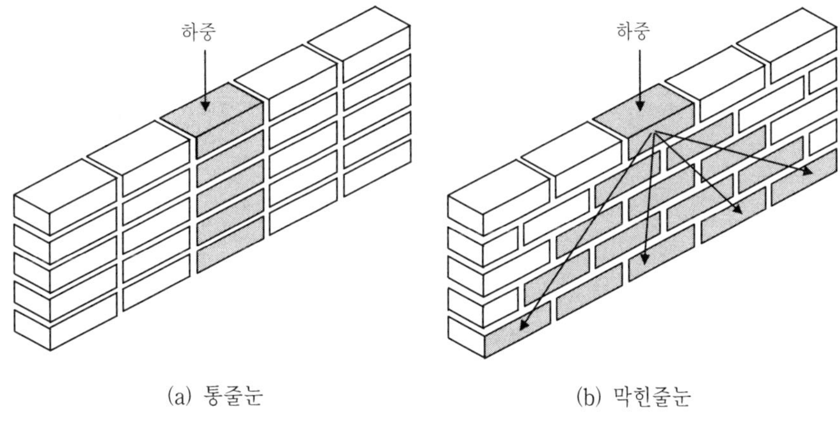

(a) 통줄눈 (b) 막힌줄눈

그림 3.3 통줄눈과 막힌줄눈

③ 치장줄눈

벽돌 벽면의 외관을 좋게 하기 위해 줄눈의 색깔이나 형태를 다양하게 하여 줄눈을 장식한 것을 치장줄눈이라 한다. 줄눈의 색깔은 모르타르에 대한 설명에서 언급했듯이 색이 있는 분말인 안료를 섞어 다양하게 하며, 형태는 그림 3.4에 나타낸 것과 같은 형상으로 하여 줄눈을 장식하게 된다.

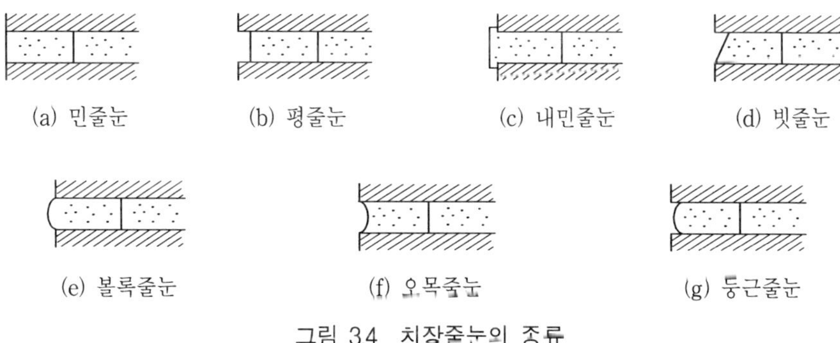
(a) 민줄눈 (b) 평줄눈 (c) 내민줄눈 (d) 빗줄눈
(e) 볼록줄눈 (f) 오목줄눈 (g) 둥근줄눈

그림 3.4 치장줄눈의 종류

3) 길이쌓기와 마구리쌓기

벽돌을 쌓을 때 벽돌벽의 두께는 치수로 나타내기도 하지만 벽돌 하나의 길이를 단위로 하여 한 장 두께(1B 두께), 반 장 두께(0.5B 두께) 등으로 하며, 이때 벽돌 한 장 길이를 B로 나타낸다. 그림 3.5에 벽돌 각부의 명칭과 크기를 나타낸다.

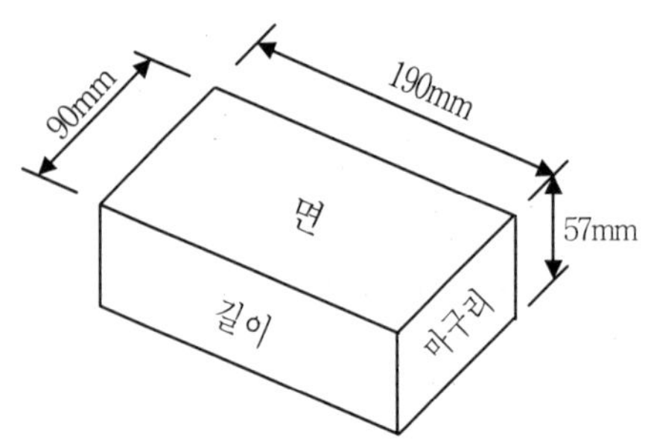

그림 3.5 벽돌 각부의 명칭과 치수

그림에서 알 수 있듯이 1B 두께로 벽돌을 쌓는다면 그 벽체의 두께는 190mm가 되며, 0.5B는 90mm를 나타낸다. 또 1.5B는 1B와 0.5B를 접합시킨 것인데, 이때 접착제로서의 모르타르의 두께가 보통 10mm이므로 그 두께는 190+10+90=290[mm]가 된다.

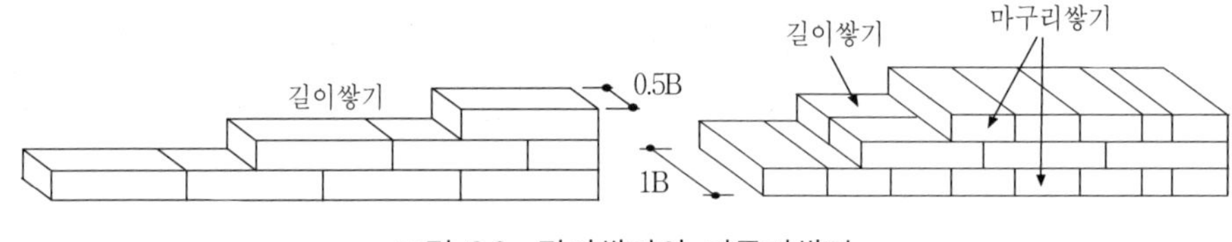

그림 3.6 길이쌓기와 마구리쌓기

한편, 그림 3.6에 길이쌓기와 마구리쌓기를 나타내고 있는데, 그림 3.6에서 벽돌의 길이 부분이 보이게 벽돌을 쌓는 것을 길이쌓기라 하고, 마구리 부분이 보이게 쌓는 것을 마구리쌓기라 한다.

4) 일반쌓기

벽돌을 쌓는 형태는 일반적인 형태로 쌓는 일반쌓기와 장식 등의 목적을 겸해서 쌓는 기타쌓기가 있으며, 일반쌓기에는 벽돌의 쌓는 형태에 따라 영식쌓기, 화란식쌓기, 불식쌓기, 미식쌓기 등의 종류가 있다.

① 영식쌓기

벽돌쌓기에서 가로방향의 줄을 켜라고 하는데, 그림 3.7과 같이 길이쌓기 켜와 마구리쌓기 켜를 번갈아 쌓고 모서리에는 이오토막이나 반절을 사용함으로써 통줄눈이 생기지 않게 하는 방법이다.

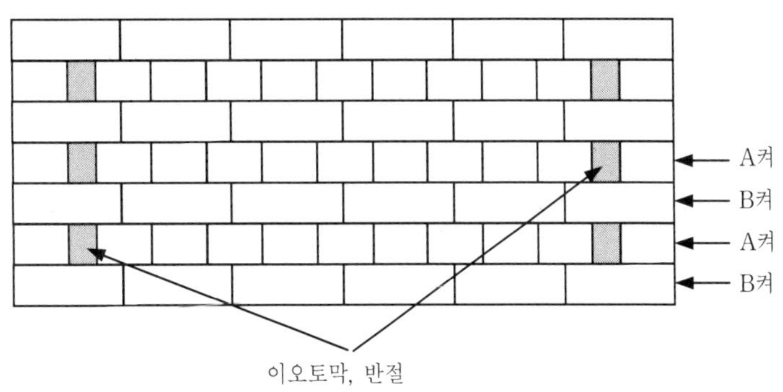

그림 3.7 영식쌓기

② 화란식쌓기

그림 3.8과 같이 모서리에 칠오토막을 사용하며 나머지는 영식쌓기와 동일하다. 네덜란드식쌓기라고도 한다.

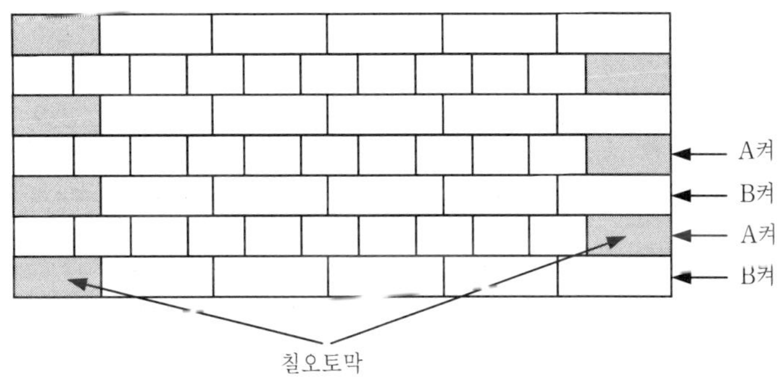

그림 3.8 화란식쌓기

③ 불식쌓기

그림 3.9와 같이 한 켜에서 길이와 마구리를 옆으로 번갈아 쌓고, 다음 켜는 마구리가 길이의 중심에 오도록 쌓는다.

많은 토막벽돌이 사용되고 장소에 따라서는 통줄눈이 생겨서 영식이나 화란식에 비해 구조적으로는 불리하지만 외관이 좋아 강도보다는 미관을 위주로 하는 곳에 널리 사용된다. 프랑스식쌓기라고도 한다.

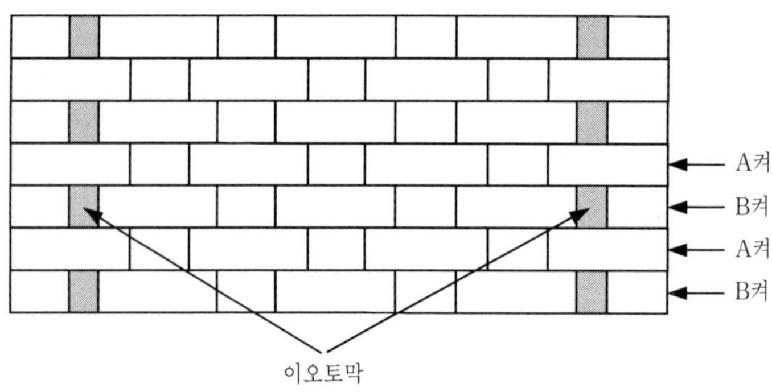

그림 3.9 불식쌓기

④ 미식쌓기

뒷면은 영식쌓기로 하고 표면에는 치장벽돌을 사용해서 5~6켜는 길이쌓기, 1켜는 마구리쌓기로 쌓는 방식으로, 표면의 마구리쌓기 부분이 뒷면의 영식쌓기 부분과 맞물리게 된다. 뒷면이 영식쌓기이고 표면은 치장벽돌을 사용하므로 구조 및 외관을 함께 고려한 방법이라 할 수 있다.

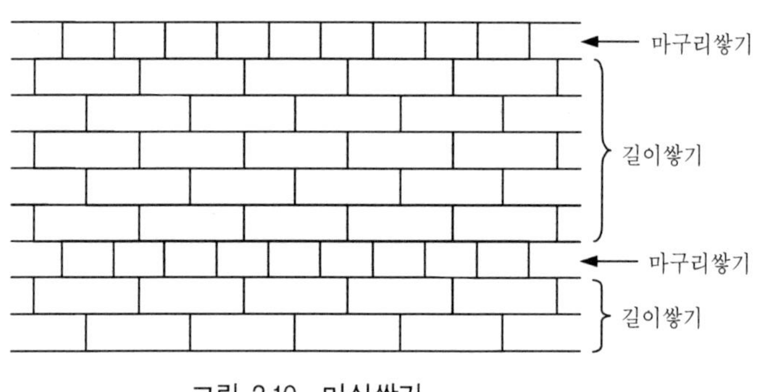

그림 3.10 미식쌓기

5) 기타쌓기

앞에서 설명한 일반쌓기 외에 별도의 목적을 겸해서 벽돌을 쌓는 것을 기타쌓기(특수쌓기라고도 함)라 하며 그 종류로는 장식쌓기, 공간쌓기, 내쌓기 등이 있다.

① 장식쌓기

벽면에 변화를 주거나 장식을 위해 무늬 등을 나타내면서 쌓는 방법이다. 장식쌓기에는 여러 종류가 있으나, 대표적인 것으로 세워쌓기, 엇모쌓기, 영롱쌓기가 있다.

그림 3.11 장식쌓기

㉠ 세워쌓기 : 그림 3.11 (a)의 윗부분과 같이 벽돌을 눕히지 않고 세워서 쌓는 방법이다.

㉡ 엇모쌓기 : 그림 3.11 (b)와 같이 벽돌을 45° 각도로 쌓아 모서리가 벽면에 노출되도록 쌓는 방법이다. 벽면의 변화 및 음영의 효과가 있다.

㉢ 영롱쌓기 : 그림 3.11 (c)와 같이 벽에 구멍을 내어 장식의 효과가 있도록 하는 방법이다. 구멍의 모양은 사각형, +자형 등이 주로 쓰인다.

② 공간쌓기

그림 3.12와 같이 벽의 중간에 공간을 두고 안팎으로 벽을 쌓는 방식이다.

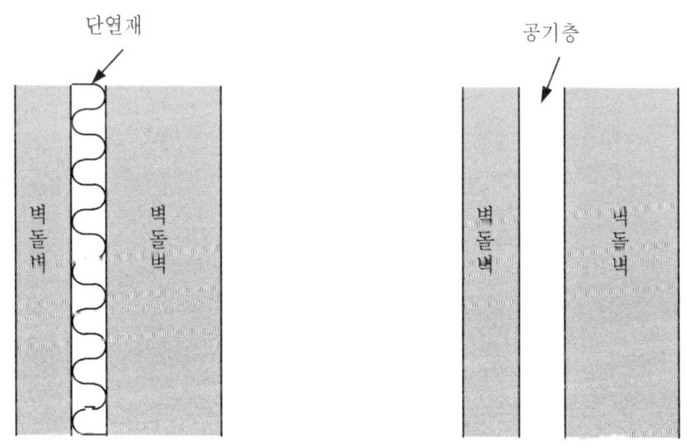

그림 3.12 공간쌓기

벽체와 벽체 사이에는 30~60mm 정도의 공간을 두어 공기층을 형성하거나, 그 공간에 스티로폼 등의 단열재를 설치함으로써 단열(방한, 방서), 방습, 방음의 효과를 거둘 수 있다. 공기층의 경우 단열재보다는 약하지만 그 자체만으로도 어느 정도의 단열 효과는 낼 수 있다. 벽체 두께는 바깥벽 1B, 안벽 0.5B로 하는 것이 일반적이며, 그 반대의 두께로 하기도 한다.

③ 내쌓기

그림 3.13과 같이 벽면 중간에 벽을 내밀어 쌓는 것으로, 마루를 받치게 하는 등의 구조적 목적 또는 장식 목적으로 쌓는다. 그림 3.13 (b)는 장식을 목적으로 벽을 내쌓은 모습을 나타낸다.

내쌓기를 할 때는 내쌓는 부분의 안정성을 위해서 지나치게 많이 내쌓으면 안 되며, 그림 3.13 (a)와 같이 한 켜만 내쌓을 때는 1/8 B만큼, 두 켜 내쌓을 때는 1/4 B만큼 내쌓기 하되, 아무리 많은 켜를 내쌓아도 총 한도는 2B로 한다. B란 그림 3.5에 대한 설명에서 언급했듯이 벽돌 1개의 길이(190mm)를 의미한다.

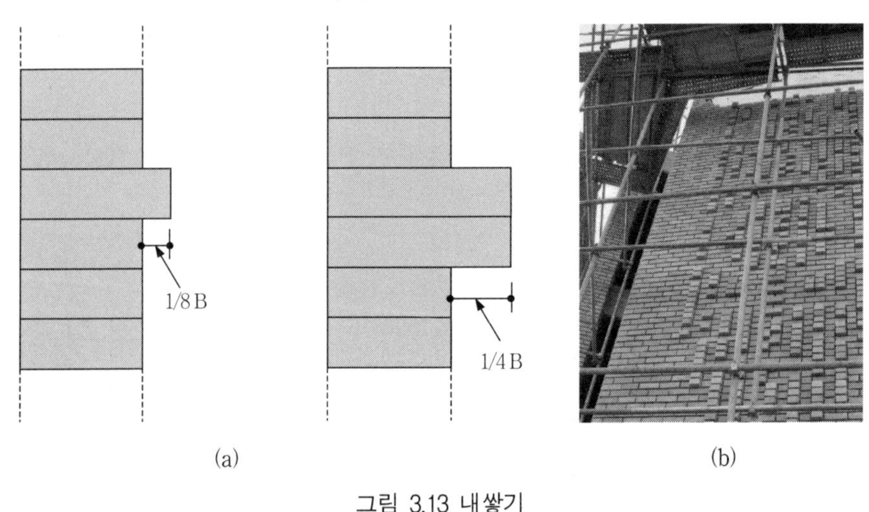

그림 3.13 내쌓기

(4) 각부 구조

1) 기초

벽돌구조의 기초는 대부분 연속기초(줄기초)가 적용된다. 그림 3.14에 벽돌구조 기초의 일반적인 형태를 나타낸다. 그림에서 기초판은 철근콘크리트 또는 무근콘크리트를 재료로 하고 기초벽은 벽돌로도 할 수 있으나 구조 및 방습의 안정성 면에서 콘크리트로 하는 것이 바람직하다. 또 기초벽의 두께는 250mm 이상으로 하도록 되어 있다.

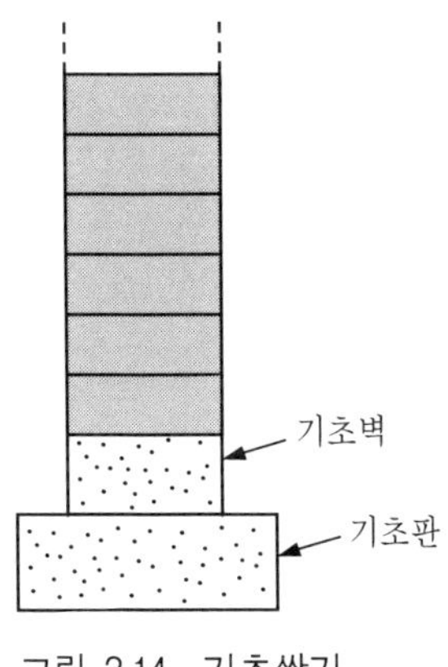

그림 3.14 기초쌓기

2) 개구부

개구부(開口部)란 문이나 창과 같이 각 실 내부에서 외부로 연결되는 부분을 의미하는 것으로, 개구부의 상부에서 개구부로 가해지는 하중을 견디기 위해 여러 가지 방법이 이용된다.

① 인방보

개구부 상부로부터의 하중을 지지하기 위해 창틀이나 문틀 위에 걸쳐 대는 보로서, 재료로는 철근콘크리트가 주로 사용되며 큰 하중이 걸리지 않을 때는 석재가 이용되기도 한다. 그림 3.15에 인방보의 예를 나타낸다.

② 창대

창대는 그림 3.16과 같이 창문 아래쪽에 설치되는 것으로, 빗물을 자연스럽게 처리하여 창문 밑의 벽체를 보호하는 역할을 한다. 그림에 나타나 있듯이 벽체의 내쌓기처럼 벽면보다 약간 돌출되게 하고 아랫부분에는 물끊기의 목적으로 홈을 파면 빗물이 창 아래 벽면에는 닿지 않고 그대로 지면으로 떨어짐으로써 빗물로 인한 벽체에의 영향을 줄일 수 있게 된다. 벽체와 동일한 재료를 사용해서 벽면에 통일감을 주기 위해 벽돌을 재료로 하기도 하나 콘크리트를 이용하는 것이 일반적이다.

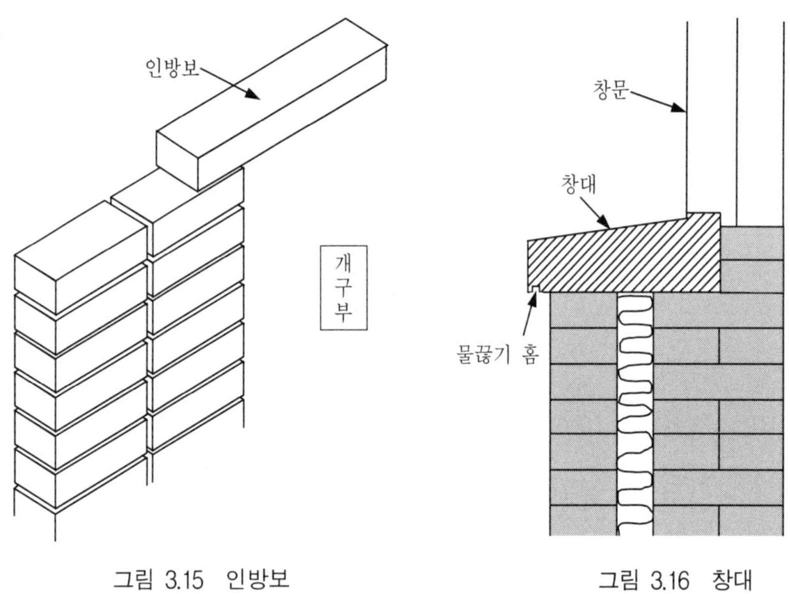

그림 3.15 인방보

그림 3.16 창대

③ 아치

그림 3.17 아치구조

개구부의 폭이 1.8m 이상인 경우에는 앞에서 설명한 인방보로 상부 하중을 지지해야 하나, 폭이 그다지 넓지 않을 때는 아치만으로도 개구부 상부의 하중을 지지할 수 있다. 아치는 상부에서 전달되는 수직압력이 아치의 축선(軸線)을 따라 좌우로 나뉘어 하부로 전달되게 한 것으로, 벽돌 하부에 인장력(당겨지는 힘)이 생기지 않게 함으로써 구조적으로 안정적이 되는 한편 장식적인 효과도 있어 벽돌구조의 개구부 상부에 널리 이용되고 있다. 그림 3.17에 아치구조 개구부의 예를 나타낸다.

아치는 곡선부분의 벽돌쌓기 방법에 따라 크게 본아치(gauged arch)와 막아치(rough arch)로 구분한다. 본아치는 그림 3.1 (b)의 이형벽돌의 한 예로 나타낸 바와 같이 벽돌 자체를 쐐기 모양으로 비스듬하게 깎아서 맞춘 것이고, 막아치는 본아치와 달리 벽돌은 일반 형태의 벽돌을 사용하고 벽돌과 벽돌 사이에 채워넣는 줄눈을 쐐기 모양으로 하여 구성하는 것이다. 아치는 곡선부분의 형태를 변화시킴으로써 그림 3.18과 같이 다양한 형태를 구성할 수 있으며, 그림 3.17은 그중 반원아치를 나타낸 것이다.

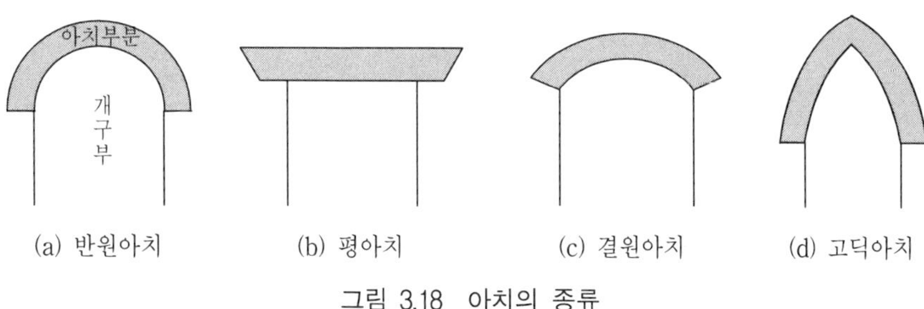

그림 3.18 아치의 종류

한편 아치는 아래에서부터 쌓아올리는 것이 아니고 공중에 설치되는 것이므로, 먼저 아치 부분의 가설 틀을 만들어 그 위에 벽돌을 쌓은 후 가설 틀을 재거함으로써 완성된다.

3) 테두리보

벽이 상부로부터의 하중을 받을 경우 그 벽을 내력벽(耐力壁)이라 하고, 그렇지 않을 경우 비내력벽 또는 칸막이벽이라 하는데, 벽돌구조를 비롯한 조적구조의 내력벽 위에는 그림 3.19에 나타낸 것과 같은 테두리보를 설치하게 된다.

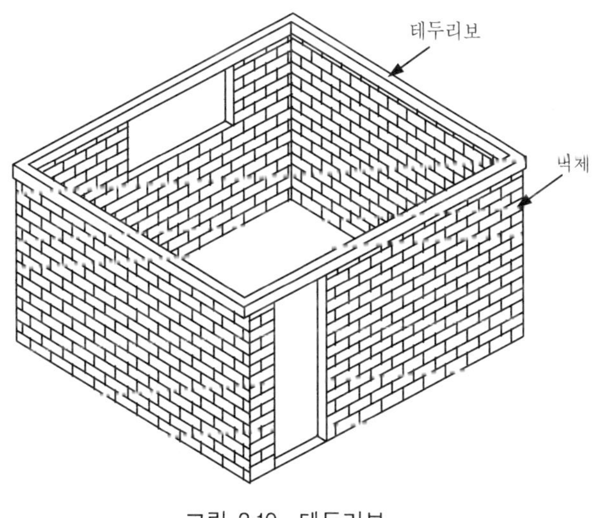

그림 3.19 테두리보

테두리보는 일반적으로 철골구조 또는 철근콘크리트구조로 이루어지는데, 이 구조는 조적구조보다 훨씬 강하게 일체화되어 있기 때문에 상부의 하중을 균등하게 분산시킬 수 있다. 테두리보는 벽 두께의 1.5배 이상의 춤(높이)을 갖도록 되어 있다.

5) 구조적 제한

벽돌구조와 같은 조적구조 중 소규모 건축물에 대해서는 다음과 같은 구조적 제한이 「건축물의 구조기준 등에 관한 규칙」에 명시되어 있다. 여기서 소규모 건축물이란 건축법 시행령에 규정되어 있는데, 예를 들어 3층 이상의 건물, 연면적 1,000m^2 이상의 건물, 높이 13m 이상인 건물 등은 소규모 건축물에 해당하지 않는다. 그러나 실제로 조적구조 건물의 경우 대부분 이러한 규모가 아니기 때문에 다음에 나타내는 구조적 제한은 대다수의 조적구조 건축물에 적용된다고 할 수 있다. 다만 철근으로 보강된 블록구조의 경우는 이 규정의 제한을 받지 않는다.

① 2층 건물의 경우 2층 내력벽의 높이는 4m 이하이어야 한다. 여기서 내력벽이란 상부로부터의 하중을 받는 벽을 말한다. 내력벽과 반대 개념으로 비내력벽이 있는데, 비내력벽은 실과 실의 경계를 이루는 단순한 칸막이벽을 의미한다.

② 내력벽의 길이는 10m 이하이고, 내력벽으로 둘러싸인 바닥의 면적은 80m^2 이하이어야 한다.

③ 내력벽 두께는 바로 위층 내력벽 두께 이상이어야 한다.

④ 내력벽의 두께는 그 건축물의 층수·높이 및 벽의 길이에 따라 각각 다음의 표 3.2에 나타낸 두께 이상으로 하되, 조적재료가 벽돌인 경우에는 그 벽 높이의 1/20 이상, 블록인 경우에는 1/16 이상으로 해야 한다.

표 3.2 벽체의 두께 기준(1)

건물 높이		5m 미만		5m 이상 11m 미만		11m 이상	
벽 길이		8m 미만	8m 이상	8m 미만	8m 이상	8m 미만	8m 이상
층별 벽 두께	1층	150mm	190mm	190mm	190mm	190mm	290mm
	2층	-	-	190mm	190mm	190mm	190mm

⑤ 조적재료가 돌이거나, 돌과 벽돌 또는 블록 등을 병용하는 경우의 내력벽의 두께는 표 3.2의 두께에 1/5을 가산한 두께 이상으로 하되, 그 벽 높이의 1/15 이상으로 해야 한다.

⑥ 내력벽으로 둘러싸인 부분의 바닥면적이 $60m^2$를 넘는 경우의 그 내력벽 두께는 각각 다음의 표 3.3에 나타낸 두께 이상으로 한다.

표 3.3 벽체의 두께 기준(2)

건물 층수		1층	2층
층별 벽 두께	1층	190mm	290mm
	2층	-	190mm

⑦ 칸막이벽 두께는 90mm 이상으로 해야 한다.

⑧ 칸막이벽 바로 위층에 칸막이벽이나 주요 구조물을 설치하는 경우에는 해당 칸막이벽의 두께를 190mm 이상으로 해야 하나, 테두리보를 설치하는 경우에는 그렇지 않다.

⑨ 각 벽의 개구부 폭의 합계는 그 벽 길이의 1/2 이하로 해야 한다.

⑩ 하나의 층에 있어서의 개구부와 그 바로 위층에 있는 개구부와의 수직거리는 600mm 이상으로 해야 한다.

⑪ 개구부 상호간 또는 개구부와 대린벽(어느 벽에 직각으로 되어 있는 벽) 중심과의 수평거리는 그 벽 두께의 2배 이상으로 해야 한다.

⑫ 폭이 1.8m를 넘는 개구부의 상부에는 철근콘크리트구조의 윗인방(引枋)을 설치해야 한다.

⑬ 벽에 그 층 높이의 3/4 이상인 연속한 세로홈을 설치하는 경우의 그 홈 깊이는 벽 두께의 1/3 이하로 하고, 가로홈을 설치하는 경우의 그 홈 깊이는 벽 두께의 1/3 이하로 하되, 길이는 3m 이하로 해야 한다.

⑭ 담의 높이는 3m 이하로 하고, 두께는 190mm 이상으로 한다. 다만, 높이가 2m 이하인 담은 90mm 이상으로 할 수 있다.

⑮ 담 길이 2m 이내마다 담의 벽면으로부터 그 부분의 담의 두께 이상 튀어나온 버팀벽을 설치하거나, 담의 길이 4m 이내마다 담의 벽면으로부터 그 부분의 담의 두께의 1.5배 이상 튀어나온 버팀벽을 설치한다.

3. 블록구조

(1) 특징

주로 속이 비어 있는 콘크리트블록을 만들어 벽돌과 같은 방법으로 쌓아 올려 벽체를 구성하는 블록구조는 다음과 같은 특징이 있다.

1) 장점

① 블록의 재료가 콘크리트이므로 내구성과 내화성이 좋다.
② 철근콘크리트로 보강할 경우 벽돌구조에 비해 바람 및 지진에도 강하다.
③ 경량이고 시공성이 좋아 공기단축에 유리하다.

2) 단점

① 방수, 방습, 강도에 문제가 있다.
② 벽체에 균열이 발생하기 쉽다.
③ 철근콘크리트로 보강하지 않은 경우에는 바람 및 지진에 약하다.

블록구조는 이와 같이 벽돌구조와 유사한 특징을 갖고 있어 벽돌구조와 마찬가지로 고층이나 대규모 건물에는 적절하지 않고 창고, 공장, 주택 등 벽체가 많은 건물에 적합하다.

(2) 종류

1) 블록구조의 종류

블록구조는 벽체의 쌓는 방법, 블록의 보강 여부 등에 따라 다음과 같은 종류로 구분한다.

① 조적식 블록조

그림 3.20과 같이 블록을 단순히 모르타르로 쌓아 벽체를 구성하고 바닥, 지붕 등은 목조, 철골조, 철근콘크리트조로 한다. 이 벽은 주로 2층 이하 소규모 건물에서 상부로부터의 하중을 직접 받아 기초에 전달하는 내력벽(耐力壁)이 된다.

② 장막벽블록조

그림 3.21과 같이 주요 부분이 철근콘크리트나 철골 등인 구조체에서, 경미한 칸막이벽과 같이 상부에서 오는 하중을 받지 않고 그 벽 자체의 하중만을 지지하는 비내력벽이다.

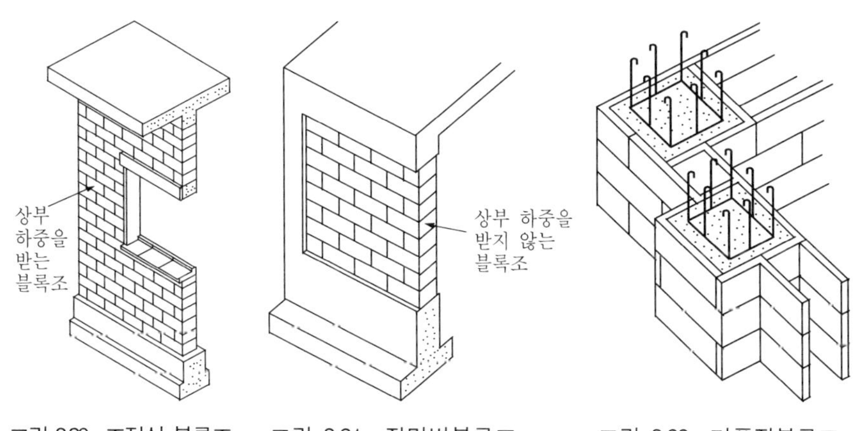

그림 3.20 조적식 블록조 그림 3.21 장막벽블록조 그림 3.22 거푸집블록조

③ 거푸집블록조

건물의 어느 부분을 콘크리트로 만들고자 할 때 그 부분 형상의 틀을 미리 만들어 놓고 그 틀 속에 콘크리트를 부어 넣어 굳혀서 완성하게 되는데, 그 틀을 거푸집이라 한다.

거푸집블록조란 블록이 이와 같은 거푸집의 역할을 겸하는 것으로, 그림 3.22에 나타낸 바와 같이 ㄱ자형, ㄷ자형, T자형, ㅁ자형 등으로 만들어진 얇은 두께의 블록 속에 철근을 배근하고 콘크리트를 부어 넣어 구성한 것이다.

④ 보강블록조

그림 3.23에 나타낸 바와 같이 블록의 빈 속에 철근을 넣고 콘크리트를 부어 보강한 것으로 상당한 연직하중(수직하중) 및 수평하중에 견딜 수 있도록 되어 있어 가장 이상적인 구조이며, 4~5층 정도의 건물에도 적용 가능하다.

⑤ 복합블록조

종류가 다른 두 재료를 함께 사용해서 벽체를 구성할 때가 있는데, 블록조의 경우 벽돌과 함께 사용되어 복합벽체를 구성하기도 한다. 그림 3.24에 벽돌과 블록이 함께 사용된 복합블록조의 예를 나타낸다.

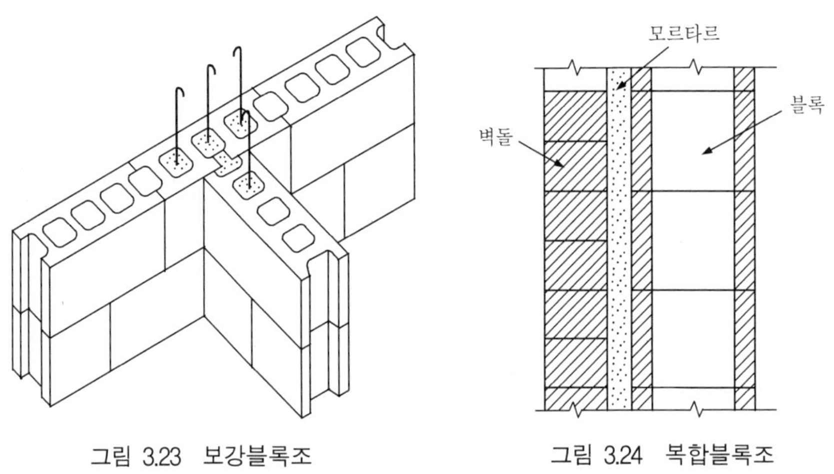

그림 3.23 보강블록조

그림 3.24 복합블록조

2) 블록벽체의 종류

블록벽체는 그 역할이나 구성에 따라 다음과 같은 종류로 구별한다.

① 내력벽(耐力壁)

벽돌구조에서와 마찬가지로 위층의 벽, 지붕, 바닥 등으로부터의 연직하중(수직하중)과, 바람이나 지진에 의해 건물에 가해지는 수평하중을 받는 벽체를 내력벽이라 한다.

1~2층 정도의 저층 건물에서는 블록만으로도 하중을 받을 수 있으나, 그 이상이 되면 블록만으로는 충분한 하중을 받을 수 없으므로 앞서 블록의 구조에서 설명한 그림 3.23의 보강블록조로 하는 것이 일반적이다.

② 대린벽(對隣壁)

조적식 건축물은 비교적 벽이 많게 되는데, 이들 벽 중에서 서로 직각으로 교차되는 벽을 대린벽이라 하며, 건축관련 규정에서 벽의 길이라 함은 대린벽의 중심선 간의 길이를 말한다.

예를 들어 그림 3.25의 (a)에서는 당연히 A가 벽의 길이가 되지만, (b)에서는 벽의 길이가 D가 아니고 위치에 따라 B와 C가 되는 것이다.

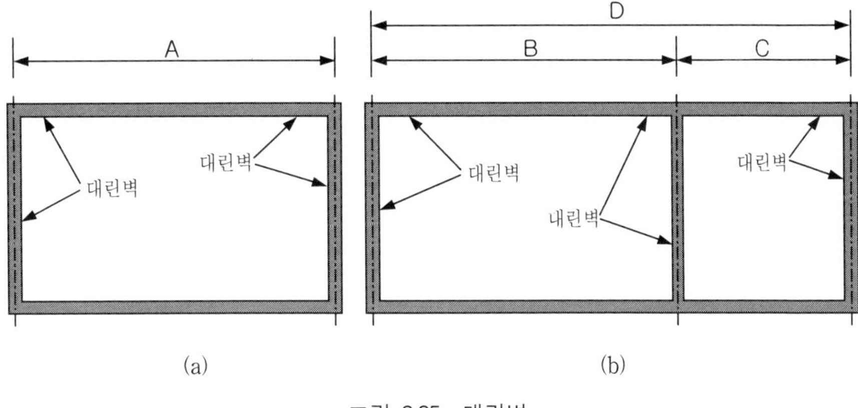

그림 3.25 대린벽

③ 부축벽

벽의 길이가 길 경우 수평으로 작용하는 외력에 충분히 대응할 수 없으므로 이것을 보강하기 위해 그림 3.26과 같이 벽 중간에 설치하는 벽을 부축벽이라 한다. 부축벽의 길이는 층높이의 1/3 정도로 하는 것이 일반적이다.

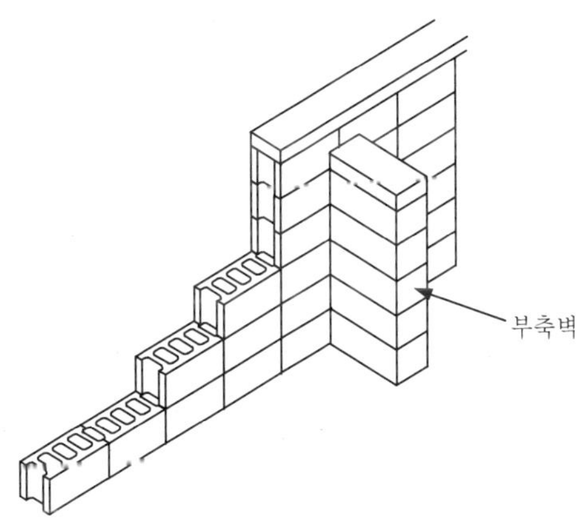

그림 3.26 부축벽

④ 벽량(壁量)

벽량이란 벽체의 종류를 나타내는 용어는 아니나, 조적조의 벽체에 관한 주요한 용어이므로 여기에서 설명하기로 한다. 벽량은 내력벽 길이의 총 합계를 그 층의 바닥면적으로 나눈 값을 뜻한다. 여기에서 내력벽의 길이는 cm로, 바닥면적은 m^2로 나타내며, 따라서 벽량의 단위는 cm/m^2가 된다. 내력벽이 많을수록 큰 하중에 견딜 수 있으므로 벽량 값은 클수록 구조적으로 유리하며, 일반적으로 15cm/m^2 이상이 되도록 한다.

(3) 재료(블록)

1) 치수

블록은 일반적인 형태인 기본블록 외에도 다양한 형태의 블록이 있으며, 이들 다양한 형태의 블록을 별도의 명칭으로 각각 부르기도 하고, 별도의 명칭과 함께 이것들을 통틀어서 이형블록이라 하기도 한다. 기본블록과 이형블록에 대한 기본적인 치수 및 허용차는 다음의 표 3.4와 같다.

표 3.4 블록의 치수와 허용차 [mm]

형상	치 수			허용차	
	길이	높이	두께	길이 · 두께	높이
기본블록	390	190	190 150 100	±2	±3
이형블록	길이, 높이, 두께의 최소 치수를 90mm로 한다. 또 이형블록 중 기본블록과 동일한 크기의 블록에 대해서는 기본블록의 치수 및 허용차와 같게 한다.				

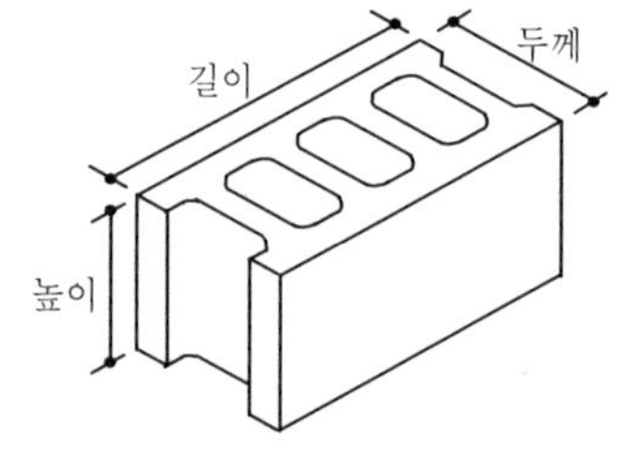

블록의 속빈 부분(철근 삽입부)에 대한 크기 및 살두께는 블록의 두께에 따라 달라지며, 일반적으로는 150mm 이상인 경우와 100mm인 경우로 나누어 다음의 표 3.5와 같은 값을 표준으로 한다(그림 3.27 참조).

표 3.5 블록의 속빈 부분 크기와 살두께

두께	속빈 부분			살두께	
	세로근 삽입부		가로근 삽입부	겉보임면[mm]	기타[mm]
	단면적[cm^2]	나비[mm]	지름[mm]		
150mm 이상	60 이상	70 이상	60 이상	25 이상	20 이상
100mm	30 이상	50 이상	50 이상	20 이상	20 이상

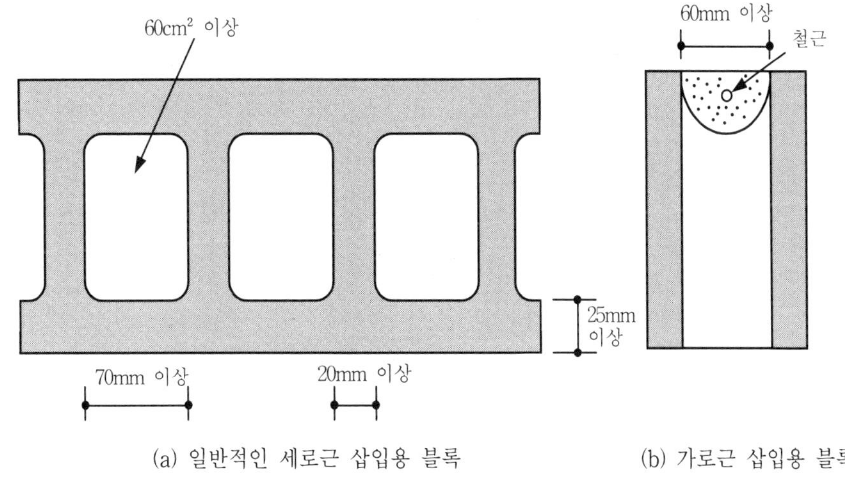

(a) 일반적인 세로근 삽입용 블록 (b) 가로근 삽입용 블록

그림 3.27 블록의 속빈 부분 크기와 살두께

2) 종류

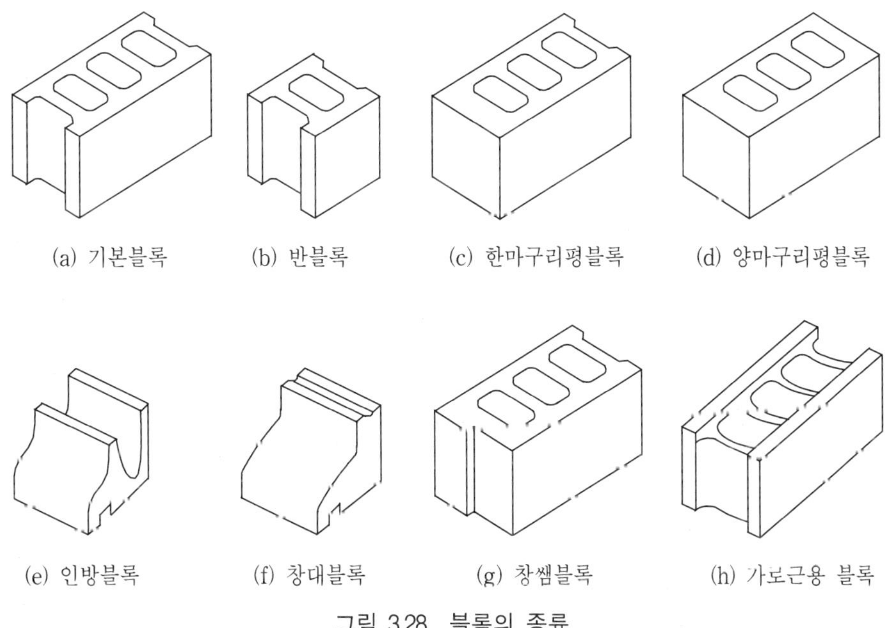

그림 3.28 블록의 종류

그림 3.28에 블록의 종류를 나타낸다. 그림의 블록 중 대부분의 벽체 부분에서는 기본블록을 쌓게 되나, 예를 들어 벽체의 모서리에는 옆부분을 평평하게 만든 한마구리평블록, 창틀 윗부분에는 철근콘크리트로 보강할 수 있게 만든 인방블

록, 창틀 옆부분에는 창틀에 잘 맞는 형태로 만들어진 창쌤블록, 창틀 아랫부분에는 창틀에 맞추어지고 물흘림·물끊김이 달린 창대블록이 쓰인다.

또 일반적인 블록은 세로철근으로 보강하게 되어 있으나, 가로철근을 보강할 필요가 있을 때 사용할 수 있게 가로방향으로도 홈이 파져 있는 가로근용 블록, 그림 3.28에는 나타나 있지 않으나 벽체에 수평배관을 용이하게 시공하기 위해 가로부분으로 구멍을 낸 배관용 블록 등이 있다.

한편, 블록은 보통 시멘트와 골재를 섞어 제조하는데, 골재의 종류에 따라 블록의 비중이 달라지며, 비중이 1.8 이상인 것을 중량블록, 1.8 미만인 것을 경량블록이라 한다.

(4) 블록쌓기

벽돌구조에서는 모서리 부분 등의 경우 벽돌을 깨뜨려 사용하기도 했으나, 블록은 기본적으로 토막블록을 사용하지 않으며, 부득이한 경우 이형블록이나 벽돌을 함께 사용하기도 한다. 블록과 블록을 접착시키는 모르타르는 벽돌구조의 일반쌓기에서와 마찬가지로 시멘트와 모래의 배합비를 1 : 3으로 하는 것이 일반적이다.

1) 일반쌓기

조적식 블록조나 장막벽블록조처럼 철근으로 보강하지 않은 경우와 같이, 기본블록을 이용하여 벽돌쌓기와 동일한 방법으로 쌓는 구조이며 소규모 건물에 적용한다.

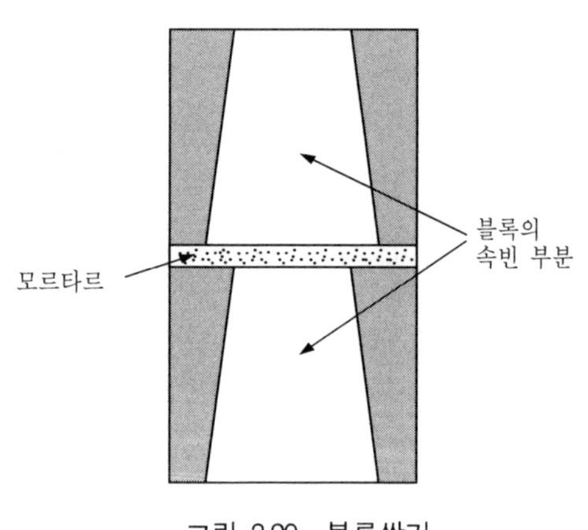

그림 3.29 블록쌓기

줄눈은 벽돌쌓기와 마찬가지로 막힐줄눈으로 하며 그 두께는 보통 10mm로 한다. 표 3.5 및 그림 3.27에 블록의 살두께에 대해 나타냈는데, 블록의 살두께가 일정하지 않은 블록에 대해서는 그림 3.29와 같이 살두께가 두꺼운 쪽을 위로 해서 쌓는다.

2) 보강블록조 쌓기

블록의 속빈 부분에 철근을 배근하고 콘크리트를 부어 넣어 보강한 것으로, 벽체의 아랫부분에서 윗부분까지 직선상으로 철근을 배근하게 되므로 통줄눈으로 쌓는다.

그림 3.30에 세로근과 가로근이 보강된 보강블록조의 예를 나타낸다. 기본블록의 경우 가로부분이 막혀 있으므로 가로근을 보강하고자 할 때는 그림 3.28 (h)에 나타낸 가로근용 블록을 쌓아야 하며, 그림 3.30에 그 모습을 나타내고 있다.

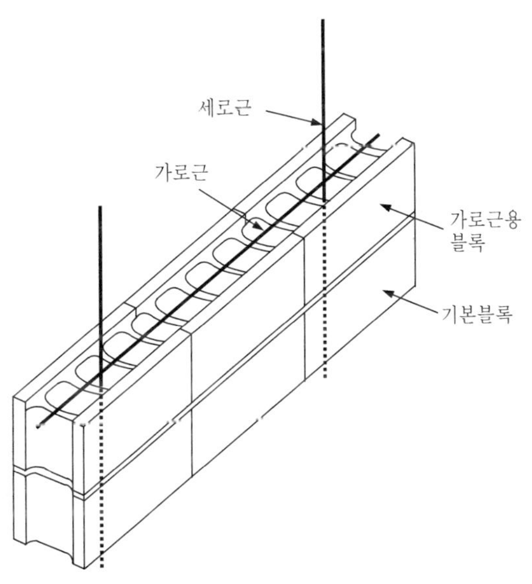

그림 3.30 보강블록조의 철근 보강

(5) 각부 구조

1) 기초

블록구조의 기초는 벽돌구조와 마찬가지로 연속기초(줄기초)로 한다. 보강블록조가 아닌 블록구조의 기초는 앞서 설명한 벽돌구조에서와 동일한 기준을 적용하며, 보강블록조인 내력벽의 기초 중 기초판은 철근콘크리트구조로 해야 한다. 그림 3.31에 블록구조 기초의 일반적인 형태를 나타낸다.

그림 3.31에서 기초보는 벽체 하부나 기둥 상부를 연결하여 각 벽을 일체화

시키면서 건물의 하중을 지반에 균등히 분포시키고 기초의 부동침하 및 이동을 방지하는 역할을 하는 것으로 기초벽이라고도 한다.

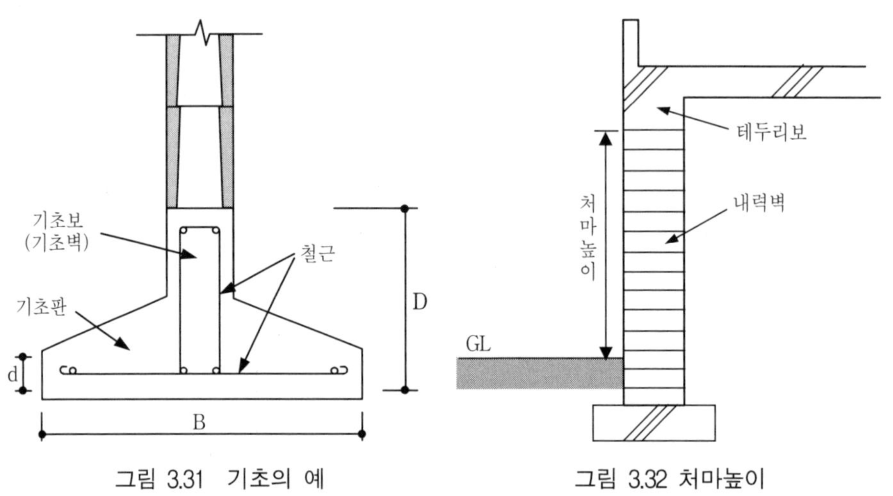

그림 3.31 기초의 예

그림 3.32 처마높이

일반적으로 기초보의 두께는 벽체 두께 정도 또는 그보다 30mm 정도 두껍게 하며, 춤(높이, 그림에서 D)은 처마높이의 1/12 이상이면서 동시에 단층건물은 450mm 이상, 2~3층은 600mm 이상으로 한다.

여기서 처마높이란 그림 3.32에 나타나 있는 바와 같이 건물높이와는 다른 의미이다. 또 기초판의 두께(그림에서 d)는 150mm 이상으로 하며, 기초판의 폭(그림에서 B)은 구조계산에 의해 산정하게 되는데, 일반적으로 단층건물에서 300~400mm, 2층건물에서는 400~500mm 정도가 된다.

그림 3.31에 나타나 있는 철근을 배근할 때, 주근은 D10~D13(직경 10~13mm)을 4개 이상 배근하며, 늑근은 D6(직경 6mm) 이상을 300mm 이내의 간격으로 배근한다.

여기서 주근이란 기초의 길이방향으로 배근한 직선상의 철근을 말하며, 늑근이란 주근들을 서로 연결시키기 위해 사람의 갈비뼈와 같은 형상으로 배근한 철근을 말한다.

2) 테두리보

벽돌구조 부분인 「2. (4) 3) 테두리보」에서 설명했듯이, 테두리보는 조적조 벽체의 구조를 일체화시키고 하중을 균등히 분포시키는 목적으로 블록구조를 비롯한 조적조 벽체의 상부에 설치하며, 따라서 그 의미 및 목적 등은 벽돌구조에서와 동일하다.

다만 보강블록조의 내력벽에서는 철근의 정착을 위한 목적으로도 사용되는데, 여기에서의 철근의 정착이란 보강블록조 속의 직선 철근을 테두리보에서 갈고리 모양으로 만들어 철근이 콘크리트 속에 깊이 파묻히도록 하는 것을 말한다.

테두리보에도 기초에서와 마찬가지로 주근과 늑근을 배근하게 되는데, 주근은 D9나 D12의 단근(주근이 1개)으로 하기도 하지만, 중요한 보는 D12 이상의 복근(주근이 2개)으로 한다.

또 늑근은 기초에서와 마찬가지로 D6 이상으로 300mm 이내마다 배근하는데, 벽체 하부에서부터 올라오는 세로근을 연장해서 테두리보의 늑근으로 겸용하기도 한다.

(6) 구조적 제한

벽돌구조에서 설명한 바와 같이 조적구조 중 소규모 건축물에 대해서는 「건축물의 구조기준 등에 관한 규칙」에 구조적 제한이 명시되어 있는데, 보강블록조가 아닌 블록구조는 벽돌구조에서 언급한 내용과 동일하게 적용되며, 보강블록조의 경우는 별도로 구조적 제한이 명시되어 있다.

「건축물의 구조기준 등에 관한 규칙」에 명시된 구조적 제한 중 앞서 설명한 내용을 제외한 사항을 다음에 나타낸다.

① 건축물의 길이방향 또는 너비(폭)방향의 내력벽 길이는 각각 그 방향의 내력벽 길이의 합계가 그 층 바닥면적 $1m^2$당 0.15m 이상이 되도록 하되, 그 내력벽으로 둘러싸인 부분의 바닥면적은 $80m^2$ 이하이어야 한다.

② 내력벽 두께는 150mm 이상으로 한다.

③ 담의 높이는 3m 이하로 하고 두께는 150mm 이상으로 한다. 다만 높이가 2m 이하인 담은 90mm 이상으로 할 수 있다.

④ 담의 내부에는 가로 또는 세로 각각 800mm 이내의 간격으로 철근을 배치하고, 담의 끝 및 모서리부분에는 세로로 직경 9mm 이상의 철근을 배치한다.

4. 돌구조

(1) 특징

돌을 쌓아 올려 벽체를 구성하는 조적구조 중의 하나로, 과거에는 순수 돌구조로 건축하기도 했으나 최근에는 뒷벽에 벽돌이나 콘크리트 벽체를 사용하고 앞에서 보이는 벽면만 돌로 장식하는 방법이 주로 사용되고 있다.

1) 장점

① 내구적·내화적이고, 방한 및 방서에 좋다.
② 외관이 좋고 마모에 강하다.

2) 단점

① 시공이 어렵고 공사기간이 길다.
② 공사비가 비싸다.
③ 지진과 같은 수평력(횡력)에 약하다.
④ 실내 유효면적이 줄어든다.

(2) 돌의 종류

건축물에 사용되는 돌의 종류로는 다음과 같은 것들이 있다.

1) 화강암

내구성, 강도, 내마모성, 광택이 우수하고 흡수성이 적으며 가공성이 좋아 석재로서의 성질이 가장 뛰어나다고 할 수 있으며, 따라서 구조용으로도 장식용으로도 널리 이용된다. 다만 불에 약해 화염에 접촉할 경우 균열이 생기는 단점이 있다.

2) 안산암

내구성은 화강암에 필적하고 강도는 화강암 다음으로 우수하나, 색채와 광택이 좋지 않아 장식재로는 적절하지 않고 구조재로 사용된다.

3) 응회암

화산 분출물이 퇴적되어 생긴 것이어서 강도가 약하고 풍화(風化)되기 쉬우며 흡수성이 높다. 따라서 화강암이나 안산암 등에 비해 석재로서의 가치는 떨어지는 편이나, 일반적으로 연질이고 경량이어서 채색과 가공이 용이하고 가격이 저렴하다.

4) 사암

운반작용에 의해 입자들이 쌓여서 이루어진 것으로, 입자들이 치밀하게 쌓여진 것은 강도와 내구성이 좋지만, 치밀하지 않게 쌓여진 것은 흡수율이 커서 풍화하기 쉽고 내구성도 좋지 않다. 그러나 어느 종류든 내화성은 매우 우수하여 경량구조재로 사용되는 경우가 많다.

5) 점판암

진흙이 지속적으로 압력을 받아 변질되면서 굳어진 것으로, 얇게 쪼개기 쉽기 때문에 지붕재료로 널리 사용된다. 천연슬레이트라고 하는 것이 이것이다.

6) 대리석

잘 갈면 아름다운 광택을 내고 빛깔과 무늬가 좋아 건축의 장식용이나 조각용으로 널리 이용된다. 반면 산(酸)이나 불에 약해서 외장재로는 적합하지 않다.

(3) **돌의 가공**

자연에서 채취한 돌을 그대로 사용할 수도 있으나, 대부분은 쪼개고 표면을 다듬어서 쓰게 된다.

1) 돌쪼개기

돌쪼개기에는 부리쪼갬과 톱켜기가 있다.

① 부리쪼갬

돌 표면에 있는 작은 균열을 따라 작은 구멍을 일렬로 파고 여기에 부리(돌을 쪼개는 데 쓰는 쐐기 모양의 쇠붙이)를 박아서 쪼개는 것을 부리쪼갬이라 한다.

② 톱켜기

계단디딤돌이나 외장용 붙임돌 등에는 화강암이나 대리석 등을 두께 30~60mm 정도로 기계톱으로 켜내어 사용하는 경우가 있으며, 이것을 톱켜기라 한다. 톱켜기를 할 때는 철사(鐵砂, 모래 모양의 철광석)를 물과 함께 부어 넣으면서 톱줄로 켠다.

2) 표면마무리

석재의 표면마무리는 표면을 어느 정도 세밀하게 다듬는가에 따라, 또 표면의 형상에 따라 종류를 구분하며, 표면을 마무리할 때는 다음의 그림 3.33과 같은 도구를 사용한다.

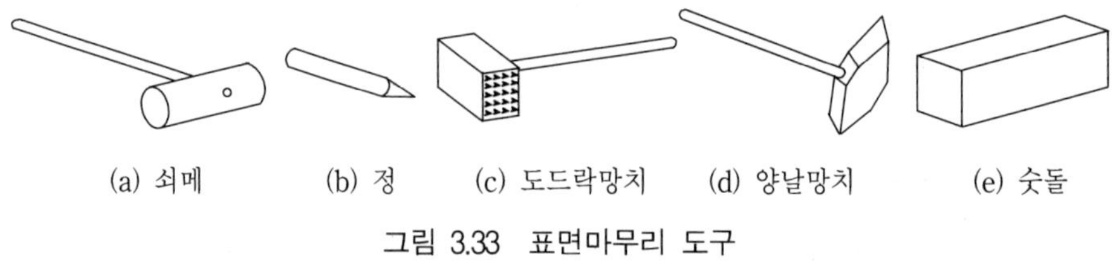

그림 3.33 표면마무리 도구

3) 표면의 다듬기 정도에 따른 분류

① 혹따기

다듬돌(원석)의 두드러지게 튀어나온 부분을 그림 3.33 (a)의 쇠메로 쳐서 큰 요철(凹凸)이 없게 다듬는 정도의 거친 마무리이다. 메다듬이라고도 한다.

② 정다듬

그림 3.33 (b)의 정으로 쪼아 마무리하는 것으로, 표면의 마무리 정도에 따라 거친다듬, 중다듬, 고운다듬으로 구분한다.

③ 도드락다듬

그림 3.33 (c)의 도드락망치는 표면에 날이 있게 만든 것인데, 날의 개수에 따라 거친 도드락망치, 중 도드락망치, 고운 도드락망치로 구분한다. 통상

망치 표면의 한 변에 5~6개의 날이 있는 것을 거친 도드락망치, 7~8개의 날이 있는 것을 중 도드락망치, 9~10개의 날이 있는 것을 고운 도드락망치라 하는데, 도드락다듬은 거친 도드락망치부터 고운 도드락망치 순으로 여러 번 두들겨 마무리하는 것이다.

④ 잔다듬

정다듬이나 도드락다듬을 한 부분에 날망치(외날망치, 양날망치(그림 3.33 (d))로 일정 방향의 평행선을 이루면서 평탄하게 마무리하는 것을 말한다.

⑤ 갈기 및 광내기

잔다듬한 면 또는 톱켜기한 면을 숫돌(그림 3.33 (e))로 손갈기 또는 기계갈기를 해서 광택이 나도록 하는 것이다. 갈기를 할 때는 보통 물을 쓰므로 물갈기라고도 하며, 광내기까지 한 것을 물갈기 광내기라 한다.

⑥ 버너마감

보통 톱켜기한 면을 버너(burner)로 달군 후 물을 끼얹어 급랭시키면서 돌 표면을 얇은 껍질 벗겨지듯이 마무리하는 것을 말한다.

4) 표면 형상에 따른 분류

표면의 다듬기 정도와 관계없이 표면 마무리의 모양에 따라 분류하는 것으로 혹두기와 모치기가 있다.

① 혹두기

돌의 거친 표면을 그대로 두되, 약간 가공하여 심한 요철(凹凸)이 없게 한 것이다. 마름돌면 또는 거친돌면이라고도 한다.

② 모치기

돌과 돌의 연결부분인 줄눈부분을 잔다듬하는 것으로, 돌의 표면은 거친 면이나 다듬은 면으로 한다. 줄눈부분의 형태에 따라 누모지기, 빗모지기 등이 있다. 그림 3.34에 줄눈부분을 모치기한 단면형태를 나타낸다.

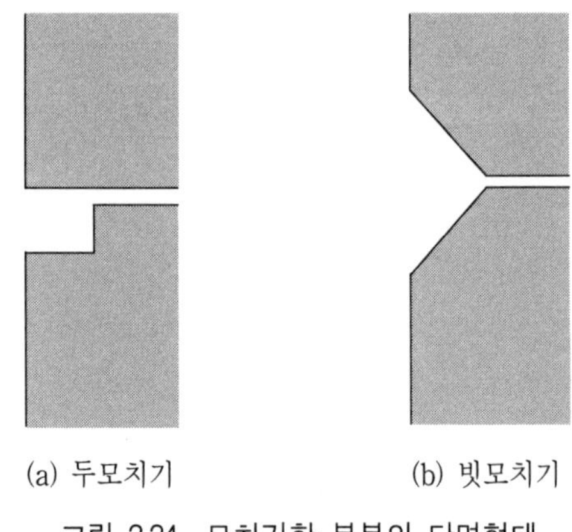

(a) 두모치기 (b) 빗모치기

그림 3.34 모치기한 부분의 단면형태

(4) **돌쌓기**

1) 종류

돌쌓기는 쌓는 돌의 상태에 따라 거친돌쌓기와 다듬돌쌓기로 구분하고, 쌓는 방법에 따라 막쌓기와 바른층쌓기로 구분한다.

① 거친돌쌓기

자연석을 그대로 쓰거나 적당한 크기로 쪼개서 쌓는 것으로 불규칙하게 쌓은 것을 거친돌 막쌓기, 층을 이루어 쌓은 것을 거친돌 바른층쌓기라 한다. 그림 3.35에 거친돌쌓기를 나타낸다.

(a) 거친돌 막쌓기 (b) 거친돌 바른층쌓기

그림 3.35 거친돌쌓기

② 다듬돌쌓기

돌과 돌이 맞붙는 모서리부분을 다듬어서 쌓는 것으로, 각 돌의 크기와 줄눈이 불규칙하게 쌓는 다듬돌 막쌓기와, 돌 크기와 줄눈이 일정하게 쌓는 다듬돌 바른층쌓기가 있다. 그림 3.36에 다듬돌쌓기를 나타낸다.

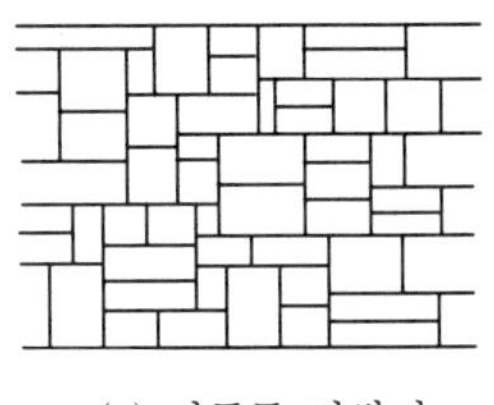
(a) 다듬돌 막쌓기

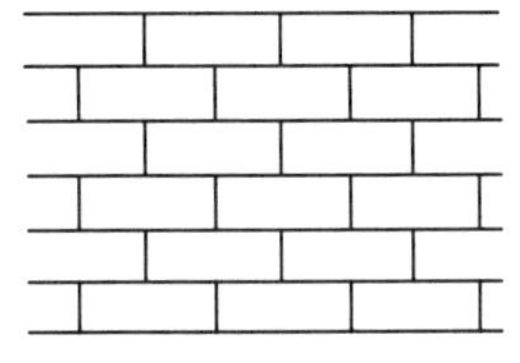
(b) 다듬돌 바른층쌓기

그림 3.36 다듬돌쌓기

2) 돌쌓기

① 돌나누기

돌쌓기 시공에 앞서 설계도에 따라 돌의 크기나 줄눈의 위치를 헤아려 배치해 보는 것을 돌나누기라 하는데, 여기서 설계도를 줄나누기도라 하며 보통 1/50 정도의 축척으로 하고 돌나누기의 표준으로 한다.

② 돌쌓기

일반적으로 두께 150mm 이상의 돌을 쌓아 올려 어느 정도 자립할 수 있거나 상부의 하중을 받을 수 있게 한 것을 돌쌓기라 한다.

③ 돌붙이기

보통 두께 100mm 미만의 얇은 돌을 벽체에 붙이는 것을 돌붙이기라 하며, 수평면에 돌을 붙일 경우에는 돌깔기라 한다.

④ 접합

벽돌구조나 블록구조에서와 마찬가지로 돌구조에서도 돌과 돌의 접합은 모르타르를 이용하는 것이 일반적이나, 보다 견고하게 할 필요가 있을 때는 접합용 철물(鐵物) 등을 이용하기도 한다.

Chapter 04

철근콘크리트구조

1. 개요
2. 재료
3. 시공
4. 각부 구조
5. 특수콘크리트구조

Chapter

04 철근콘크리트구조

1. 개요

철근콘크리트는 철근으로 보강한 콘크리트라는 뜻이다. 콘크리트는 시멘트, 모래, 자갈을 섞어 만든 것으로, 그림 4.1에 나타내는 압축측에 걸리는 압축력에는 상당히 강하지만 인장측에 걸리는 인장력에는 약해서, 이 약점을 보강하기 위해 콘크리트 구조체의 인장응력이 일어나는 곳에 인장에 강한 철근을 보강하여 형성한 합성 구조체가 철근콘크리트구조이다.

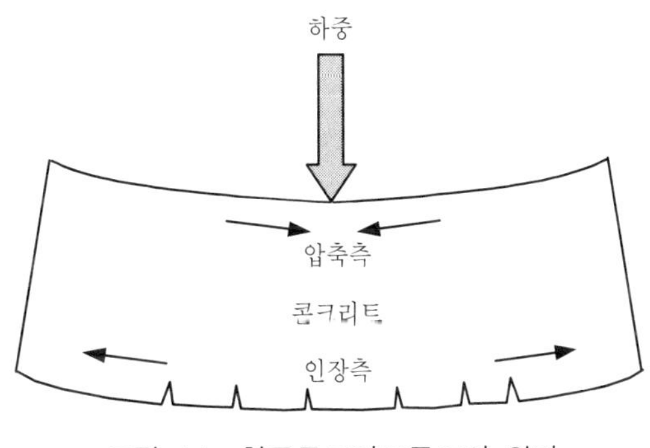

그림 4.1 철근콘크리트구조의 원리

(1) 특징

철근콘크리트구조는 다음과 같은 특징이 있다.

1) 장점

① 내구성, 내화성, 내풍성 및 내진성이 좋다.
② 다양한 치수와 형태로 건축이 가능하다.
③ 보안성(방음, 외부인의 침입방지)이 좋다.
④ 시공 후 유지관리가 비교적 용이하다.

2) 단점

① 자체 중량이 무겁다.
② 공사기간이 길며, 습식공사이므로 겨울철 공사가 어렵다.
③ 건축 후 개조 및 철거가 용이하지 않다.

이와 같은 특징으로 인해 철근콘크리트구조는 4~10층 정도의 건물에 가장 적합한 구조이다.

(2) 철근과 콘크리트의 상호관계

1) 철근과 콘크리트의 성질

철근과 콘크리트는 상호간에 다음과 같은 성질이 있어 매우 유리한 구조체를 형성한다.

① 하중에 대한 압축응력은 콘크리트가, 인장응력은 철근이 부담한다.
② 콘크리트가 철근을 감싸면서 철근이 녹스는 것을 방지한다.
③ 콘크리트와 철근이 강력히 부착하면서 철근의 좌굴이 방지된다.
④ 철근과 콘크리트는 선팽창계수가 거의 같아 온도변화에 따른 구조체 변형이 같이 일어나므로 내부에서의 뒤틀림이 거의 없다.

2) 철근과 콘크리트의 부착력

철근콘크리트 구조체에 열을 포함해서 여러 가지 응력이 작용해도 철근과 콘크리트가 밀착되어 철근이 미끄러져 빠져나오지 않게 하는 저항력을 부착력이라 하며, 부착력은 다음과 같은 관계가 있다.

① 압축강도가 큰 콘크리트일수록 커진다.
② 철근의 주장(周長)에 비례한다.
③ 철근의 표면상태와 단면모양에 영향을 받는다.
④ 정착길이의 증가에 따라 비례 증가되지는 않는다.

2. 재료

(1) 콘크리트

콘크리트는 시멘트, 모래, 자갈에 물을 부어 혼합하여 시멘트와 물의 화학반응에 의해 경화(硬化)시킨 것이다.

1) 시멘트

시멘트는 여러 종류가 있으나 일반적인 건축공사에 사용되는 시멘트는 포틀랜드시멘트로, 시멘트 생산량의 대부분을 차지하고 있다. 포틀랜드시멘트에는 다음과 같은 종류가 있다.

① 보통포틀랜드시멘드

뒤에 설명하는 조강(早強), 저열(低熱) 등의 성질을 갖지 않는 일반적인 시멘트를 말하며, 따라서 포틀랜드시멘트 중에서도 가장 널리 사용된다. 물과 함께 배합한 뒤 약 28일 후에 예정강도를 얻을 수 있다.

② 조강(早强)포틀랜드시멘트

보통포틀랜드시멘트에 비해 성분을 약간 달리 하고 제조공정을 정밀하게 하면서 최고의 기술로 만든 시멘트로, 빨리 굳고 강도도 매우 높은 고급시멘트이다.

빨리 굳기 때문에 공사기간의 단축이 요구되는 곳이나 공사시간에 제약을 받는 곳에서 특히 유효하며, 화학반응시 발열량이 많아 추운 지방의 겨울철 공사에도 이용된다.

③ 중용열(中庸熱)포틀랜드시멘트

조강포틀랜드시멘트와 달리 시멘트의 화학반응시 열이 적게 발생된다. 화학반응을 하면서 발생되는 열은 공기중으로 방출되는데, 댐공사와 같이 콘크리트 양이 매우 많은 공사에서는 콘크리트의 부피가 커서 내부에서 발생되는 열이 공기중으로 발산되기가 어렵고, 그로 인해 내부에 변형이 생길 수 있다.

중용열포틀랜드시멘트는 화학반응시 열이 적게 발생되므로, 댐공사와 같이 콘크리트 사용량이 많은 공사에 적합하다.

2) 골재

콘크리트에 사용되는 모래와 자갈을 총칭해서 골재라 하며, 모래를 잔골재, 자갈을 굵은 골재라 한다. 보다 구체적으로는 눈의 크기가 가로 세로 5mm인 체에 골재를 올려놓고 흔들 때, 무게 비율로 85% 이상 통과하는 골재를 잔골재, 85% 이상 남는 골재를 굵은 골재라 한다.

골재는 다음과 같은 성질을 갖추어야 한다.

① 자신의 강도가 콘크리트 강도 이상이어야 한다.
② 잔골재와 굵은 골재가 적절히 혼합되어야 한다.
③ 철근 부식의 원인이 되는 염분이 포함되지 않아야 하며, 따라서 바다모래는 물로 씻어서 사용해야 한다.
④ 철근을 배근한 후에 콘크리트를 부을 때 골재가 철근과 철근 사이를 빠져나가 골고루 배치될 수 있도록 자갈의 모양은 둥근 것이 좋으며, 또 부착력면에서 유리하도록 표면이 거친 것이 좋다.

3) 물

콘크리트를 만들 때 사용되는 물은 깨끗하고, 유해할 정도의 기름, 산, 알칼리, 염분 등이 포함되지 않아야 하나, 일반적으로 음료용으로 사용되는 정도의 물이라면 지장이 없다.

4) 혼화재료

앞서 설명한 시멘트, 모래, 자갈, 물은 콘크리트를 만들기 위해 반드시 들어가는 성분이지만, 혼화재료는 콘크리트의 성질이나 공사비 절약 등을 목적으로 필요에 따라 혼합되는 것이다. 비교적 소량을 사용할 경우 혼화제(混和劑)라 하며, 다량 사용할 경우 혼화재(混和材)라 하는데, 목적에 따른 종류로는 다음과 같은 것들이 있다.

① 시공연도(施工軟度) 증진용 : AE제(air entrancing agent), 분산제(分散劑)
② 방동용(防凍用) : 염화칼슘, 식염 등이 있으나, 이것들은 철근을 녹슬게 하므로 무근콘크리트에는 사용 가능하나, 철근콘크리트에는 사용할 수 없다.

③ 급결(急結)·조강(早强)용 : 방수재(防水材)

이러한 혼화재료는 콘크리트의 어떤 성질은 개선하지만 그 밖의 성질은 감퇴시킬 수 있으므로 사용에 신중을 기할 필요가 있다.

(2) 철근

철근은 크게 원형철근과 이형(異形)철근으로 구분한다. 원형철근은 표면이 평평하며, 이형철근은 그림 4.2와 같이 표면에 돌기를 두어 콘크리트와의 부착력을 높인 것이다. 이형철근의 표면 돌기는 축방향의 것과 원주방향의 것이 있는데, 전자를 리브(rib)라 하고 후자를 마디라 한다.

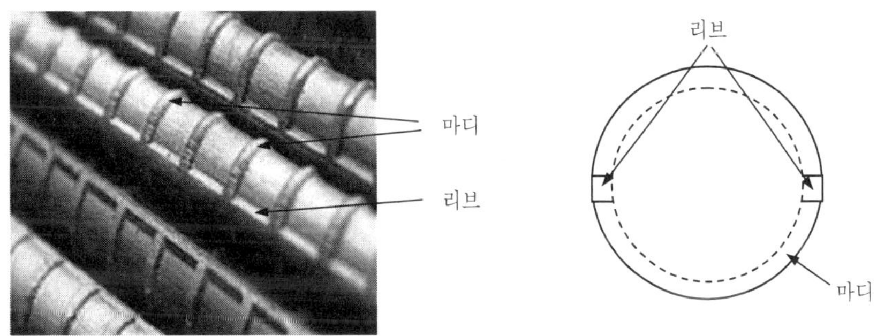

그림 4.2 이형철근의 외형과 단면

주요 부재의 보강재로는 주로 이형철근이 사용되며, 띠철근 등의 보조철근에는 원형철근이 사용되기도 한다. 철근의 크기는 지름으로 나타내는데, 원형철근은 ф로, 이형철근은 D로 표시한다. 예를 들어 지름 19mm의 원형철근은 ф19, 이형철근은 D19로 나타낸다. 원형철근과 이형철근 외에도 고강도 콘크리트에 사용되는 고장력철근(고력철근, 하이 바), 프리스트레스트 콘크리트에 주로 사용되는 피아노선 등이 있으며, 프리스트레스트 콘크리트에 대해서는 뒤에 설명하기로 한다.

3. 시공

(1) 거푸집

콘크리트 구조물을 소정의 형태 및 치수로 만들기 위해 임시로 설치하는 구조물을 거푸집이라 한다. 거푸집은 무거운 콘크리트를 견뎌야 하므로 소정의 강도가 필요하며, 내수성(耐水性)과 수밀성(水密性)도 요구된다.

1) 재료

거푸집의 재료로는 주로 나무와 철판이 사용되며, 그 외에 경질섬유판, 합성수지, 알루미늄 패널 등이 사용되기도 하나 사용 빈도는 높지 않다.

① 나무

가공성이 좋고 경제성 면에서도 유리한 두께 15mm 정도의 내수(耐水)합판이 많이 이용된다. 한 번 사용할 때마다 손상이 생기므로 5회 정도가 사용 한도이며, 보통 3~4회 정도 사용한다.

② 철판

앵글 등을 이용하여 철판을 패널로 만들어 사용한다. 표면 마무리가 좋고 변형이 없으나, 무거워 취급이 곤란하며 가격이 비싼 단점이 있다. 가격은 비싸지만 유지 관리에 따라 100회 정도 사용 가능하므로 오히려 경제적이라 할 수 있다. 그림 4.3에 나무로 거푸집을 시공한 모습을 나타낸다.

그림 4.3 거푸집 공사

2) 거푸집 존치기간

거푸집에 부어넣은 콘크리트가 굳어서 충분한 강도가 생길 때까지 거푸집은 양생(보양이라고도 함)의 역할을 해야 하기 때문에 상당 기간 유지되어야 하며, 그 기간을 거푸집 존치기간이라 한다. 거푸집 존치기간은 시멘트의 종류,

양생기간의 기온, 콘크리트 부위 등에 따라 달라지나, 「건축공사 표준시방서」에서 제시하고 있는 콘크리트의 압축강도를 기준으로 한 경우의 거푸집 존치기간은 다음의 표 4.1에 따라 압축강도를 시험한 후 거푸집을 해체할 수 있다.

표 4.1 거푸집 존치기간을 검토할 경우의 콘크리트 압축강도 표준값(건축공사 표준시방서)

부위	콘크리트 압축강도
기초, 보 옆, 기둥, 벽 등의 측벽과 같은 수직재	$5N/mm^2$(MPa) 이상
슬래브 및 보의 아래쪽과 같은 수평재	설계기준강도의 100% 이상

한편, 거푸집 존치기간 중 평균기온이 10℃ 이상일 경우, 기초, 보 옆, 기둥, 벽 등의 측벽과 같은 수직재에 대해서는 표 4.2에 나타나 있는 기간이 지나면 압축강도를 시험하지 않고도 거푸집을 해체할 수 있다.

표 4.2 콘크리트 압축강도를 시험하지 않은 경우의 거푸집 존치기간(수직재의 경우)

구 분	조강포틀랜드시멘트	보통포틀랜드시멘트
평균기온 20℃ 이상	2일	4일
평균기온 10℃ 이상 20℃ 미만	3일	6일

(2) 철근의 가공

공장에서 만들어지는 철근은 직선이고 길이도 한계가 있는데, 실제 현장에서 시공할 때는 철근 끝을 구부려야 한다든가 2개 이상의 철근을 이어서 더 길게 사용해야 할 때가 많다. 따라서 현장에서는 필요한 철근 가공을 해야 한다.

1) 철근의 구부림

철근의 부위별 위치에 따라 끝부분 및 중간부분에서 구부리거나 갈고리(hook)를 만들게 되는데, 원형철근의 끝부분(말단부)은 반드시 갈고리 모양으로 해야 하니, 이형철근은 반드시 그럴 필요는 없다. 그림 4.4에 주근(主筋)에 대한 180° 표준갈고리와 90° 표준갈고리의 구부림 형상 및 치수를 나타내고, 그림 4.5에 늑근(스터럽)과 띠철근에 대한 90° 표준갈고리와 135° 표준갈고리의 구부림 형상 및 치수를 나타낸다.

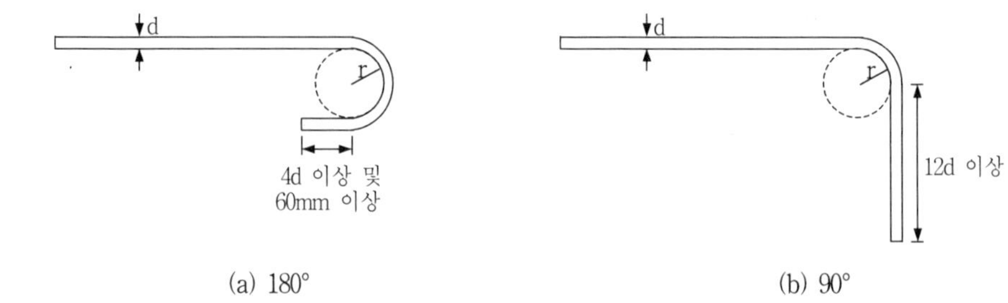

그림 4.4 철근의 구부림 각도에 따른 구부림 길이(주근)

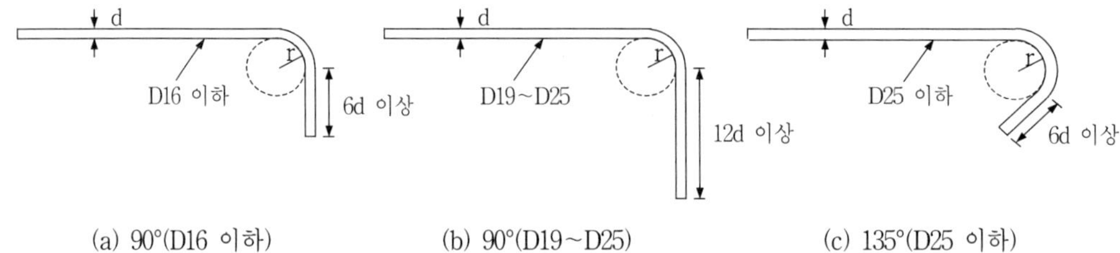

그림 4.5 철근의 구부림 각도에 따른 구부림 길이(D25 이하의 늑근 및 띠철근)

아울러 그림 4.5의 내용은 D25 이하의 철근에만 적용된다. 또 표 4.3에 그림 4.4에 대한 구부림의 안지름을 나타내고, 표 4.4에는 그림 4.5에 대한 구부림의 안지름을 나타낸다. 그림 및 표에서 알 수 있듯이, 구부림 길이 및 구부림의 안지름은 철근의 굵기나 구부림 각도에 따라 다르다.

표 4.3 철근 구부림의 안쪽 반지름(그림 4.4에서 r의 크기)

철근 크기	구부림의 안쪽 반지름
D10~D25	3d 이상
D29~D35	4d 이상
D38 이상	5d 이상

표 4.4 철근 구부림의 안쪽 반지름(그림 4.5에서 r의 크기)

철근 크기	구부림의 안쪽 반지름
D16 이하	2d 이상
D19~D25	3d 이상

2) 철근의 이음

철근을 길게 만드는 것은 기술적으로 문제가 없으나 공장에서 현장까지의 운반의 문제로 인해 한정된 길이로 생산되는데, 대형 건물의 경우 철근 길이가 보나 기둥의 길이보다 짧을 수 있기 때문에 철근 이음이 필요하게 된다. 이음 부분은 다른 부분에 비해 구조적으로 약하기 때문에 철근의 이음 위치는 가급적 응력이 작은 곳으로 하는 것이 바람직하다. 철근의 이음방법에는 여러 종류가 있으나 겹친이음과 용접이음이 주로 이용된다.

① 겹친이음(겹침이음)

가장 널리 사용되는 이음방법으로, 그림 4.6과 같이 두 부재의 끝부분을 서로 겹쳐 대고 그 부분을 결속선(철선)으로 묶는 방법이다. 결속선은 콘크리트 시공시 철근 위치의 변형 등을 방지하기 위한 것으로, 구조적인 역할은 없다. 그림에 나타내듯이 이형철근은 갈고리를 만들 필요가 없으나 원형철근은 갈고리를 만드는 것이 좋으며, 그 경우 그림과 같이 갈고리를 대칭적으로 구성하는 것이 바람직하다. 그림에 나타낸 이음길이는 철근의 종류와 콘크리트 강도에 따라 달라지는데, 일반적으로 철근 굵기의 50배 이상 또는 300mm 이상으로 한다.

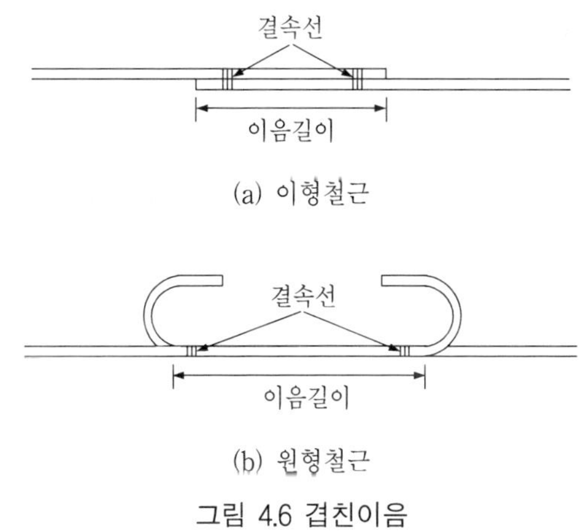

그림 4.6 겹친이음

② 용접이음

용접을 통해 철근과 철근을 잇는 것으로 겹친 용접이음, 맞댄 용접이음, 덧댄 용접이음 등이 있다. 겹친 용접이음은 그림 4.7 (a)와 같이 철근과 철근을 겹쳐 놓고 오목한 부분에 용접하는 것으로, 가장 간단한 방법이며 D16 이하의 가는 철근에 대해 사용한다.

철근 간격이 아주 좁을 때는 철근끼리 겹쳐 놓고 용접하기가 공간적으로 어려울 수가 있으며, 또 기존 철근에 새로운 철근을 접합할 때도 겹쳐서 용접하기가 용이하지 않다. 맞댄 용접이음은 이러한 경우에 사용하는 것으로 그림 4.7 (b)와 같이 철근과 철근을 맞대 놓고 용접하는 것이다. 맞댄 용접을 할 때는 철근 끝을 전기절단이나 톱질절단으로 앞벌림(홈, groove) 가공을 한 후에 용접하는 것이 일반적이다.

덧댄 용접이음은 그림 4.7 (c)와 같이 철근과 철근을 맞대고 덧판 등을 덧대어 용접하는 것으로, 앞벌림 가공 등을 할 필요가 없다.

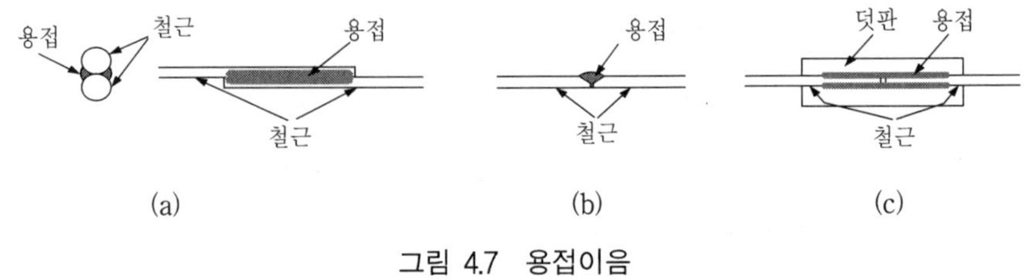

그림 4.7 용접이음

3) 철근의 정착

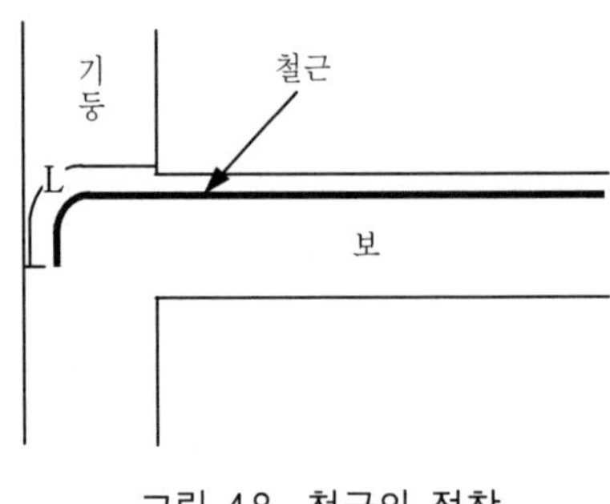

그림 4.8 철근의 정착

그림 4.8과 같이 보의 철근을 기둥에 묻는 등 철근을 콘크리트 속 깊이 묻는 것을 정착이라 하고, 정착되는 길이를 정착길이라 한다(그림 4.8의 L). 정착길이는 철근의 종류, 철근의 위치, 콘크리트 강도 등에 따라 달라지는데, 이형철

근의 경우 인장철근은 최소 300mm, 압축철근은 최소 200mm로 해야 하며, 일반적으로 인장철근은 철근 지름의 40배 정도, 압축철근은 철근 지름의 25배 정도가 된다.

4) 철근의 간격

철근과 철근 사이가 지나치게 가까우면 철근을 배근한 후 콘크리트를 부었을 때 콘크리트 속의 굵은 골재가 철근 사이에 걸려 굵은 골재가 골고루 분포하지 못하게 되므로 콘크리트 전체에 걸쳐 균일한 강도가 얻어지지 않는다. 따라서 철근의 최소간격을 규정하고 있는데, 철근의 간격이란 인접해 있는 철근끼리의 표면과 표면의 최단거리를 말한다. 철근의 간격은 다음과 같이 규정되어 있다.

① 동일 평면에서 평행하는 철근 사이의 수평간격은 25mm 이상이고 동시에 철근의 공칭지름 이상
② 상하 철근은 동일 연직면 내에 배치되고 간격은 25mm 이상
③ 기둥의 주근 간격은 40mm 이상이고 동시에 철근 공칭지름의 1.5배 이상
④ 벽체나 슬래브의 휨 주철근 간격은 벽체나 슬래브 두께의 3배 이하이고 동시에 450mm 이하

5) 철근의 피복

철근은 습기에 접하면 쉽게 녹슬게 되고 또 콘크리트에 비해 화재에 약하기 때문에 화재시 철근이 빠르게 가열되면서 강도가 저하되어 구조체가 파괴된다. 따라서 콘크리트에 어느 정도 덮여서 두 재료가 일체가 되어야 충분한 내구성과 내화성을 갖추게 된다.

이렇게 철근이 콘크리트에 덮이는 것을 철근의 피복이라 하며, 덮이는 두께를 철근의 피복두께라 한다. 피복두께는 그림 4.9와 같이 부재의 가장 바깥쪽에 있는 철근과 콘크리트 표면과의 거리를 말한다.

철근의 피복두께는 콘크리트가 흙에 접하는가 여부(예를 들어 건물의 지상부분과 지하부분), 옥외 공기에 접하는가 여부(예를 들어 건물의 외벽과 내벽) 등에 따라 표 4.5와 같이 정하고 있다.

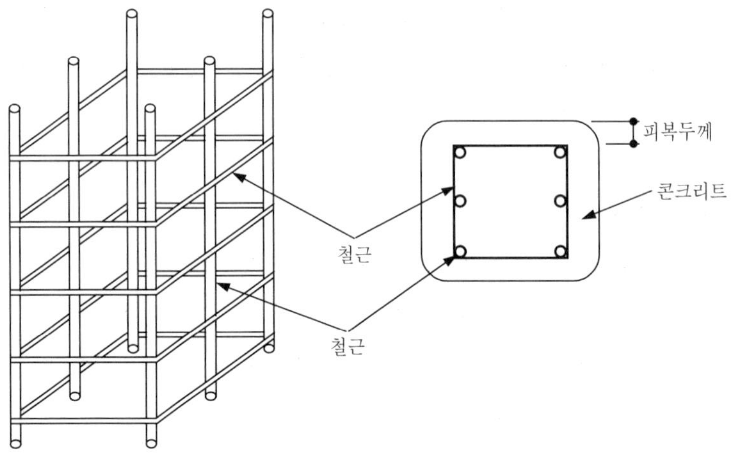

그림 4.9 철근의 피복

표 4.5 철근의 최소 피복두께

조 건	흙에 접하거나 옥외 공기에 직접 노출되는 콘크리트	옥외 공기나 흙에 직접 접하지 않는 콘크리트	흙에 접하여 콘크리트를 친 후 영구히 흙에 묻혀 있는 콘크리트
피복두께	D29 이상 : 60mm D16 초과 D29 미만 : 50mm D16 이하 : 40mm	슬래브, 벽체, 장선 - D35 초과 : 40mm - D35 이하 : 20mm 보, 기둥 : 40mm	80mm

(3) 콘크리트의 배합

콘크리트는 시멘트, 모래, 자갈, 혼화재료 및 물을 혼합하여 거푸집에 부어 넣어 경화(硬化)시킨 것이다. 시멘트와 물을 섞어 반죽한 것을 시멘트 풀(cement paste)이라 하는데, 이 시멘트 풀이 모래와 자갈 사이의 빈 공간을 메우고 또 시멘트와 물의 화학작용(물과 함께 이루어진다는 의미에서 구체적으로는 수화(水和)작용이라 함)으로 굳어지면서 석재와 같은 물체가 되는 것이다.

콘크리트는 배합 직후부터 경화가 계속 이루어지면서 28일이 지나면 거의 최종 강도에 도달하는데, 이때까지는 시멘트와 물의 화학작용이 잘 이루어지도록 온도와 습도를 유지해야 하며, 이것을 양생 또는 보양이라 한다. 콘크리트의 최종 강도에 영향을 미치는 요소로는 재료의 품질뿐 아니라 재료의 배합비와 물의 양, 시공법 등이 있다.

1) 소요강도와 배합강도

소요강도는 설계기준강도라고도 하며, 건축물의 구조계산을 할 때 적용하는 콘크리트의 강도를 말한다. 「건축공사 표준시방서」에서는 소요강도를 18, 21, 24, 27[MPa(=N/mm^2)]의 네 종류로 정하고 있다.

배합강도는 실제 현장에서 사용하는 콘크리트의 강도를 말하는 것으로, 현장에서 사용하는 콘크리트를 배합하는 과정에서 품질의 편차가 발생할 수 있으므로 소요강도에 표준편차를 고려하여 배합강도를 정한다. 표준편차의 산정 방법이나 표준편차를 고려하여 배합강도를 정하는 방법은 「건축구조기준」 등에 제시되어 있다.

2) 물시멘트비

콘크리트를 비빌 때 사용되는 물의 양과 시멘트 양의 무게 비율을 물시멘트비(water cement ratio, W/C)라 하는데, 물시멘트비가 클수록, 즉 물의 양이 많을수록 콘크리트 강도는 약해지지만 시공성(시공연도(施工軟度), workability)이 좋고, 반대로 작을수록 시공성은 나쁘지만 콘크리트 강도는 커진다. 「건축공사 표준시방서」에서는 시멘트 종류에 따라 물시멘트비의 최대한도를 규정하고 있으나(예를 들어 보통포틀랜드시멘트의 경우 65%), 물시멘트비의 산정 기준을 명확히 규정하고 있지는 않다. 다만 실무적으로는 배합강도와 시멘트 강도에 따라 표 4.6과 같이 정하는데, 그 값은 일반적으로 45~60% 정도가 된다. 배합강도는 앞서 설명한 바와 같으며, 시멘트강도는 시험방법에 따라 현장에서 시험한 측정치 및 통계적 평균값을 동시에 고려해서 정한다.

표 4.6 물시멘트비 산정 기준

시멘트 종류	산정 기준
보통포틀랜드시멘트	$\dfrac{61}{F/K+0.31}$
조강포틀랜드시멘트	$\dfrac{11}{F/K+0.03}$

주 1) F : 콘크리트 배합강도 [MPa], K : 시멘트강도 [MPa]
2) 콘크리트를 부어 넣은 후 2주일 동안의 평균기온이 10℃ 이하일 때는 상기 K값에서 5 MPa을 낮춘 것으로 한다.

3) 슬럼프시험(slump test)

앞서 물시멘트비를 설명하면서 시공성 즉 시공연도(施工軟度)가 언급되었는데, 시공연도란 강도가 크고 내구성 있는 콘크리트를 제작할 수 있는 묽기를 의미하는 것으로, 단순히 물을 많이 부어 묽게 하는 것과는 다르다. 이 시공연도를 판단할 수 있는 기준으로 슬럼프시험이 있다. 슬럼프시험은 콘크리트의 품질관리 등에 필요한 시험으로, 그림 4.10과 같은 크기의 슬럼프콘(slump cone : 원뿔형의 금속틀)에 콘크리트를 넣고 다진 다음, 콘을 끌어올려 콘크리트가 내려간 양을 재는 것으로, 이 내려간 양을 슬럼프값이라 한다. 슬럼프값은 특별한 콘크리트를 제외하고는 180mm 이하가 되도록 한다.

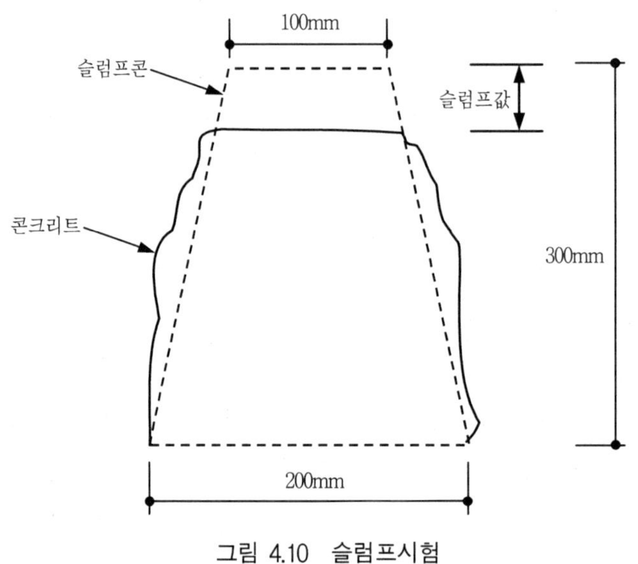

그림 4.10 슬럼프시험

(4) 콘크리트 타설

거푸집 제작 및 철근의 배근이 완료된 후 거푸집 속에 콘크리트를 부어 넣는 것을 콘크리트 타설(打設)이라 한다.

1) 타설 전 준비

콘크리트를 타설하고 굳은 후에는 재시공이 매우 어렵기 때문에, 콘크리트를 타설하기 전에 거푸집, 철근의 배근, 콘크리트 속에 들어가는 배관, 거푸집 내

청소상태 등을 면밀히 점검해야 한다. 1층분의 콘크리트는 한꺼번에 타설하는 것이 원칙이지만 공사 규모가 매우 크다든가 또는 부득이한 사정으로 한번에 할 수 없을 때는 1일간 부어 넣는 구획 및 순서를 사전에 계획하고 또 부어 넣는 양을 정해 둔다. 그림 4.11에 콘크리트 타설 전 거푸집 속에 철근이 배근되어 있는 모습을 나타낸다.

그림 4.11 콘크리트 타설 전 준비

2) 타설

① 운반 및 타설

콘크리트를 운반할 때 재료가 분리되거나 굳어질 수 있으므로 콘크리트를 제조한 후 가급적 신속하게 현장에 운반하여 부어 넣어야 한다.

그림 4.12 콘크리트 타설(1)

그림 4.13 콘크리트 타설(2)

현장에서는 그림 4.12와 같이 콘크리트 펌프를 이용해서 부어 넣는 것이 일반적인데, 부어 넣을 때는 표면이 수평이 되도록 하며 진동기나 그 밖의 적절한 기구를 이용하여 충분히 다지면서 표면이 평평해지도록 하고 또 거푸집 구석까지 고르게 채워지도록 한다. 그림 4.13에 부어 넣는 모습을 나타낸다.

② 이어붓기

콘크리트 구조물은 구조물 전체가 이음부분 없이 일체가 되도록 시공하는 것이 이상적이지만, 앞서 언급했듯이 대형건물인 경우에는 같은 층에서도 이음 없이 하기가 용이하지 않다. 이와 같이 콘크리트를 부어 넣어 쌓고, 시간 간격을 두고 다시 부어 넣는 것을 이어붓기라 한다. 이어붓는 곳은 다른 곳에 비해 구조적으로 약하므로 큰 응력이 작용하는 것은 피한다. 따라서 보와 슬래브는 스팬(span)의 중앙부분에서, 기둥은 바닥판이나 기초판의 윗부분에서 이어붓기를 한다. 또 이어붓는 면은 부재의 축방향에 직각으로 한다. 예를 들어 기둥은 축방향이 수직이므로 수평면에서 이어붓기를 하고, 보나 바닥판은 수평방향이 축방향이므로 수직면에서 이어붓기를 한다.

3) 양생(養生)

타설된 콘크리트는 경화를 계속하여 28일이 지나면 거의 최종강도에 도달하게 되는데, 이때까지는 시멘트의 화학작용 즉 수화작용이 계속된다. 이 수화작용을 충분히 발휘시키고, 또 건조 및 외력에 의한 변형이나 파괴로부터 보호하는 것을 양생 또는 보양이라 한다. 콘크리트의 생명은 시공 후의 양생에 있다고 해도 과언이 아닐 정도로 중요하다. 따라서 직사일광, 추위, 비바람을 피하고 콘크리트의 수화작용을 촉진하기 위해 거적이나 포장 등을 덮어씌우고, 하절기에는 7일 이상, 보통은 5일 이상 물을 뿌려 습기를 유지하고 한랭기에는 5일간은 2℃ 이하가 되지 않도록 보온을 한다. 또 타설 후 3일간은 파손되기 쉬우므로 충격을 주지 않도록 보호해야 한다.

(5) 신축줄눈과 시공줄눈

1) 신축줄눈(expansion joint)

철도의 레일은 군데군데 끊겨 있는데, 이것은 여름철 더운 날씨로 인해 철도의 레일이 늘어날 경우를 대비해서 끊어 놓은 것이다. 레일을 끊어 놓지 않으면 레일이 늘어나면서 휘기 때문이다. 건물도 마찬가지로 기온의 변화로 인한 구조체의 팽창·수축, 콘크리트의 경화 과정에서의 수축, 또 지반이 불안정할 때의 부동침하 등으로 인해 건물의 균열이 발생할 수 있다. 이러한 현상을 방지하기 위해 신축줄눈을 설치할 필요가 있으며, 특히 건물이 길수록 이러한 현상이 발생하기 쉬우므로 신축줄눈이 반드시 필요하다.

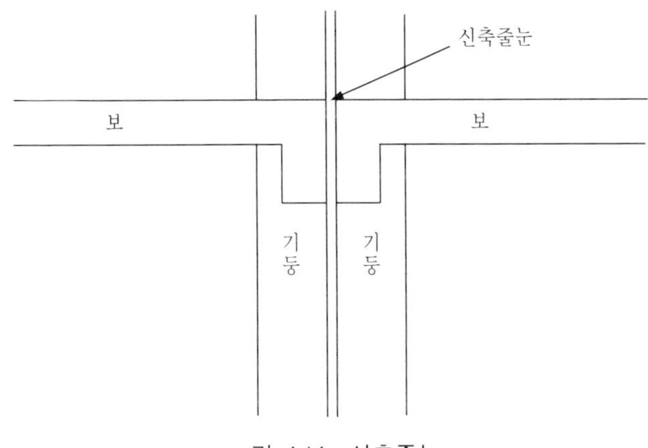

그림 4.14 신축줄눈

신축줄눈은 신축이음이라고도 하는데, 그림 4.14와 같이 건물 중간에 설치해서 하나의 건물임에도 구조적으로는 별도의 구조체를 형성시키는 것이다. 즉 그림의 왼쪽부분과 오른쪽 부분은 구조적으로는 별개의 건물이므로 철도의 레일이 끊긴 것과 같은 형상이 되며 건물이 팽창하더라도 신축줄눈 부분에서 팽창이 이루어지므로 건물에 구조적 충격이 가해지지는 않는 것이다.

2) 시공줄눈(construction joint)

앞에서 콘크리트의 이어붓기에 대해 설명했는데, 이어붓기를 하기 위해 미리 계획해 놓는 줄눈을 시공줄눈이라 한다. 이어붓기에서도 설명했듯이 이어붓는 곳은 다른 곳에 비해 구조적으로 약하기 때문에 시공줄눈은 큰 응력이 작용하는 곳은 피하는 것이 좋으며, 따라서 보와 슬래브는 스팬(span)의 중앙부분에서, 기둥은 바닥판이나 기초판의 윗부분에 시공줄눈을 두는 것이 바람직하다.

(6) 특수콘크리트

일반적으로 널리 사용되는 보통콘크리트 외에 특수한 용도 및 조건 등에 사용되는 다음과 같은 특수콘크리트가 있다.

1) 한중(寒中)콘크리트

평균기온이 4℃ 이하에서는 콘크리트의 경화(硬化)반응이 몹시 지연되어 한밤중이나 새벽뿐만 아니라 낮에도 콘크리트가 어는 경우가 있으며, 콘크리트가 채 굳기 전에 얼게 되면 콘크리트 내의 수분이 얼어서 팽창하고 얼음이 녹아도 그대로 빈틈으로 남아 양생기간을 길게 해도 강도가 회복되지 않는다. 그러므로 콘크리트가 얼지 않도록 주의하고, 추운 날씨에도 원하는 품질이 얻어지도록 재료·배합·비비기·운반 등을 적절히 해야 한다.

평균기온이 2℃ 이하의 달을 포함하는 기간을 극한기라 하는데, 극한기에는 특히 다음 사항에 유의하도록 한다.

① 기온이 0℃ 이하일 때 시멘트는 보온 시설된 창고에 저장한다.

② 물 사용량을 적게 하여 물시멘트비를 60% 이하로 한다. 물 사용량이 적으면 시공연도가 감소하는데, 그 대신 AE제와 같은 표면활성제(계면활성제라고도 함)를 써서 시공연도가 떨어지는 것을 방지할 수 있다.

③ 콘크리트 표면이 5℃ 이상이 되도록 보온을 유지한다.

④ 염화칼슘과 같은 혼화재료는 응결을 촉진시키므로 급결제(急結濟)로 사용 가능하나 철근을 녹슬게 하므로 무근콘크리트에만 사용한다.

2) 서중(暑中)콘크리트

콘크리트는 추운 겨울철뿐 아니라 더운 여름철에도 시공에 주의를 기울여야 한다. 기온이 높으면 그에 따라 콘크리트의 온도가 높아져 수화반응이 활발해져 응결이 지나치게 빨라지면서 시공연도가 감소되어 작업성이 떨어진다. 또 콘크리트 표면이 고온이 되면서 건조가 빨라지고 그로 인해 표면의 수축이 발생하면서 미세한 균열이 발생하기도 한다.

따라서 콘크리트를 타설할 때나 타설한 직후에는 가능하면 콘크리트의 온도가 낮아지도록 재료의 취급, 비빔, 운반, 타설 및 양생 등에 대해 적절한 조치를 취하는 것이 중요하다.

물과 시멘트는 되도록 저온의 것을 사용하고, 콘크리트의 온도는 가능한 35℃ 이하로 낮추는 것이 좋다.
거푸집이나 지반이 건조해서 콘크리트의 유동성을 떨어뜨릴 우려가 있으므로 수분이 충분히 유지되도록 해야 한다. 특히 타설 후 24시간은 노출면이 건조해지지 않도록 하고 양생은 최소 5일 이상 실시하는 것이 바람직하다.

3) 경량콘크리트

일반적인 콘크리트의 비중은 2.3인데, 비중이 2.0 이하의 콘크리트를 경량콘크리트라 한다.
경량콘크리트는 골재로 경량골재를 써서 만들어지며, 경량골재의 종류로는 화산자갈, 공업부산물 등의 천연경량골재와 질석과 같은 인공경량골재가 있다.
경량콘크리트는 강도가 낮아 구조용으로는 부적절하지만, 경량, 보온, 차음 등의 특징이 있으므로 철골의 피복, 경량칸막이 등에 이용된다.

4) 차폐콘크리트

방사능의 차단을 목적으로 방사능시설 등의 벽체에 사용되는 콘크리트로, 골재로 중정석, 자철광 등을 쓴다.

5) AE콘크리트

공기연행제(AE제, air entraining agent, 空氣連行濟)를 사용해서 콘크리트 속에 미세한 기포를 발생시켜 시공연도를 향상시킨 콘크리트이다.
AE제는 적당량 사용하면(공기량 약 5%) 내구성이 향상되지만, 그 이상 사용하면 강도와 내구성이 급격히 저하되므로 적정량 사용하는 것이 중요하다. 따라서 AE제를 사용할 때는 공기측정기를 비치하여 정확한 공기량이 측정되도록 해야 한다.

6) 진공콘크리트

도로의 콘크리트 바닥 등에 적용하는 것으로, 바닥에 콘크리트를 부어 넣은 후 진공매트장치를 씌워 그 속의 물과 공기를 빼냄으로써 강도를 증가시킨 콘크리트이다.

7) 레디 믹스트 콘크리트(ready mixed concrete)

콘크리트 제조설비를 갖춘 공장에서 제조한 콘크리트를 섞으면서 지정된 장소까지 운반하여 공급하는 굳지 않은 콘크리트이다. 일명 레미콘이라 하며 비빔방법과 운반방법에 따라 다음과 같은 종류로 구분한다.

① 센트럴 믹스트 콘크리트(central mixed concrete)
공장의 고정믹서에서 완전히 비빈 콘크리트를 트럭믹서 등으로 운반하는 콘크리트이다.

② 슈링크 믹스트 콘크리트(shrink mixed concrete)
공장의 고정믹서에서 어느 정도 비빈 것을 트럭믹서에 실어 운반 도중에 완전히 비벼지도록 한 콘크리트이다.

③ 트랜싯 믹스트 콘크리트(transit mixed concrete)
공장에서는 재료만을 공급받고 운반 도중에 트럭믹서 속에서 완전히 비벼지도록 한 콘크리트로 시간적으로 먼 거리에 적당하다.

4. 각부 구조

(1) 기초

건축물의 구조형태에 따라 제2장 기초구조에서 설명한 각 기초가 모두 적용될 수 있으나, 철근과 콘크리트가 가장 적게 소요된다는 경제성 면에서 독립기초가 가장 일반적이라 할 수 있다.

독립기초의 기초판 형태는 보통 정사각형이나 직사각형으로 하는데, 구조적인 면에서 가급적 정사각형으로 하는 것이 바람직하다. 기초의 배근은 그림 4.15와 같이 가로와 세로로 배치하고 하중이 클 경우에는 대각선 방향으로도 2~3개 배치한다. 독립기초는 각 기둥마다 별도의 기초를 설치하므로, 각 기둥에 걸리는 하중이 다를 경우 제2장에서 설명했던 부동침하가 발생할 수 있다. 따라서 기초와 기초를 연결하는 기초보(지중보 또는 연결보라고도 함)를 두어 부동침하를 막고 각 기초에 작용하는 힘을 균등화시킨다. 그림 4.16에 기초보의 개념도를 나타낸다.

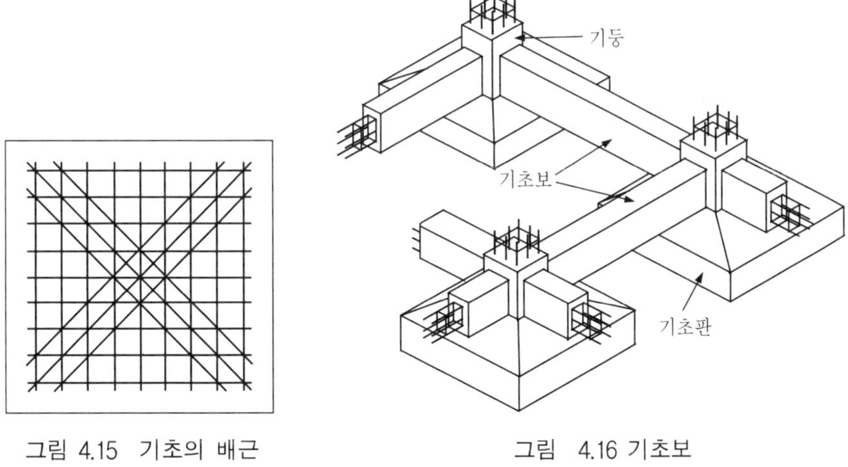

그림 4.15 기초의 배근

그림 4.16 기초보

(2) 기둥

1) 형태 및 크기

기둥은 보를 지지하면서 결과적으로 건물 각층의 바닥하중을 기초에 전달하는 수직 압축부재이다. 기둥의 단면은 정사각형이나 직사각형이 대부분이지만 설계내용에 따라서는 다각형이나 원형인 경우도 있다.

기둥 단면의 크기는 구조계산과 함께 철근의 간격과 피복두께 등에 의해 정해지지만, 단면이 사각형인 경우 작은 쪽 변의 길이가 20cm 이상, 단면적은 $600cm^2$ 이상 되도록 하며, 원형인 경우에는 지름이 20cm 이상 되도록 하는 것이 일반적이다. 또 기둥 간격은 강당이나 체육관과 같은 대공간을 제외하고는 5~7m 정도로 한다.

2) 배근

콘크리트는 압축력에 강하므로 위로부터의 압축력을 받는 기둥은 논리적으로는 철근의 보강이 없는 무근콘크리트로도 가능하지만, 이 경우 단면이 매우 커지면서 실내면적이 줄어들므로 실용적이 되지 못해 철근으로 보강하는 것이 일반적이다. 철근은 수직으로 배근하는 주근(主筋)과 수평으로 배근하는 띠철근, 그리고 나선모양으로 배근하는 나선철근이 있다. 그림 4.17에 기둥의 주근과 띠철근 및 나선철근을 나타낸다.

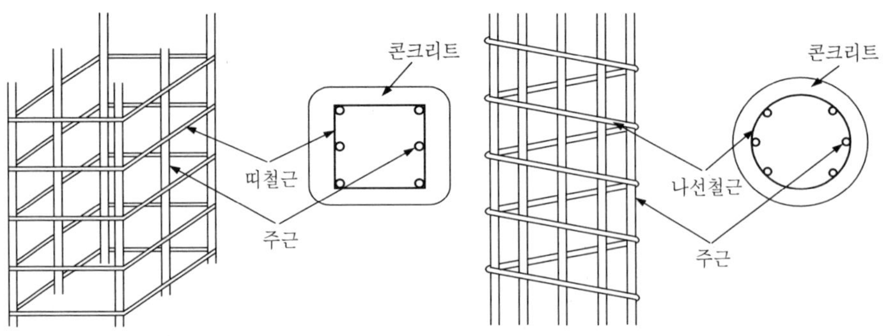

그림 4.17 기둥의 철근

① 주근

세로로 배근하여 상부로부터의 하중을 받는 철근을 말하는 것으로, 기둥의 강성을 확보하기 위해 모든 주근의 단면적 합계는 기둥 단면적의 1% 이상으로 한다. 또 실제로 가능한 철근배치를 고려하여 8% 이하로 규정되어 있다.

아울러 주근이 겹침이음이 되는 경우에는 4% 이하가 되도록 한다. 주근의 단면적 합계가 1% 이상이라 해도 개수가 적으면 기둥 전체에 균등한 힘의 분배가 되지 않고 또 굵은 철근은 시공이 불편하므로 가급적 가는 철근을 여러 개 사용하는 것이 좋은데, 규정에서는 띠철근으로 둘러싸인 경우는 4개 이상, 나선철근으로 둘러싸인 경우는 6개 이상으로 되어 있다. 또한 「3. (2) 4) 철근의 간격」에서 설명한 바와 같이 주근의 배근 간격은 40mm 이상 및 철근지름의 1.5배 이상으로 한다. 주근을 이을 경우에는 응력이 가장 적게 걸리는 곳에 두는 것이 바람직한데, 일반적으로 바닥판(슬래브) 위 1m 위치에서 잇는다.

② 띠철근, 나선철근

그림 4.17에 나타낸 바와 같이 기둥의 주근을 둘러 감은 철근으로, 기둥이 사각형인 것에서는 띠철근, 원형이나 다각형에서 나선형으로 둘러 감은 것은 나선철근이라 하는데, 나선철근은 시공이 불편하여 원형이나 다각형 기둥에서도 띠철근을 적용하는 경우가 많다. 띠철근과 나선철근은 기둥의 좌굴(기둥이 너무 많은 힘을 받아 휘는 것)과 콘크리트가 수평으로 터져나가는 것을 방지하고, 지진이나 바람 등의 수평력에 대한 전단보강의 작용을

한다. 띠철근의 크기는 주근이 D32 이하에서는 D10 이상, D35 이상에서는 D13 이상으로 하며, 간격은 주근 지름의 16배 이하, 띠철근 지름의 48배 이하, 기둥단면의 최소 치수 이하로 규정되어 있다. 또 나선철근에 대해서는 크기를 D10 이상, 간격은 25mm 이상 75mm 이하로 되어 있다.

(3) 보

1) 보의 종류

보는 주로 기둥 위에 놓여 지붕이나 바닥을 지지하는 수평부재로, 형태에 따라 단순보, 연속보, 내민보가 있으며, 이들은 하중에 의한 인장력과 압축력의 분포상태가 다르므로 철근의 배치도 다르게 한다.

① 딘순보

두 개의 지지점(받침점, 지점)에서 보의 양끝이 지지되는 상태의 보이다. 그림 4.18과 같이 상부로부터 하중을 받으면 보의 하부에 인장력이 생겨 균열이 발생하므로 이곳에 주근(가로철근)을 배근하여 보강한다(그림 4.19 (a)). 또 보에 하중이 걸리면 전단력에 의해 빗금형태의 균열이 발생하므로 이것을 방지하기 위해 세로방향의 철근인 늑근(스터럽)을 배근한다.

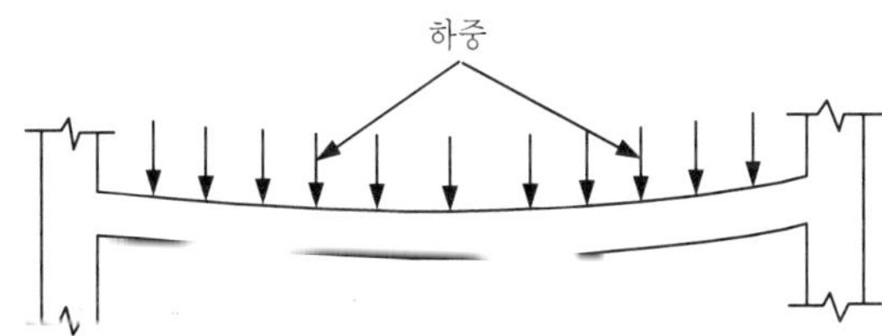

그림 4.18 단순보의 변형

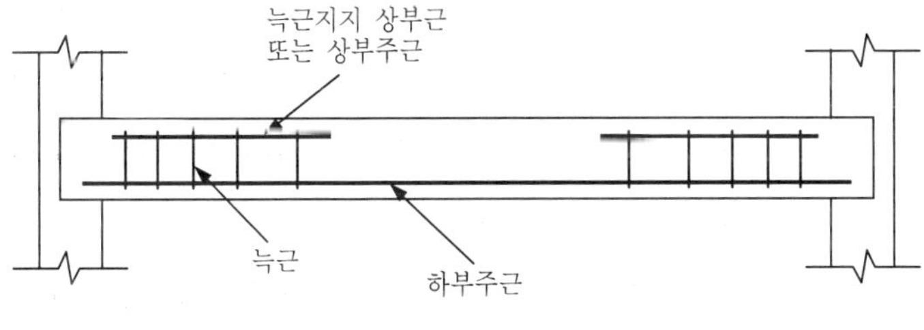

(a)

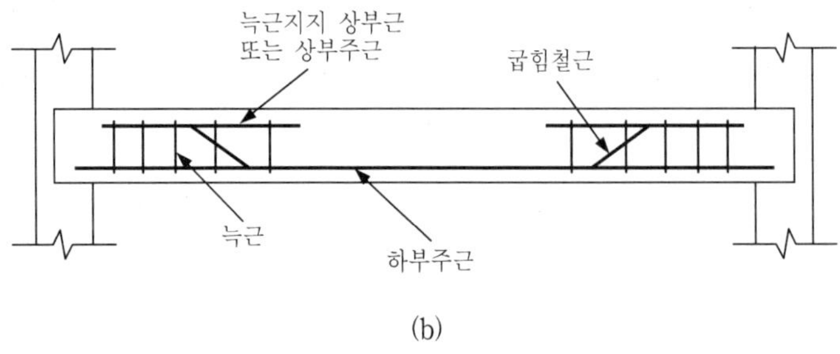

(b)

그림 4.19 단순보의 배근

그림 4.19에서는 늑근이 직선으로 표현되어 있지만 실제로는 그림 4.20과 같이 하부주근과 늑근지지 상부근(또는 상부주근)을 둘러 감은 형태로 배근한다.

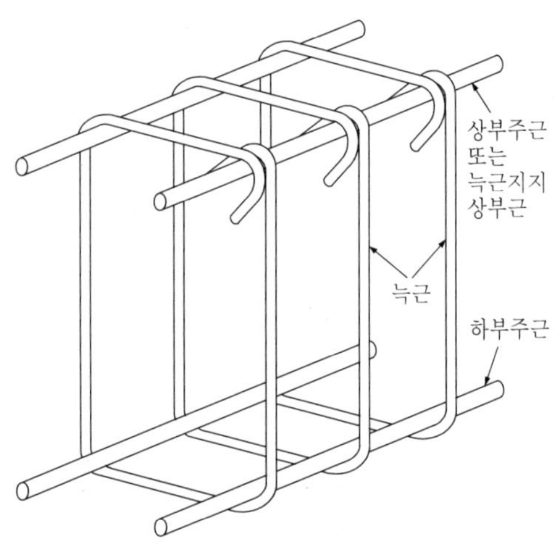

그림 4.20 늑근의 배근

늑근은 전단력에 의한 균열을 방지하기 위한 것이라 했는데, 전단력이란 가위로 종이를 자르는 것과 같이, 물체 안의 어떤 면(面)에 크기가 같고 방향이 서로 반대로 작용하는 힘을 말하는 것으로, 하중에 의해 보의 중앙부분은 아래로 내려가려 하고, 양끝은 내려가지 않고 버티려고 하기 때문에 이와 같은 전단력이 발생한다.

그림 4.19에서 상부의 철근이 주근이 아니고 단순히 늑근을 걸기 위한 목적으로 배근한 것이라면 주근은 하부에만 배근된 것이며, 이러한 보를 단근보

(홑근보)라 한다. 그러나 보의 상부에 가로철근을 배근하는 것은 늑근을 걸기 위한 목적도 있지만, 콘크리트의 압축력에 대한 보강 및 장기적인 처짐 방지의 효과도 있다. 따라서 중요한 보에서는 하부뿐 아니라 상부에도 주근을 배근하는데, 이러한 보를 복근보라 한다.

단순보의 인장력은 보의 중앙부에서 최대가 되고 양쪽 끝으로 갈수록 작아지므로 양쪽 끝부분으로 갈수록 주근의 개수가 적어도 되며, 따라서 하부주근 중 일부는 그림 4.19 (b)와 같이 굽혀서 위로 올리기도 하는데 이 철근을 굽힘철근이라 한다.

② 연속보

둘 이상의 스팬(span)에 일체로 연결된 보를 연속보라 하는데, 그림 4.21과 같이 상부에서 하중을 받으면 각 지점 부근에서는 휘어 오르고 중앙부에서는 휘어 내린다.

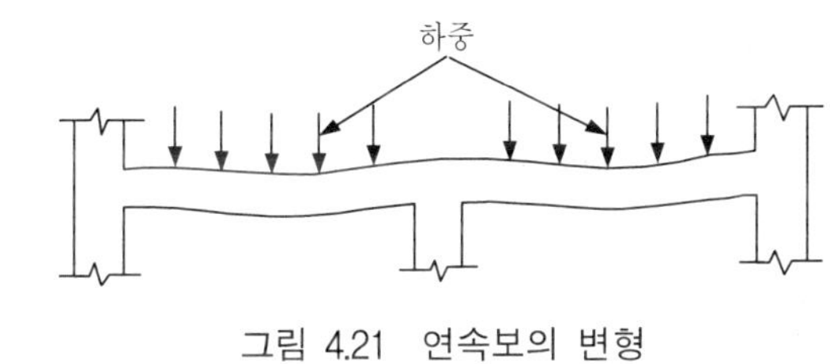

그림 4.21 연속보의 변형

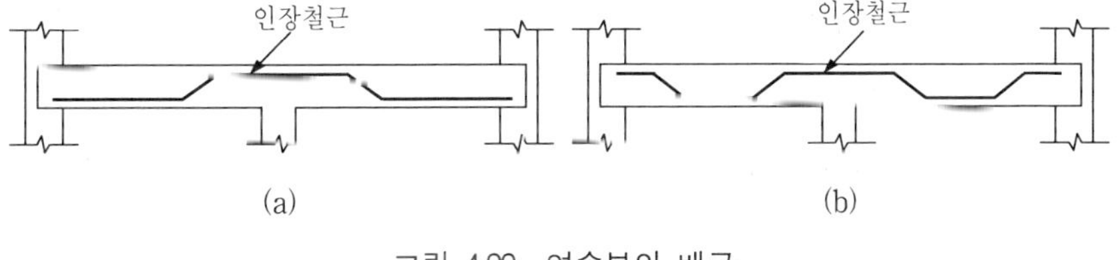

그림 4.22 연속보의 배근

따라서 주근으로서의 인장철근은 그림 4.22와 같은 위치로 배근을 하게 된다. 물론 단순보에서 설명한 바와 같이 압축측에도 주근을 배근하는 경우 및 단순히 늑근을 걸기 위한 목적으로 인장철근의 반대쪽에도 배근을 하는 것이 일반적이다. 한편 그림 4.22 (a)에서는 보 양쪽 끝부분의 하부에 인장철근이 배근되어 있는데, 이것은 단순보에서와 같이 보가 다른 부재의 위치에 얹혀 있는 상태의 경우이고, 보의 양쪽 끝부분이 다른 부재와 일체로 되어 완전히 고정되어 있다면 양쪽 끝부분도 상부에 인장력이 생기기 때문에 인장철근은 그림 4.22 (b)와 같이 상부에 배근하게 된다.

③ 내민보

내민보는 그림 4.23과 같이 연속보의 한쪽 끝이나 어느 지점에 고정된 보의 한쪽 끝이 지지점에서 내밀어 달려 있는 보를 말한다. 보에 하중이 걸리면 내민보 부분에서는 전체에 걸쳐 상부에서 인장력이 작용하기 때문에 내민보 부분에서의 인장철근은 그림 4.24와 같이 상부에 배근하게 된다. 그 외 철근의 배근은 단순보 및 연속보에서와 동일한 개념으로 이루어진다.

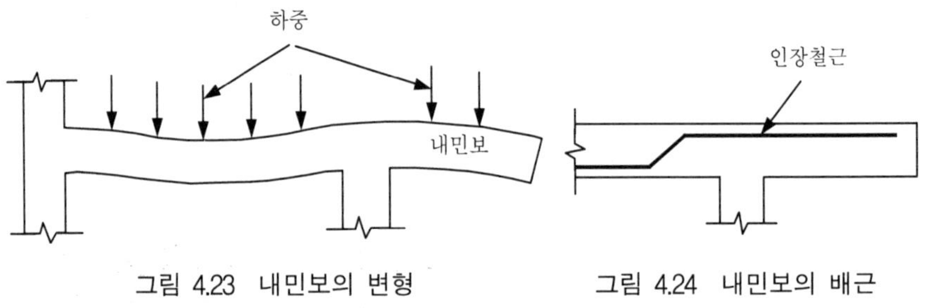

그림 4.23 내민보의 변형　　그림 4.24 내민보의 배근

2) 형태 및 크기

보의 단면은 대부분 장방형(사각형)이며 단면의 크기는 구조계산과 함께 철근의 간격과 피복두께 등에 따라 정해지는데, 보의 춤은 일반적으로 스팬(span, 간사이)의 1/10~1/15 정도가 되고 너비는 춤의 1/2~1/3 정도가 된다. 여기서 춤(depth)은 그림 4.25에 나타낸 바와 같이 보 단면의 세로방향을 말하는 것으로 깊이라고도 하며, 너비란 가로방향을 의미한다. 또 보 상부에서 하부철근이 배근된 위치까지의 길이를 보의 유효춤(유효깊이)이라 한다.

3) 배근

앞에서도 설명했듯이 보의 주근을 인장측에만 배근하는 것을 단근보, 압축측에도 배근하는 것을 복근보라 하는데, 인장측에만 주근을 배근하는 단근보라 해도 늑근을 걸기 위해서는 압축측에도 가는 철근을 넣게 된다.

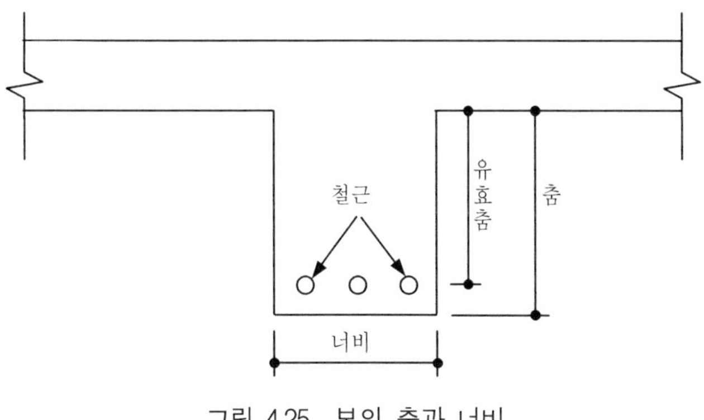

그림 4.25 보의 춤과 너비

한편 큰 힘을 받는 중요한 보는 반드시 복근보로 해야 한다. 「3. (2) 4) 철근의 간격」에, ① 동일 평면에서 평행하는 철근 사이의 수평간격은 25mm 이상이고 동시에 철근의 공칭지름 이상, ② 상하 철근은 동일 연직면 내에 배치되고 간격은 25mm 이상으로 되어 있는데, 보의 주근이 여기에 해당된다.

즉 보의 주근 간격은 수평방향 및 수직방향으로 각각 25mm 이상 떨어져 배근이 이루어져야 하며, 수평방향의 경우는 이와 함께 철근의 지름 이상 떨어져야 하는 규정도 만족해야 한다.

늑근은 전단력에 대한 보강철근이므로 전단력 계산에 의해 배근이 결정되는데, 보의 전단력은 양끝에서 최대가 되고 중앙부로 갈수록 작아지므로 늑근의 배근은 양끝으로 갈수록 철근 간격이 작아진다.

굽힘철근은 늑근과 병용해서 사용할 경우 전단력 보강에 효과가 있으며, 또 상하 주근의 간격을 정확히 유지하는 데 유리하다. 굽힘철근의 굽힘각도는 주근과 30~45°가 되도록 하는 것이 일반적이다.

(4) 슬래브

슬래브는 일상생활에서 바닥이라고 하는 것으로, 위로부터 작용하는 하중을 받아 보에 전달하는 역할을 한다. 슬래브는 지지조건 및 형태에 따라 1방향슬래브, 2방향슬래브, 플랫슬래브, 장선슬래브 등으로 구분하며, 1방향슬래브와 2방향슬래브를 함께 장방형슬래브라고도 한다. 슬래브의 종류 및 배근방법으로는 다음과 같은 것들이 있다.

1) 1방향슬래브

장변과 단변의 비가 2를 초과하는 슬래브, 즉 가로 세로의 비가 큰 슬래브를 1방향슬래브라 한다.

1방향슬래브에서는 하중이 단변방향으로만 전달되기 때문에 주근은 단변방향으로만 배근한다.

그러나 장변방향으로의 하중 전달은 이루어지지 않아도 콘크리트의 수축이나 온도응력으로 인해 장변방향으로도 힘의 전달이 발생하기 때문에 장변방향에도 철근을 배근하는데, 이 철근을 수축·온도철근이라 한다. 수축·온도철근은 배력근 또는 부근이라고도 하며, 그림 4.26에서 실선으로 표시한 철근이 주근, 점선으로 표시한 철근이 수축·온도철근이 된다.

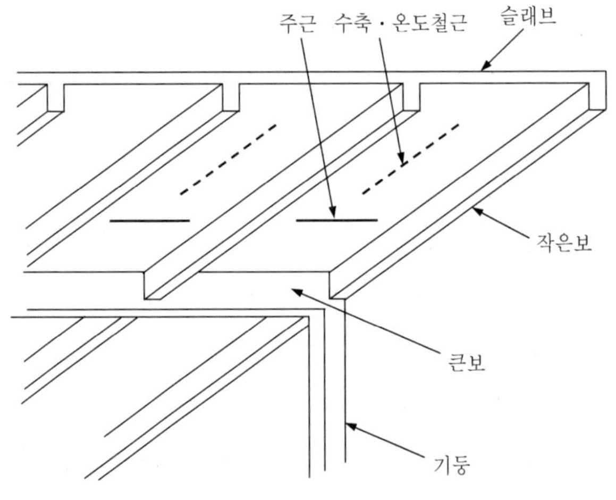

그림 4.26 주근과 수축·온도철근

1방향슬래브의 두께는 구조계산에 의해 결정되지만 최소 100mm 이상 되도록 규정되어 있다. 또 주근 간격은 「3. (2) 4) 철근의 간격」에서 언급했듯이, 슬래브 두께의 3배 이하이면서 동시에 450mm 이하이어야 하며, 특히 최대 휨모멘트가 발생하는 단면에서는 슬래브 두께의 2배 이하이면서 동시에 300mm 이하가 되도록 해야 한다.

한편 주근에 직각방향으로 배근하는 수축·온도철근의 간격은 슬래브 두께의 5배 이하이고 또 450mm 이하가 되도록 규정되어 있다.

2) 2방향슬래브

장변과 단변의 비가 2 이하인 슬래브를 말하며, 하중이 장변과 단변 양쪽으로 작용하기 때문에 양 방향으로 주근을 배근한다.

이때 단변방향으로의 하중부담이 장변방향보다 크기 때문에 그림 4.27과 같이 단변방향의 철근을 바닥표면에 가깝게 배근한다. 2방향슬래브의 두께는 슬래브 내부에 보가 있는가 없는가에 따라, 지판(drop panel)이 있는가 없는가에 따라, 또 보의 강성이 어느 정도인가에 따라 각각의 구조계산에 따라 결정하게 되는데, 일반적으로 90~120mm를 최소 두께로 정하고 있다. 또 최대 휨모멘트가 작용하는 곳에서의 철근 간격은 슬래브 두께의 2배 이하이면서 동시에 300mm 이하가 되어야 한다.

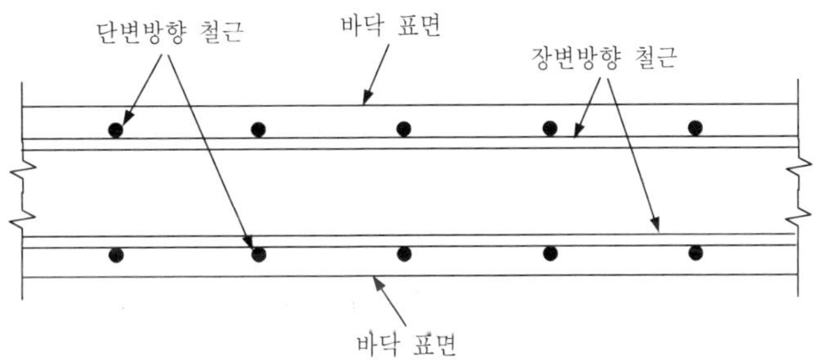

그림 4.27 2방향슬래브의 주근 배근

3) 플랫(flat)슬래브

바닥에 보가 없이 바닥의 하중을 직접 기둥에 전달하는 슬래브로, 평바닥판구조 또는 무량판(無梁板)구조라고도 한다. 보가 없으므로 구조가 간단하고 층고를 낮게 할 수 있는 등의 장점이 있으나, 주두(柱頭)의 철근 배근이 복잡하고 바닥판의 무게가 커진다는 단점 또한 갖고 있다.

그림 4.28과 같이 보가 없는 대신에 주두와 지판(drop panel)이 있어 하중의 전달은 슬래브-지판-주두-기둥의 순서로 이루어진다. 참고로 그림 4.29와 4.30에 보가 있는 일반적인 슬래브와 보가 없는 플랫슬래브 형상을 비교해서 나타낸다. 플랫슬래브의 두께는 구조계산에 의해 정해지나, 지판이 있는 경우는 최소 100mm, 지판이 없는 경우는 최소 120mm가 되어야 한다. 플랫슬래브

에서의 기둥의 폭은 일반적으로 기둥 간 길이의 1/20 이상, 300mm 이상 및 층고의 1/15 이상으로 한다.

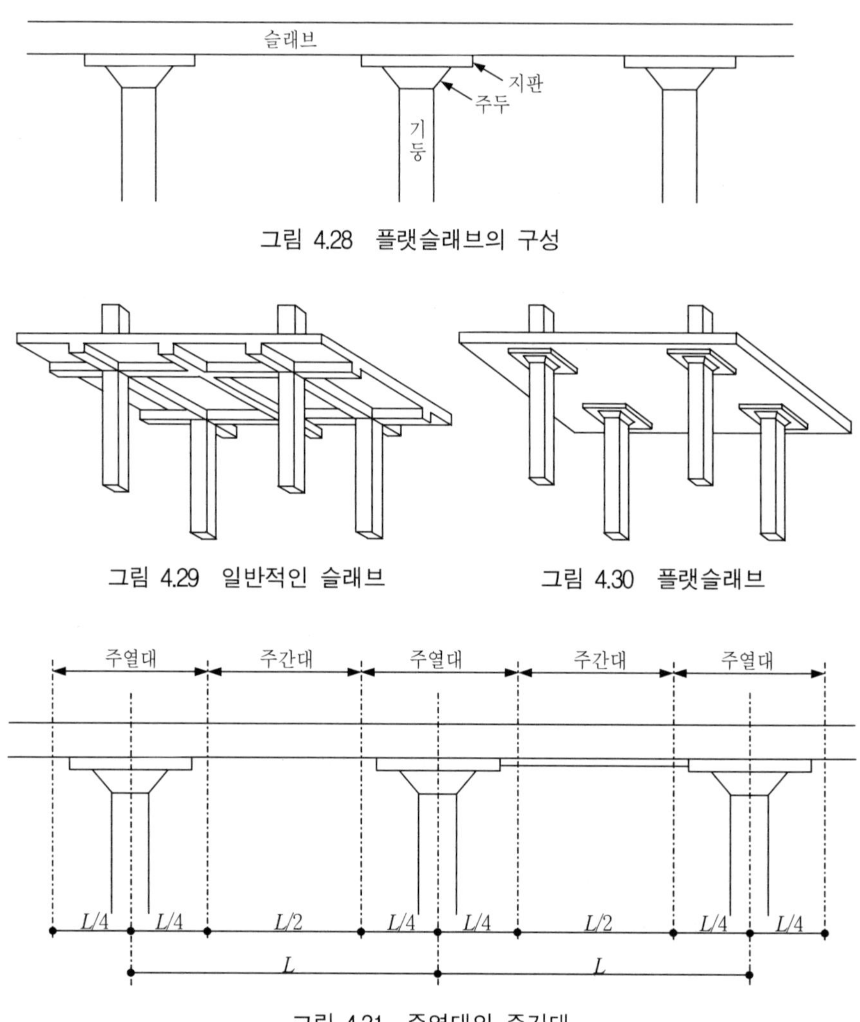

그림 4.28 플랫슬래브의 구성

그림 4.29 일반적인 슬래브

그림 4.30 플랫슬래브

그림 4.31 주열대와 주간대

플랫슬래브의 배근은 주열대(柱列帶)와 주간대(柱間帶)로 나누어 이루어진다. 주열대와 주간대는 그림 4.31에 나타낸 바와 같이 기둥이 있는 부분과 기둥이 없는 부분이라 생각할 수 있다. 기둥이 있는 부분이 하중 부담이 커지므로 주열대가 주간대보다 보통 60~75% 정도 배근량이 많게 된다.

플랫슬래브에서의 배근방법에는 여러 가지가 있는데, 대표적으로 2방향식과 4방향식의 배근 형태를 그림 4.32에 나타낸다.

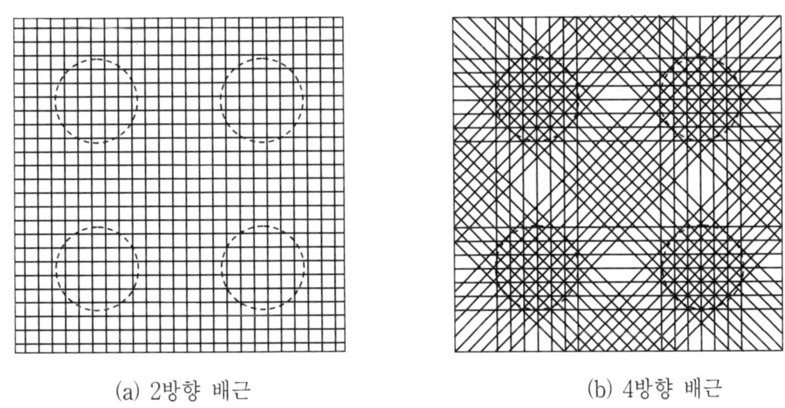

그림 4.32 플랫슬래브의 배근

4) 장선슬래브

장선(長線)이란 한자의 의미대로라면 긴 선이라는 뜻으로, 그림 4.33과 같이 슬래브와 일체로 되어 양끝에 있는 보나 벽체에 지지되는 구조로 되어 있어, 바닥판의 하중은 장선을 통해 보나 벽체에 전달이 된다. 슬래브가 장선에 지지되기 때문에 슬래브 두께를 얇게 할 수 있어 자중을 경감시킬 수 있는 장점이 있으나 많이 적용되지는 않는다.

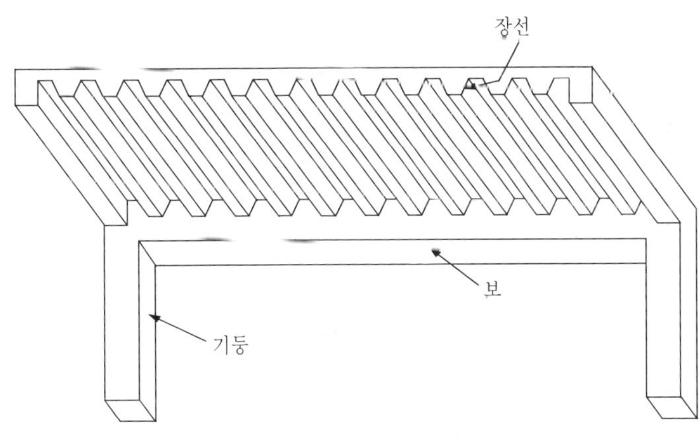

그림 4.33 장선슬래브

5) 와플플랫슬래브(waffle flat slab)

장선슬래브에서는 장선이 한쪽 방향으로만 이루어져 있는데, 장선이 두 방향으로 이루어져 있는 형태의 슬래브를 와플플랫슬래브라 한다. 장선이 바닥판의 하중을 전달하는 중간 매개체 역할을 하기 때문에 일반적인 슬래브구조에 비해 기둥의 스팬(기둥과 기둥의 간격)을 크게 할 수 있어 공간이 넓은 건물에 유리하나, 장선슬래브와 마찬가지로 적용 예는 많지 않다. 그림 4.34에 와플플랫슬래브의 형상을 나타낸다.

그림 4.34 와플플랫슬래브

(5) 벽체

1) 종류

철근콘크리트구조 건물의 외벽이 주로 커튼월 구조로 이루어지면서 철근콘크리트 벽체는 지하층이나 코어(core)의 벽체에만 이용되는 정도가 되었다. 다만 일반적인 철근콘크리트구조 건물에서는 기둥이 구조적으로 큰 역할을 하지만, 아파트와 같은 건물에서는 세대별 경계벽이 많고 또 한 세대에서도 칸막이벽이 많기 때문에 이 벽을 힘을 받는 요소로 이용하면 벽면에 기둥 돌출부가 없어져 공간을 유용하게 활용할 수 있는데, 이러한 건물에서는 벽체를 철근콘크리트로 구성하기 때문에 벽식 철근콘크리트구조 또는 간단히 벽식구조라 한다.

철근콘크리트 벽체는 주목적에 따라 내력벽과 내진벽으로 구별한다. 내력벽은 수직하중을 지지하는 역할이 우선적이나 내진벽으로서의 기능 또한 갖는 것으로, 앞에 언급한 벽식구조 아파트에 주로 적용된다. 내진벽은 주로 지진이나 바람에 의한 수평하중에 저항하도록 설계된 벽체를 말한다.

2) 구조 및 배근

벽체의 두께는 벽의 높이나 폭 중에서 작은 값의 1/25 이상이어야 하고 또한 100mm 이상이어야 하며, 단 지하실의 외벽이나 기초벽의 두께는 200mm 이상이 되어야 한다. 벽체에 배근하는 철근은 수평철근과 수직철근 각각 최소철근비, 즉 벽체 단면적에 대한 최소 철근량이 다음의 표 4.7과 같이 규정되어 있다.

표 4.7 벽체의 수직 및 수평 최소철근비

구 분	최소 수직철근비	최소 수평철근비
설계기준항복강도 400MPa 이상으로 D16 이하 철근	0.0012	0.0020
기타 철근	0.0015	0.0025

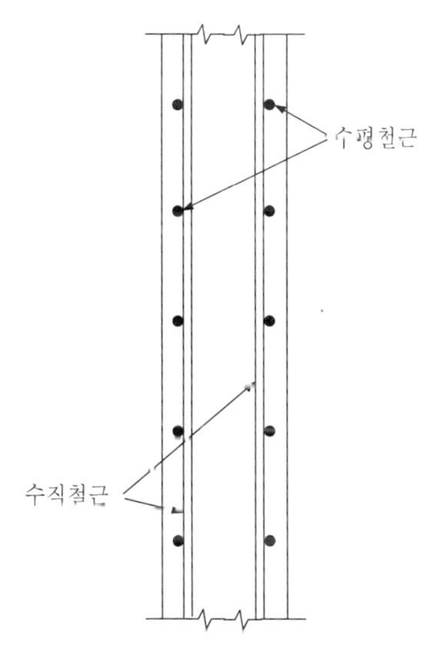

그림 4.35 벽체 양면배근의 예

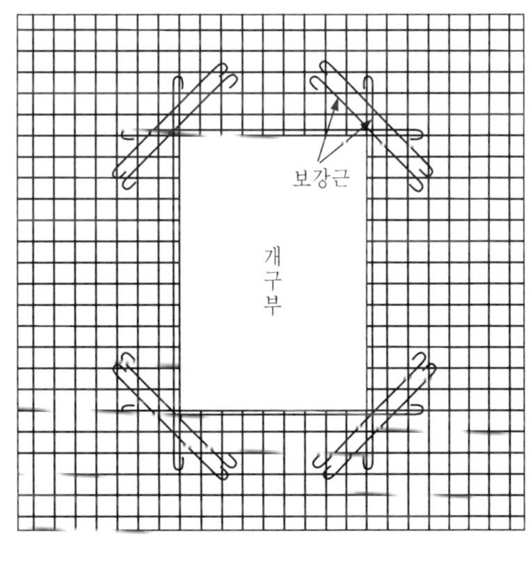

그림 4.36 개구부 주위 보강근

벽체의 두께가 250mm 미만일 때는 벽체의 배근을 수직 수평 각각 한 줄씩 해도 되지만 그 이상일 때는 그림 4.35와 같이 벽면에 평행하게 양면으로 배근해야 한다(단, 지하실 벽체는 제외). 한편 그림에는 양면의 수평철근이 대칭으로 되어 있으나 서로 엇갈리게 배근해도 관계없다. 또 수직 및 수평철근의 배근간격은 벽 두께의 3배 이하이면서 동시에 450mm 이하가 되도록 해야 한다. 문이나 창과 같은 개구부는 다른 부분에 비해 구조적으로 약하기 때문에 큰 힘을 받을 경우 균열이 발생할 수 있으므로 그림 4.36과 같이 개구부 주위에 보강을 할 필요가 있으며, 이때 보강근은 D16 이상의 철근을 개구부 주위에 2개 이상씩 배근하며 개구부 모서리에서 600mm 이상까지 연장하여 정착해야 한다.

5. 특수콘크리트구조

(1) 프리캐스트 콘크리트(precast concrete)구조

철근콘크리트구조는 건물의 각 부재를 현장에서 타설해서 만드는 현장타설 콘크리트구조와, 각 부재를 현장 이외의 곳에서 만들고 현장에서는 각 부재를 조립하는 프리캐스트 콘크리트구조로 나눌 수 있다. 현장 이외의 공장에서 만든 부재를 프리캐스트 콘크리트(precast concrete)라 하기 때문에 이 구조를 프리캐스트 콘크리트구조(PC구조)라 하며, 프리캐스트 콘크리트를 현장에 가지고 와서 조립하는 구조이기 때문에 조립구조(prefabricated structure)라고도 한다. 또 콘크리트 부재를 공업제품처럼 공장에서 만들고 그 부재로 건물을 시공한다는 의미에서 공업화 구조라 하기도 한다.

프리캐스트 콘크리트구조에서는 기둥과 보로 뼈대를 만들고 여기에 바닥판, 벽체를 접합하여 구조체를 구성하는 경우도 있으나, 벽식구조로 하여 벽, 바닥, 지붕으로 구조체를 구성하는 경우가 많다.

1) 특징

프리캐스트 콘크리트구조의 장단점으로는 다음과 같은 것들이 있다.

① 장점

㉠ 조립식인 건식공법이므로 공기가 단축되고, 겨울철 공사도 가능하다.

㉡ 현장의 노무비가 감소되므로, 특히 대규모공사의 경우 원가절감에 도움이 된다.

㉢ 부재가 공장에서 생산되므로 품질 향상을 기대할 수 있다.

② 단점

㉠ 일반적으로 초기공사비가 많이 든다.

㉡ 접합부의 강도가 부족하다.

㉢ 건물 외관의 다양성이 부족하다.

2) 종류

프리캐스트 콘크리트구조의 종류로는 구성형식에 따라 다음과 같은 것들이 있다.

① 골조(뼈대)구조

그림 4.37 (a)에 나타낸 바와 같이 기둥이나 보처럼 건물의 뼈대를 구성하는 부재를 PC부재로 만드는 방식이다.

② 패널구조

판구조라고도 하며, 그림 4.37 (b)와 같이 벽과 바닥을 판으로 제작하여 이들을 접합재로 접합하여 조립한 구조이다. 판의 크기에 따라 중형패널과 대형패널로 구별한다.

③ 상자구조

그림 4.37 (c)와 같이 거주 가능한 유닛을 상자형으로 만들어 조립하는 구조이다.

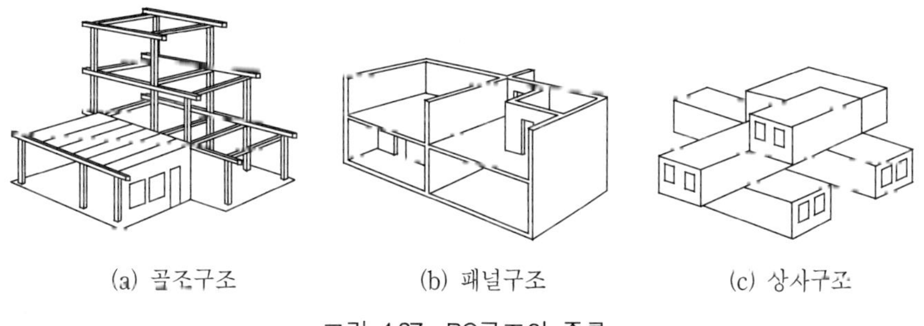

(a) 골조구조　(b) 패널구조　(c) 상사구조

그림 4.37 PC구조의 종류

3) 접합

PC구조에서의 각 부재간 접합방법에는 여러 가지가 있으나 크게 습식접합과 건식접합으로 나눌 수 있다.

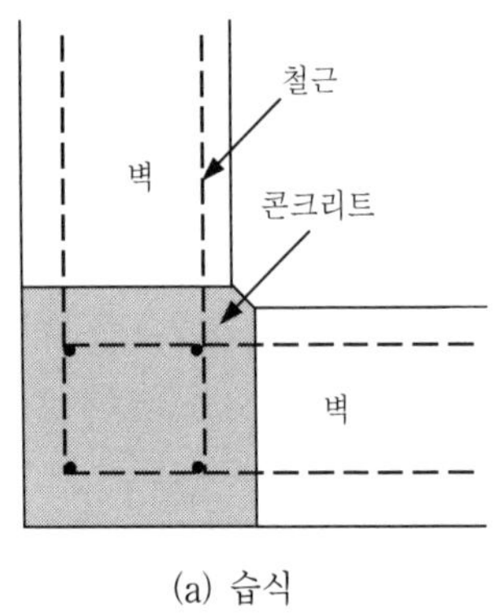

(a) 습식

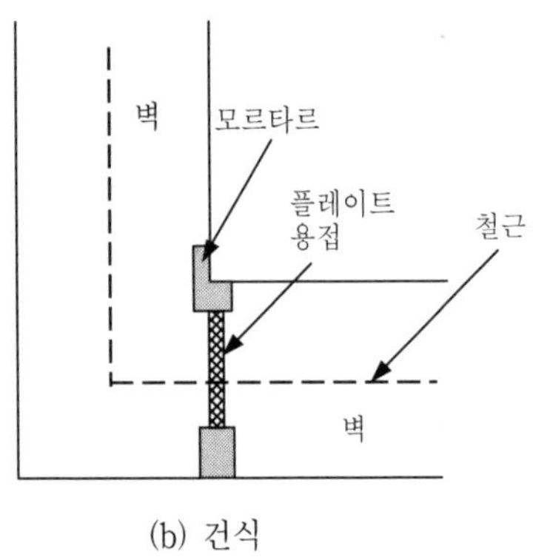

(b) 건식

그림 4.38 PC구조의 접합방법

공장에서 PC부재를 만들 때 각 부재마다 철근을 돌출시켜 두는데, 이 돌출되어 있는 철근과 현장에서 설치하는 보강용 철근을 서로 연결시켜 놓고 콘크리트 등에 의해 연결하는 방식을 습식접합이라 하며, 연결시키는 방법이 용접이나 나사조임 등에 의한 것을 건식접합이라 한다. 그림 4.38 (a)는 벽과 벽 또는 벽과 바닥을 습식으로 접합한 예를, 4.38 (b)는 건식으로 접합한 예를 나타낸 것이다.

(2) 프리스트레스트 콘크리트(prestressed concrete)구조

그림 4.1의 철근콘크리트구조의 원리에 대한 설명에서 나타냈듯이, 콘크리트는 압축력에는 상당히 강하지만 인장력에는 약해서 콘크리트의 인장측에 철근을 보강해서 철근콘크리트 구조체를 형성하게 된다.

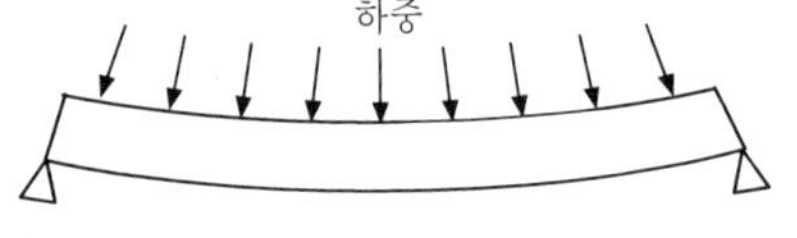

(하중에 의해 휘면서 아랫부분에 균열 발생)

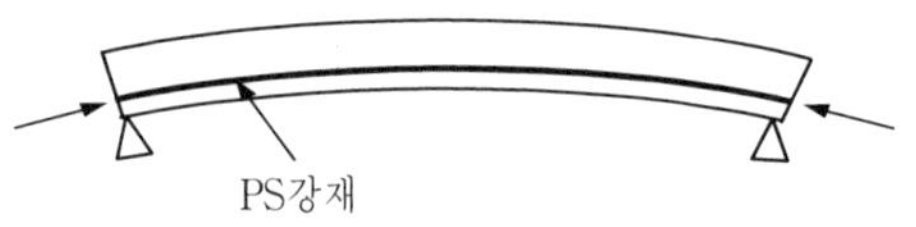

(프리스트레스력에 의해 휘어 오른다)

그림 4.39 프리스트레스트 콘크리트구조의 원리

프리스트레스트 콘크리트구조는 그림 4.39와 같이 인장력에 약한 콘크리트 부재에 압축력을 가해 두고, 하중을 받았을 때 콘크리트에 생기는 인장력이 미리 만들어 둔 압축력에 의해 상쇄되도록 한 구조이다. 미리 응력이 가해진 콘크리트구조라는 의미에서 'prestressed concrete structure'라 하며, 줄여서 PC구조라 하기도 하는데 이 때문에 프리캐스트 콘크리트구조와 혼동되기 쉽다. 따라서 본서에서는 PSC구조라 하기로 한다. PSC구조의 본연의 의미로는 건물의 주요 구조부가 모두 프리스트레스트 콘크리트로 이루어지는 것이지만, 실제로는 주요 구조부 중 일부에 프리스트레스를 가하고 나머지는 일반적인 철근콘크리트 등과 병용해서 적용하고 있다.

1) 재료

프리스트레스트 콘크리트의 재료로는 콘크리트 외에 다음과 같은 것들이 있다.

① PS강재

프리스트레스트 콘크리트에서 압축력을 가하는 재료를 PS강재라 하며, PS강재에는 PS강선, PS강봉이 있다. PS강선에는 하나의 선으로 이루어진 것도 있고, 여러 개가 묶음으로 되어 있는 것도 있다. PS강재는 보통 강재의 6~8배의 강도를 갖는 고강도인데, 보통 강재에 프리스트레스를 가하면 강재에 변형이 생기기 때문이다. PS강재는 이러한 강도 외에도 다음과 같은 성질을 갖추어야 한다.

㉠ 콘크리트와의 부착력이 좋을 것

㉡ 시간이 경과하면서 인장력이 감소되는 릴렉세이션(relaxation)이 적을 것

② 보조재료

콘크리트와 PS강재 외에 다음과 같은 보조재료가 사용된다.

㉠ 정착구 : 뒤에 설명하는 프리스트레싱 방법 중 포스트텐션 공법에서는 PS강재를 콘크리트에 정착시키는 기구가 필요한데, 이 기구를 정착구라 한다.

㉡ 시스(sheath) : 포스트텐션 공법에서 콘크리트 타설 후 콘크리트 속에 PS강재를 넣을 수 있도록 미리 콘크리트 속에 설치한 얇은 관을 말한다

㉢ 그라우트(grout) : 포스트텐션 공법에서 콘크리트와 PS강재와의 부착을 위해 시스 안에 주입하는 것을 그라우트라 하며, 주로 시멘트모르타르가 사용된다.

2) PS부재 제작방법

PS부재의 제작방법은 프리스트레스를 가하는 방법에 따라 다음의 두 종류로 구분한다.

① 프리텐션(pre-tensioning)공법

그림 4.40과 같이 기구의 한쪽에 PS강재를 고정시키고 반대쪽에서 PS강재를 잡아당겨 PS강재를 팽팽하게 한 후 콘크리트를 친다. 콘크리트가 굳은 후 팽팽해진 PS강재를 풀면 PS강재는 원래의 상태로 돌아가려고 수축이 되는데, PS강재와 콘크리트는 강한 부착력이 작용하므로 PS강재의 수축력이 콘크리트에 전달되면서 콘크리트에 압축력이 형성되는 것이다.

콘크리트를 타설하기 전에 PS강재를 팽팽하게 당기기 때문에 프리텐션공법이라 하며, 이 공법은 콘크리트와 PS강재가 직접적으로 부착되어 콘크리트에 압축력이 전달되므로 시스나 정착구 등이 필요 없고, 부재는 주로 공장에서 제작된다. 그림 4.40은 공장에서 두 개의 부재를 동시에 만드는 모습을 나타내고 있다.

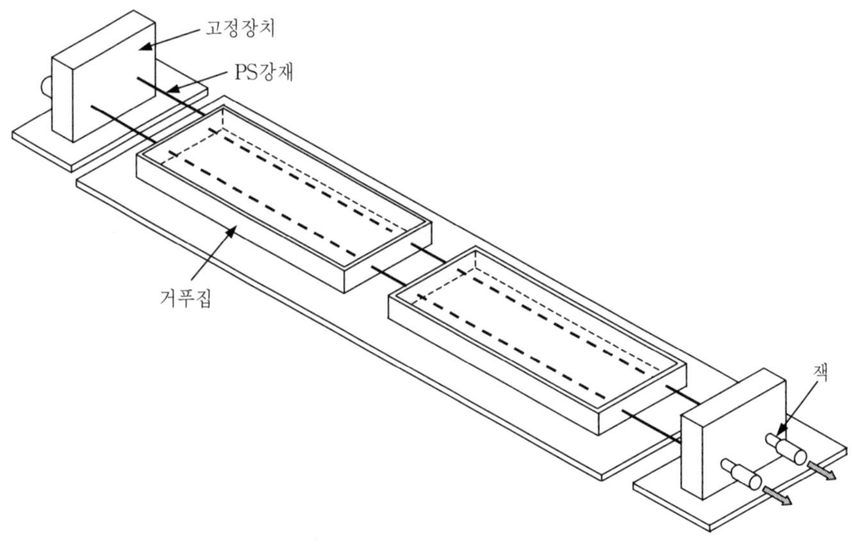

그림 4.40 프리텐션공법

② 포스트텐션(post-tensioning)공법

콘크리트를 타설하기 전에 타설 위치에 미리 얇은 관(시스)을 설치하고 콘크리트 타설 후 굳어지면 PS강재를 시스에 삽입한 후 당겨서 인장력을 준 후 양쪽 끝부분에 설치한 정착장치에 고정시키면 다시 원래 위치로 돌아가려고 하는 반력으로 콘크리트에 강한 압축력이 전달된다.

콘크리트와 PS강재는 시스의 내부와 외부에 분리되어 있기 때문에 시스 안에 그라우트를 주입시킴으로써 그라우트를 매개체로 하여 PS강재와 콘크리트가 부착된다.

콘크리트 타설 후 PS강재를 팽팽하게 당기기 때문에 포스트텐션공법이라 하며 그림 4.41과 같이 시스나 정착장치 등이 필요하다. 또 그림과 같이 시스를 곡선으로 만들면 PS강재도 곡선으로 만들 수 있으므로 각 부재를 일체로 타설하면서 프리스트레스를 가하는 것이 가능하여 접합부의 강도를 크게 할 수 있다. 또 프리텐션공법과 달리 공장설비가 필요하지 않으므로 현장에서 제작이 가능하다.

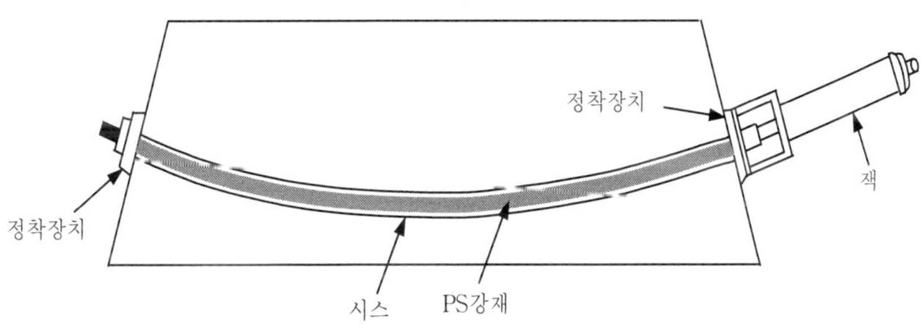

그림 4.41 포스트텐션공법

Chapter 05

철골구조

1. 개요
2. 재료
3. 접합
4. 각부 구조

Chapter

05 철골구조

1. 개요

인장력 및 압축력에 모두 잘 견디는 철강재로 건물의 뼈대를 구성하는 방식을 철골구조 또는 강구조라 하며, 뼈대를 이루는 강판 및 각종 형강을 리벳, 볼트, 용접 등으로 접합하여 조립한다. 철골구조는 다음과 같은 특징이 있다.

(1) 장점

① 구조적으로 매우 강력해서 큰 간사이(span) 및 고층건물에 유리하다.

② 재료 강도가 커서 철근콘크리트구조에 비해 중량을 줄일 수 있다.

③ 시공의 정밀도가 높다.

(2) 단점

① 고열에 약하므로 내화(耐火)피복이 필요하다.

② 리벳접합이나 볼트접합은 일체화에 약하다.

③ 다른 종류에 비해 공사비가 비싸다.

이와 같은 특징으로 인해 철골구조는 고층의 건물이나 기둥의 간격을 넓게 하고자 하는 건물에 적절하다.

2. 재료

(1) 강재

철골구조에서 사용되는 강재는 표 5.1과 같이 매우 다양하며, 건축물의 각 부위마다 각기 적절한 것을 사용하게 된다.

1) 형강(形鋼)

① L형강 : ㄱ형강 또는 앵글이라고도 하며, 가로와 세로부분의 길이가 같은 등변L형강과 길이가 같지 않은 부등변L형강이 있다.
② I형강 : 주로 작은 보에 사용된다.
③ H형강 : 폭(가로)과 높이(세로)의 길이가 같은 것은 기둥에 많이 이용되고, 폭에 비해 높이가 높은 것은 보로 많이 사용된다.
④ ㄷ형강 : 채널(channel)이라고도 하며, 보조용 부재로 이용된다.

2) 강판

철판을 의미하는 것으로 두께 3mm 이상을 후판(厚板), 그 미만을 박판(薄板)이라 한다.

3) 평강

폭이 좁은 강판(통상 25~300mm)을 말하며 띠철이라고도 한다.

4) 봉강

단면의 모양이 원형, 사각형, 육각형, 팔각형 등으로 된 것을 말한다. 철골구조에서는 주로 원형이 사용된다.

5) 경량형강

일반적인 형강은 열간가공(熱間加工, 일정온도 이상의 높은 온도에서 철을 가공)하는데, 경량형강은 냉간가공(冷間加工, 일정온도 이하의 낮은 온도에서 철을 가공)하여 만들어진다.

표 5.1 강재의 종류

명 칭		형 상	표시 방법
형강	등변L형강	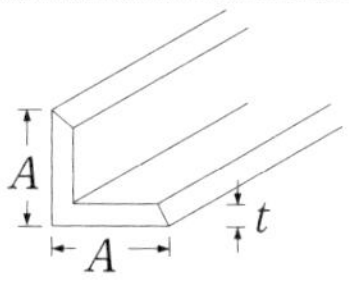	$L\text{-}A\times A\times t$
	부등변L형강	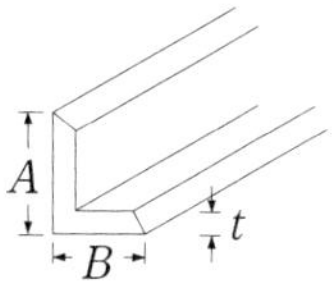	$L\text{-}A\times B\times t$
	I형강	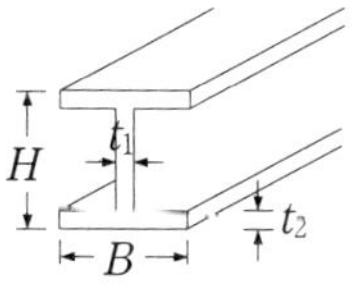	$I\text{-}H\times B\times t_1\times t_2$
	H형강	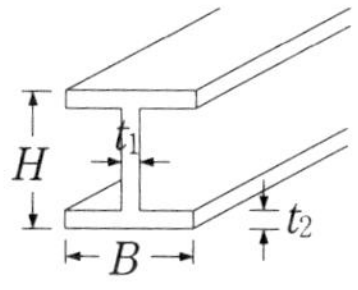	$H\text{-}H\times B\times t_1\times t_2$
	ㄷ형강	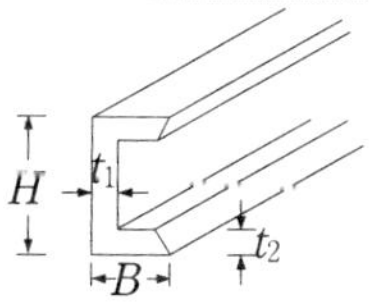	ㄷ-$H\times B\times t_1\times t_2$
강판		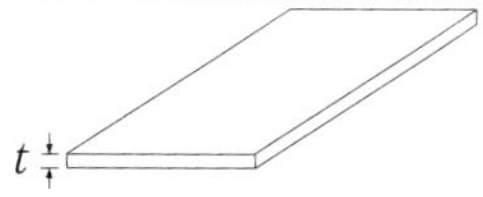	$PL\text{-}t$
평강		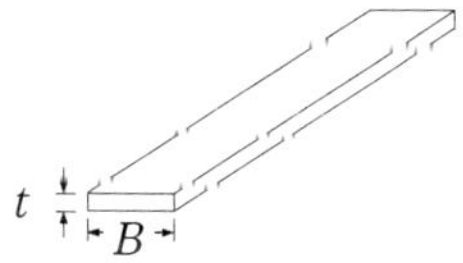	$FB\text{-}B\times t$
봉상		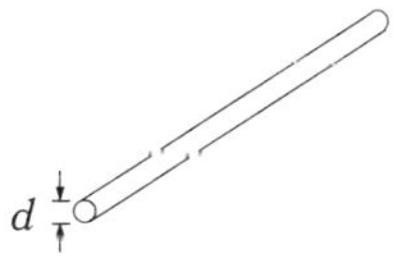	ϕd
강관		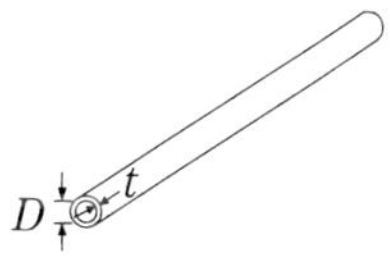	$\phi\text{-}D\times t$

형상은 일반형강과 비슷하며 두께가 얇으면서도 비교적 강도가 크다. 두께가 얇기 때문에 경제적이지만 강도의 한계가 있기 때문에 비교적 하중이 작은 건물에 사용한다.

(2) 철골 부재

철골구조에서 사용되는 각종 철골 부재에는 다음과 같은 것들이 있다.

1) 플랜지(flange)

그림 5.1과 같이 뒤에 설명하는 판보 또는 래티스보 등에서 보 단면의 상하에 날개처럼 내민 부분을 플랜지라 하며, 보에서 주로 휨모멘트를 받는다.

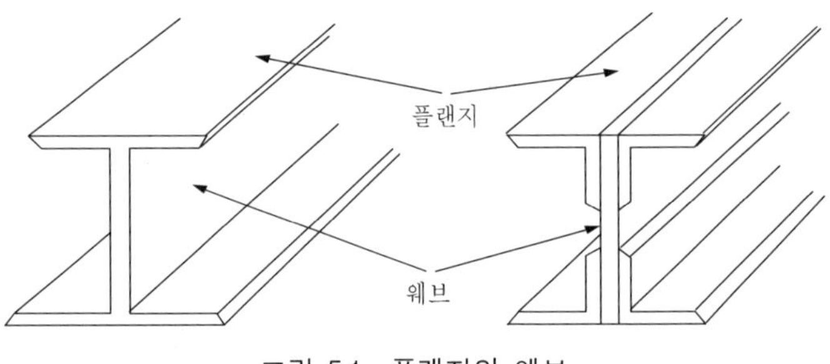

그림 5.1 플랜지와 웨브

2) 웨브(web)

그림 5.1에 나타낸 바와 같이 H형강이나 판보 등의 중앙부분을 웨브라 하며, 보에서 주로 전단력을 받는다.

3) 윙플레이트(wing plate)

철골의 주각(柱脚) 부분에 부착한 강판으로, 기둥의 응력을 베이스플레이트에 전달한다.

4) 베이스플레이트(base plate)

철골기둥의 밑부분에 대는 밑판으로, 그림 5.2에 나타낸 바와 같이 이 밑판에 구멍을 뚫어 앵커볼트로 기초에 고정한다.

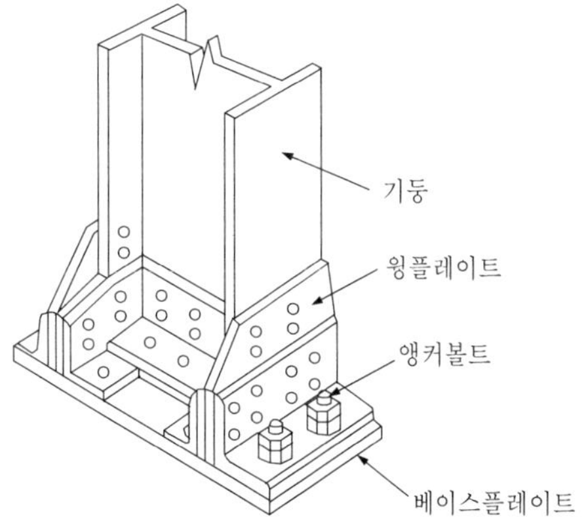

그림 5.2 윙플레이트와 베이스플레이트

5) 커버플레이트(cover plate)

철골의 플랜지 바깥쪽에 대는 강판으로 휨에 대한 보강판이다. 즉 그림 5.3과 같이 그림 5.1에 나타나 있는 플랜지의 바깥쪽에 덧대는 것을 말한다.

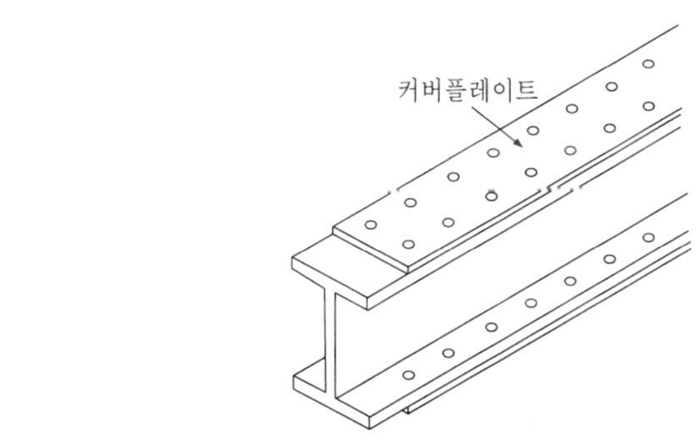

그림 5.3 커버플레이트

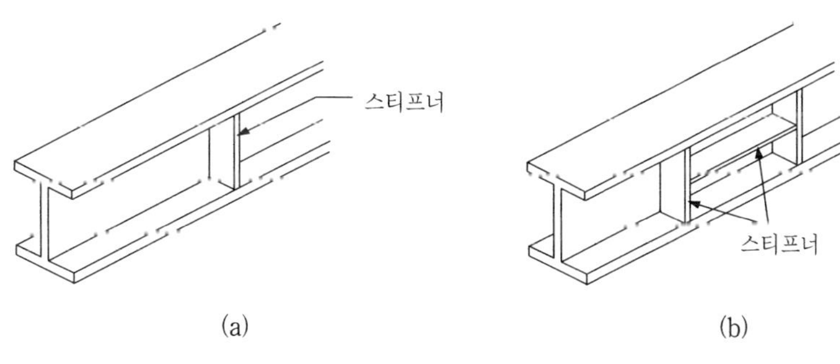

그림 5.4 스티프너

6) 스티프너(stiffener)

그림 5.4와 같이 설치하여 강판으로 이루어진 기둥이나 보의 좌굴을 방지하기 위한 보강재이다. 그림 5.4 (a)와 같이 부재 축방향에 수직으로 설치하는 것이 일반적이나, 대규모 부재에서는 그림 5.4 (b)와 같이 축에 수직방향과 함께 수평방향으로 보강하기도 한다.

7) 거셋플레이트(gusset plate)

기둥이나 보의 모서리 부분 및 트러스 절점에 모인 부재를 그림 5.5와 같이 접합하는 강판을 말한다.

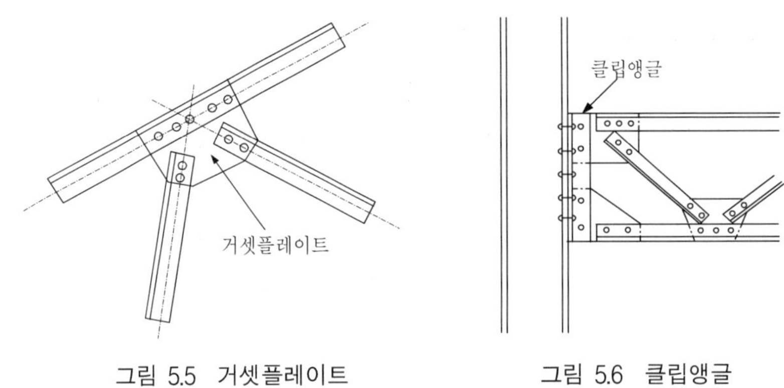

그림 5.5 거셋플레이트

그림 5.6 클립앵글

8) 클립앵글

기둥과 보 또는 기둥과 베이스플레이트와 같은 철골부재를 접합할 때 접합 및 보강을 위해 사용되는 형강으로, 앵글이라는 이름에서 알 수 있듯이 L형강(ㄱ형강)이다. 그림 5.6은 기둥과 보를 클립앵글로 접합하고 있는 모습을 나타낸다.

9) 데크플레이트(deck plate)

골함석 모양의 큰 홈을 가진 철판의 바닥판으로, 골함석 모양으로 한 것은 평평한 철판보다 강도가 훨씬 크기 때문이다. 그림 5.7의 왼쪽은 철골보 위에 데크플레이트를 설치하고 그 위에 철근콘크리트 바닥을 시공하는 개념도를 나타낸 것이고, 오른쪽은 보 위에 데크플레이트를 실제 시공한 모습을 나타낸다.

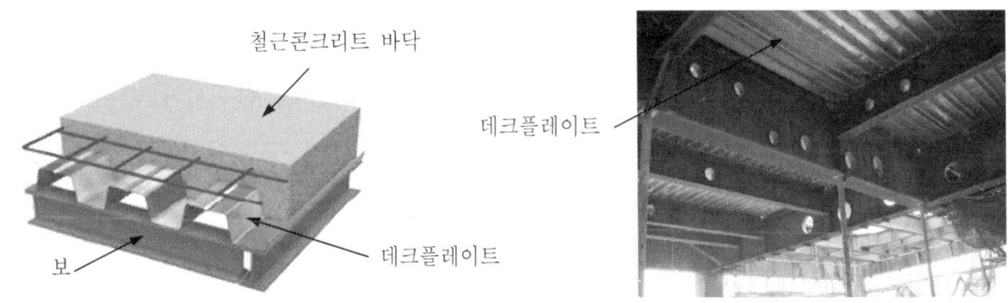

그림 5.7 데크플레이트

10) 스터드볼트

철골보와 콘크리트 바닥판의 일체화를 위해 보의 플랜지 면에 용접하여 수직으로 부착한 볼트를 말하며, 제대로 보이지는 않지만 그림 5.8은 데크플레이트 위에 철근이 배근되고 데크플레이트 하부의 철골보에 스터드볼트가 부착된 모습을 나타낸다.

그림 5.8과 같은 상태에서 콘크리트를 타설함으로써 스터드볼트를 매개로 하여 철골보와 콘크리트 바닥판이 일체가 되는 것이다.

그림 5.8 데크플레이트 위에 철근이 배근되고 플레이트 하부의 보에 그림의 오른쪽과 같이 스터드볼트가 용접 부착된 모습

3. 접합

철골구조는 앞에서 설명한 각종 강재 및 부재를 접합하여 구조체를 형성하는 것이므로 접합부의 안전성 및 정밀도가 매우 중요하다. 접합의 종류로는 리벳접합, 용접접합, 볼트접합(고력볼트접합, 보통볼트접합) 등이 있는데, 특히 용접접합이 많이 이용된다.

(1) 리벳접합

두 장 이상의 강판을 접합하는 방법의 일종으로, 그림 5.9와 같이 접합하고자 하는 강재에 리벳의 직경보다 1~2mm 정도 더 크게 구멍을 뚫은 다음, 그곳에 800℃ 이상으로 가열한 리벳을 넣고 뉴매틱 해머(pneumatic hammer, 압축공기를 이용하여 힘을 가하는 해머)로 두드려 양쪽을 같은 모양의 머리로 만들어 접합시키는 방법이다.

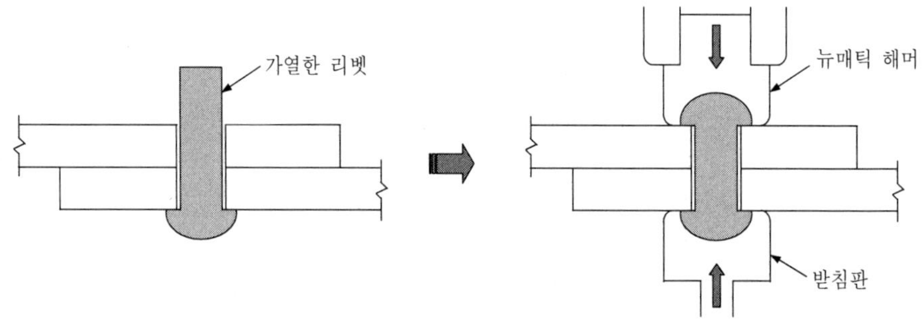

그림 5.9 리벳접합

1) 리벳의 종류

리벳접합에 쓰이는 리벳의 종류로는 그림 5.10과 같은 종류가 있는데, 이 중에서 일반적인 용도로는 둥근머리리벳이 널리 이용되며, 리벳의 머리부분이 돌출되면 곤란한 곳에는 민리벳이 사용된다.

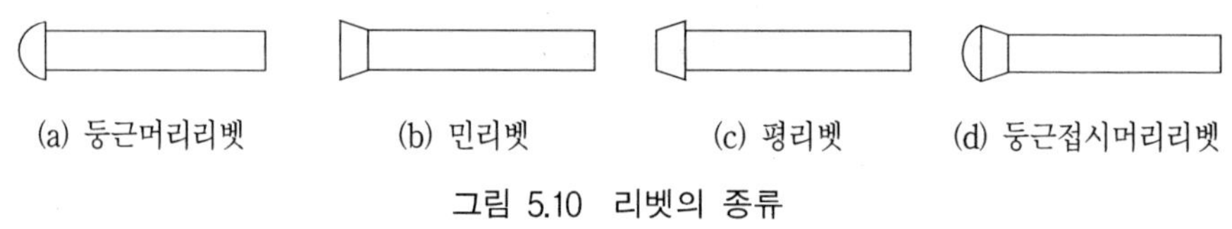

그림 5.10 리벳의 종류

2) 리벳의 배치

리벳을 배치하는 방법에는 그림 5.11에 나타낸 바와 같이 정렬배치와 엇모배치가 있는데, 일반적으로는 엇모배치가 유리하다.

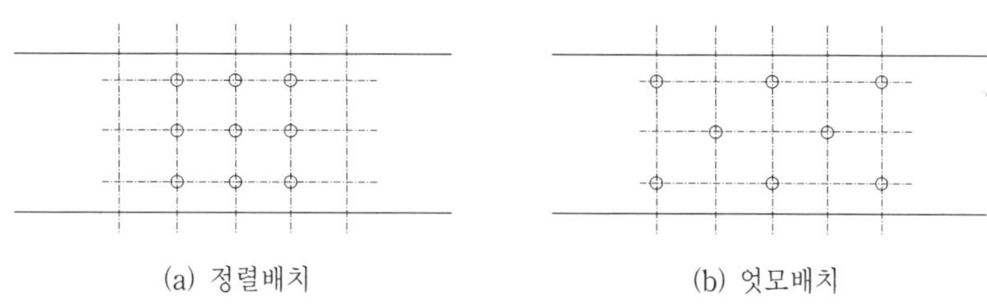

그림 5.11 리벳의 배치

리벳을 배치할 때는 간격 또한 중요하다. 간격이 너무 좁으면 리벳치기 작업이 어려울 뿐 아니라 접합부 강도가 약해질 수 있기 때문이다. 리벳의 간격 등에 관한 용어로는 다음과 같은 것들이 있다.

① 피치 : 게이지라인 상의 리벳간격으로, 최소 리벳지름의 2.5배 이상으로 하며 일반적으로는 리벳지름의 4배 정도로 한다.

② 게이지라인 : 리벳들의 중심선으로, 그림 5.12에 나타나 있는 바와 같이 부재 축방향의 리벳 중심선을 말한다.

③ 게이지 : 게이지라인 상호간의 거리, 또는 게이지라인 부재면(部材面)과의 거리

④ 연단거리 : 가장자리에 있는 리벳과 부재 끝과의 거리

⑤ 클리어런스 : 어느 부재의 리벳과 다른 부재 수직면과의 거리로, 리벳을 타격할 때 다른 부재가 방해가 되므로 타격에 방해가 되지 않는 거리가 필요하다.

⑥ 그립 : 리벳으로 접합하는 부재의 총 두께로 보통 리벳지름의 5배 이하로 한다.

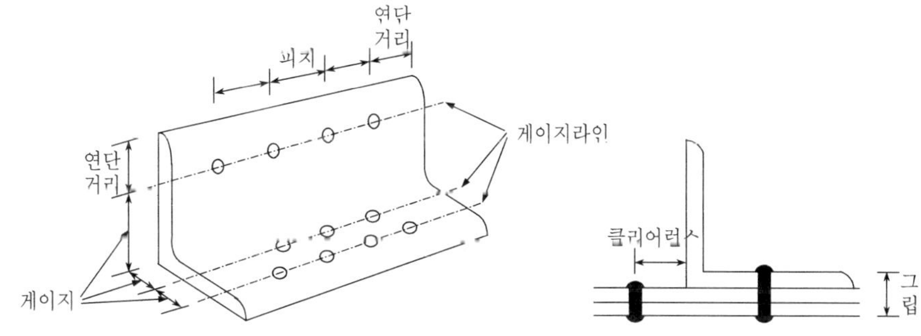

그림 5.12 리벳간격 등에 관한 용어

3) 접합형식

리벳의 접합형식은 리벳이 받는 힘의 종류에 따라 1면전단접합, 2면전단접합, 인장접합으로 구분한다. 1면전단접합은 그림 5.13 (a)와 같이 부재 양쪽에서 화살표 방향으로 힘이 작용할 때 리벳에도 화살표 방향의 힘이 작용하게 되는 접합이다.

전단력이란 가위로 종이를 자르듯이, 어떤 물체의 축에 수직방향이면서 양쪽에서 작용하는 힘을 말한다. 즉 그림 5.13 (a)에서 리벳의 축방향은 세로인데 가로방향이면서 양쪽에서 힘이 작용할 때 전단력이 작용한다고 하는 것이다.

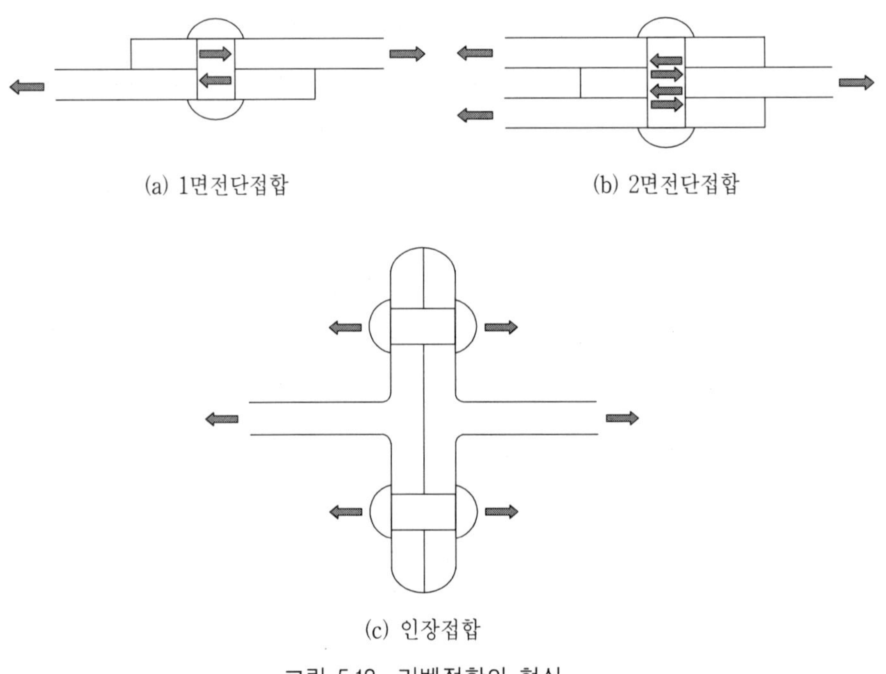

(a) 1면전단접합 (b) 2면전단접합

(c) 인장접합

그림 5.13 리벳접합의 형식

1면전단접합과 같은 개념으로, 그림 5.13 (b)와 같이 접합하여 리벳의 두 군데에서 전단력이 작용하게 되는 접합을 2면전단접합이라 한다. 인장접합은 그림 5.13 (c)와 같이 부재의 양쪽에서 화살표 방향으로 힘이 작용할 때 리벳이 축방향으로 힘을 받는 형태의 접합인데, 축방향의 양쪽으로 끌어당기는 힘이 작용하기 때문에 인장접합이라 한다.

(2) 볼트접합

볼트는 보통볼트와 고력볼트가 있는데, 고력볼트를 사용할 경우에는 고력볼트접합이라 하나, 보통볼트를 사용할 때는 보통볼트접합 또는 단순히 볼트접합이라고도 한다. 본서에서는 이 둘을 구별하기위해 보통볼트접합과 고력볼트접합으로 구별하기로 한다. 볼트접합에서의 접합형식, 강재두께, 게이지, 피치, 연단거리 등은 리벳의 경우와 같다고 생각하면 된다.

1) 보통볼트접합

보통볼트와 너트를 이용해 부재를 조이면서 접합하는 방식이다. 보통볼트접합은 접합 시공 및 해체가 용이하고 작업시 소음도 없는 장점이 있으나, 장기간 사용하면 볼트와 너트의 접합이 느슨해지면서 풀릴 수 있기 때문에 주요구조부에는 사용할 수 없고, 임시로 조이는 곳이나 가설건축물 등에 사용된다. 볼트를 사용할 때는 볼트 구멍을 볼트 지름보다 0.5mm 크게 하며, 볼트와 너트가 풀리는 것에 대비해서 너트 부분을 용접하거나 이중너트를 사용하면 좋다. 또 볼트가 움직이지 않도록 그 부분에 콘크리트를 채워 넣는 것도 하나의 방법이 된다.

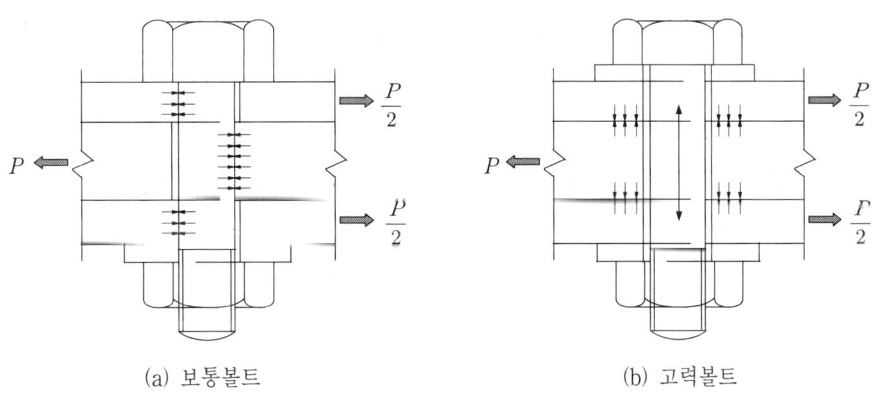

그림 5.14 보통볼트와 고력볼트의 접합 개념

2) 고력볼트접합

고력볼트는 고장력볼트라고도 하는 것으로, 보통볼트에 비해 강도가 매우 큰 재료로 만든 것이다.

고력볼트접합은 보통볼트접합과 달리 볼트가 느슨해질 염려가 없이 확실히 접합된다는 특징이 있다.

그림 5.14에 보통볼트접합과 고력볼트접합의 개념을 나타낸다. 그림의 볼트부분 화살표에서 알 수 있듯이, 보통볼트는 볼트 축의 전단내력에 의해 응력에 저항하지만 고력볼트는 너트를 강하게 조임으로써 부재와 부재 사이의 면에서 발생하는 강한 마찰력으로 응력에 저항하게 된다.

고력볼트는 이러한 원리로 인해 보통볼트접합은 물론 리벳접합보다도 접합력이 강하고, 리벳접합과 달리 시공시 가열의 필요가 없으므로 시공이 용이하고 소음도 작은 장점이 있어 보와 기둥의 현장 접합에 많이 적용된다. 고력볼트 시공시 볼트구멍은 볼트 크기에 따라 다음의 표 5.2와 같이 한다.

표 5.2 고력볼트의 구멍 크기

볼트의 공칭직경(d)	구멍 크기
$d<27$	$d+2.0$
$d\geq27$	$d+3.0$

(3) 용접접합

용접은 금속재에 열과 압력을 가해서 두 부재를 접합하는 것으로, 구멍을 뚫는 다른 접합방법에 비해 부재면의 결손이 없으며, 덧판이나 보조판을 사용할 필요가 없고 시공시 소음이 작은 장점이 있으나, 용접부의 검사가 곤란하므로 숙련된 용접공이 면밀하게 시공하지 않을 경우 접합강도가 약해질 염려가 있다.

건축물에 사용되는 용접은 모살용접과 맞댄용접이 주로 이용되며, 그 외에 플러그용접, 슬롯용접, 플레어용접 등이 있다.

1) 모살용접

그림 5.15와 같이 강재와 강재가 겹치거나 T자형 또는 ㄱ자형을 이룰 때 각을 이루는 부분을 용접하는 것으로, 가장 널리 이용되는 용접방법이다. 용접하기 전에 부재(部材)에 홈파기 등의 사전 가공을 하지 않고 바로 용접할 수 있다.

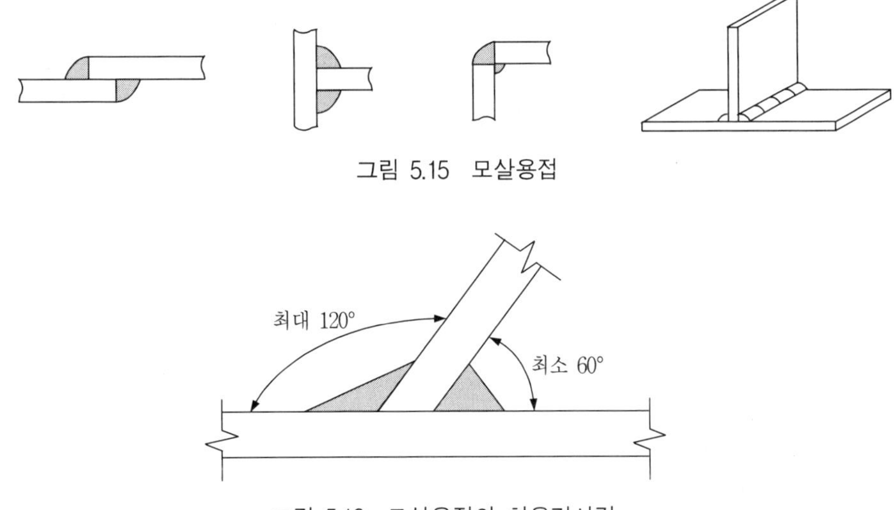

그림 5.15 모살용접

그림 5.16 모살용접의 허용경사각

용접을 하는 두 부재의 각도는 90°가 원칙이지만 부득이할 경우 60°~120°의 범위에서 할 수 있다. 그림 5.16에 나타내듯이, 60°보다 작으면 작업이 곤란하고 120°보다 크면 목두께가 너무 작아져서 용접의 강도가 떨어지기 때문이다. 이 범위를 벗어날 수밖에 없을 때는 뒤에 설명하는 맞댄용접으로 하는 것이 좋다. 앞에서, 용접하는 두 부재의 각도가 120°를 초과하면 목두께가 너무 작아져서 용접의 강도가 떨어진다고 했는데, 목두께란 그림 5.17에 나타나 있는 부분을 말하는 것으로 이 부분의 길이가 충분하지 않으면 용접강도가 약해지기 때문이다.

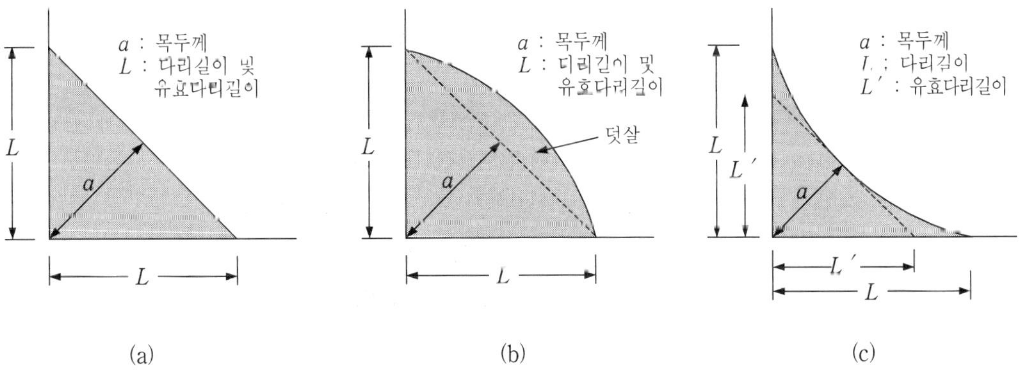

그림 5.17 목두께와 다리길이

필요한 목두께 크기는 용접응력계산을 통해 산정되며, 그림의 (a), (b), (c)에서 알 수 있듯이 목두께는 용접형상에 따라 달라진다. 목두께와 마찬가지로 용접강도에 영향을 미치는 요소가 그림 5.17에 표시되어 있는 다리길이이다. 다리길이는 단순히 용접부위의 길이를 나타내는 다리길이와 실제로 용접강도에 영향을 미치는 유효다리길이가 있는데, 그림에서 (a)와 (b) 형상의 용접에서는 다리길이와 유효다리길이가 같으나, (c)에서는 다르게 된다. 따라서 (c)와 같은 용접형상은 바람직하지 않다. 한편 (b)와 같은 형상의 용접에서 돌출된 부분을 덧살이라 하는데 이 부분은 보강의 의미가 있다.

2) 맞댄용접

접합재를 같은 평면상에서 용접을 하는 것으로, 모살용접을 하기가 어려운 경우에 적용한다. 접합부에 그림 5.18과 같은 여러 형상의 홈을 만들어 용접을 하기 때문에 홈용접이라고도 한다. 다만 부재 두께가 6mm 이하로 얇은 경우에는 홈을 만들기 어렵기 때문에 그림 5.18 (a)와 같이 홈을 만들지 않고 용접을 하는 것이 일반적이다.

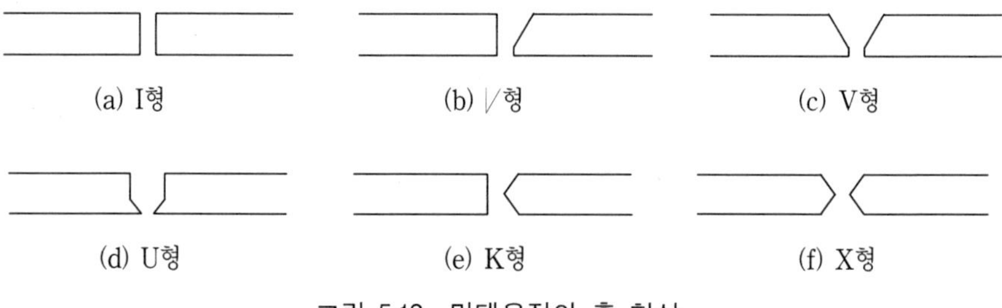

그림 5.18 맞댄용접의 홈 형상

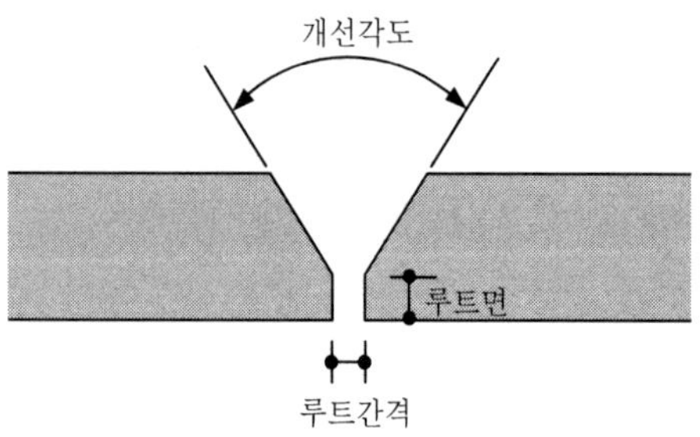

그림 5.19 홈 단면 각부 명칭

V형 홈인 경우의 홈 단면 각부 명칭을 그림 5.19에 나타낸다. 루트간격(root opening)은 루트틈새라고도 하는 것으로, 용접시 용접봉이 밑면까지 갈 수 있게 하기 위해 필요하다.

루트면은 홈을 덜 파기 위한 목적으로 두는 것이며, 루트면이 있으면 없을 때보다 용접시 발생하는 쇳물방울도 덜 새므로 바람직하다.

맞댄용접에서의 홈을 개선(開先)이라고도 하는데, 따라서 홈이 이루는 각도를 개선각도 또는 홈각이라 한다. 개선각도는 보통 40~90°로 하는데, 작업의 용이성을 위해 루트간격이 작을수록 개선각도를 크게 한다.

3) 플러그(plug)용접, 슬롯(slot)용접

그림 5.20과 같이 두 부재를 겹쳐 놓고 한쪽 부재에 구멍을 뚫은 후 그 구멍에 용접재를 채움으로써 두 부재를 접합하는 것으로, 구멍이 원형일 경우 플러그용접, 모서리가 둥근 직사각형 형상일 경우 슬롯용접이라 한다.

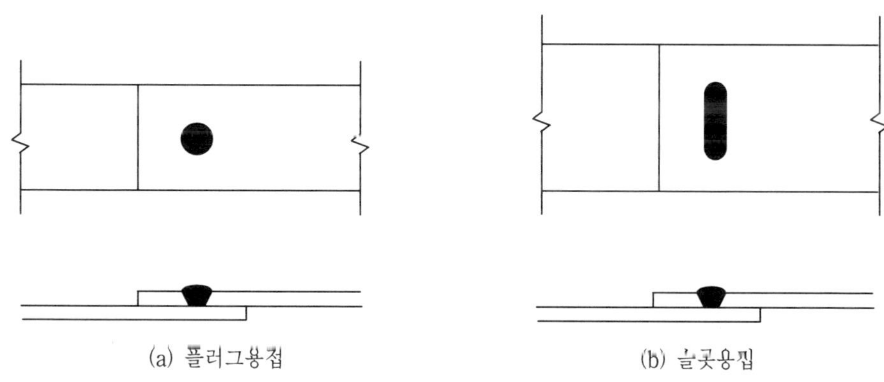

그림 5.20 플러그용접과 슬롯용접

4) 플레어(flare)용접

그림 5.21과 같이 곡선부재의 홈 부분이나 철근과 같은 원형부재의 홈 부분에 사용되는 모살용접이라 할 수 있다. 두 부재의 접합면은 미세한 틈새이기 때문에 용접이 불완전할 수 있으므로 용접봉 굵기에 주의하는 등 세심한 주의가 필요하다.

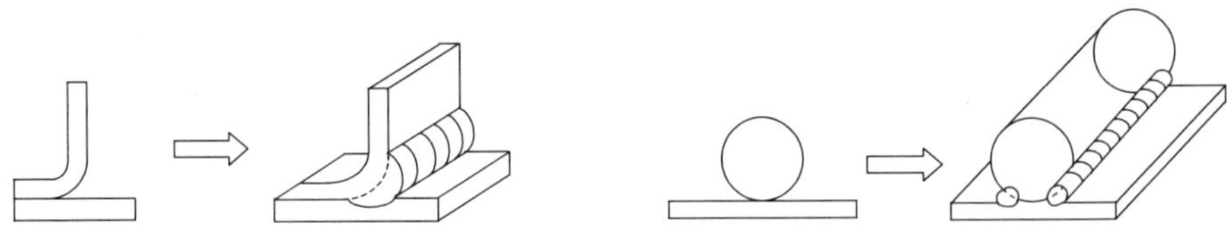

그림 5.21 플레어용접

(4) 접합방법 병용시 주의사항

앞에서 설명한 리벳접합, 볼트접합, 고력볼트접합, 용접접합 등의 방법 중 어느 한 가지 방법이 아니고 다른 방법과 병용해서 접합을 할 경우에는 다음 사항에 유의한다.

① 리벳과 고력볼트를 병용할 때는 각각의 허용응력에 따라 응력을 분담한다.
② 리벳과 보통볼트를 병용할 때는 리벳이 모든 응력을 받는다.
③ 리벳과 용접을 병용할 때는 용접이 모든 응력을 받는다.
④ 용접과 보통볼트를 병용할 때는 용접이 모든 응력을 받는다.

4. 각부 구조

(1) 기둥

기둥은 일반적으로 수직압축력을 받는 압축부재이지만, 수평력에 의해 휨응력이 생기기도 하므로 압축응력과 휨응력에 저항할 수 있는 단면형태의 강재를 선택해야 한다. 단일부재의 형강을 사용할 때는 필요에 따라 H형강, I형강, 강관 등을 사용하며, 단일부재에 보강이 필요할 때는 다른 부재와 조립한 조립기둥을 적용한다.

1) 단일부재 기둥

단일부재 기둥으로 가장 많이 이용되는 것은 H형강으로, 그림 5.22와 같이 높이 300mm 내외의 H형강이 고층건물에 널리 사용된다. 일반적으로 공장에서 길이 10m로 제작되므로 3층을 기둥의 한 구획으로 잡는 것이 편리하다. H형강 이외에 I형강은 힘을 많이 받지 않는 기둥에 이용하고, 강관은 일반적으로 경량구조물에 적용한다.

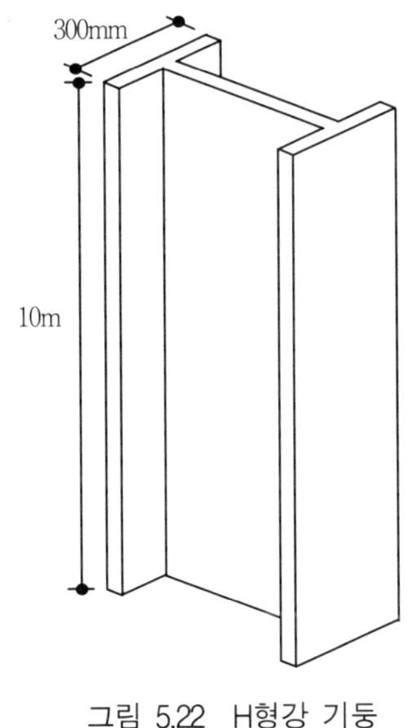

그림 5.22 H형강 기둥

2) 조립기둥

강판, L형강(앵글), ㄷ형강(채널), I형강 등을 리벳, 볼트, 용접 등의 방법으로 조립해서 기둥으로 이용하는 것을 조립기둥이라 한다. 조립형태에는 매우 다양한 종류가 있으며, 그 단면형상의 예를 그림 5.23에 나타낸다.

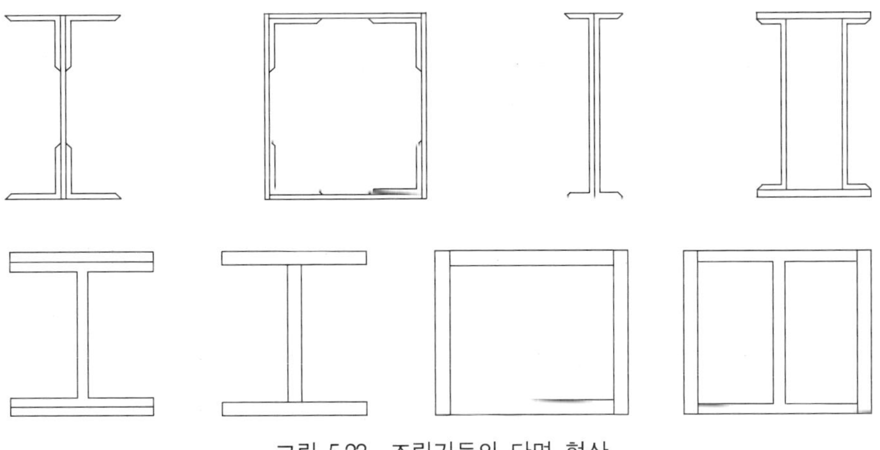

그림 5.23 조립기둥의 단면 형상

조립기둥의 조립방법은 과거 그림 5.24 (a)와 같이 각 부재를 리벳이나 고력볼트를 이용해서 조립하는 방법을 사용했으나, 이 방법은 대형 단일부재가 생산되지 못하던 시기에 주로 사용되던 것이고, 현재는 그림 5.24 (b)와 같이 이들 부재를 용접으로 조립하는 방법이 일반적으로 이용되고 있다.

그림 5.24 (a)의 왼쪽은 L형강 사이에 강판을, 오른쪽은 평강을 넣어 리벳이나 볼트로 조립한 것을 나타낸 것이다.

또 그림 5.24 (b)의 왼쪽은 H형강 1개와 강판 2개를, 오른쪽은 강판 4개를 용접으로 조립한 것을 나타내고 있다.

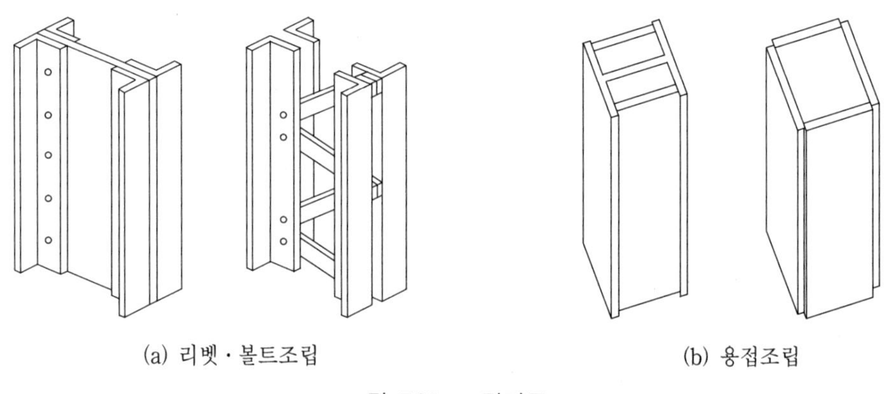

(a) 리벳 · 볼트조립 (b) 용접조립

그림 5.24 조립기둥

(2) 보

기둥과 마찬가지로 단일부재의 형강을 보로 사용하기도 하고, 형강과 강판 등을 조립해서 사용하기도 한다.

1) 형강보

보의 부재로 주로 이용되는 것은 기둥과 마찬가지로 H형강이며, 힘을 덜 받는 작은 보에는 I형강이 사용되기도 한다. 기둥이 H형강이나 I형강일 경우에는 기둥과 보를 접합할 때 형강보가 편리하므로 특히 많이 이용된다.

형강보의 강도가 충분할 때는 단일부재의 형강보를 사용하지만, 형강보 자체만으로는 강도가 부족할 경우에는 p.133 그림 5.3에 나타낸 커버플레이트 등으로 보강한다.

2) 조립보

① 판보, 상자보

강판(철판)을 잘라서 웨브와 플랜지를 제작하고, 웨브와 플랜지를 용접으로 접합하거나, 웨브와 L형강을 리벳으로 접합한 보를 말하며, 하중이 크게 작용할 때는 커버플레이트나 스티프너를 대서 보강하기도 한다. 그림 5.25에 리벳으로 웨브와 L형강을 접합한 예와, 용접으로 웨브와 플랜지를 접합한 예를 나타낸다. 아울러 판보에서의 웨브와 플랜지를 각각 웨브플레이트, 플랜지플레이트라고도 한다. 웨브, 플랜지, 스티프너에 대해서는 p.132 「2) 철골부재」참조.

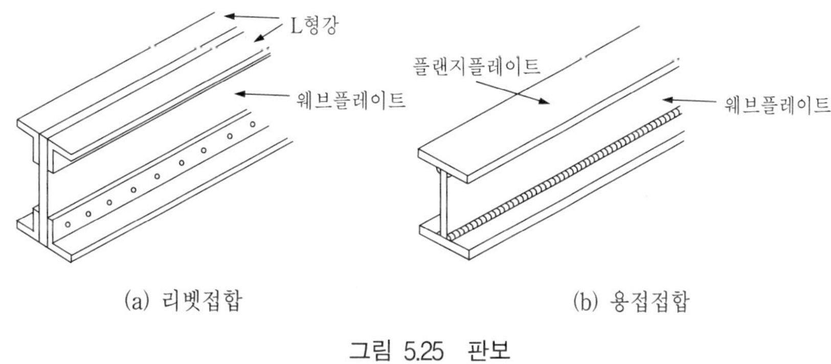

그림 5.25 판보

한편 판보 중에서 그림 5.26과 같이 웨브를 2장 대 상자처럼 만든 보를 상자보라 한다.

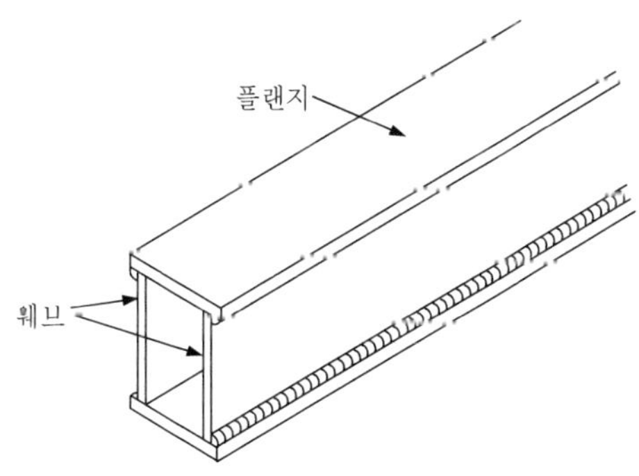

그림 5.26 상자보

② 허니컴(honey comb)보

그림 5.27과 같이, H형강의 웨브를 잘라서 그림의 왼쪽과 가운데 형태처럼 가공한 후에 두 부재를 용접하여 웨브에 여러 개의 6각형 구멍이 생기도록 한 보를 말한다.

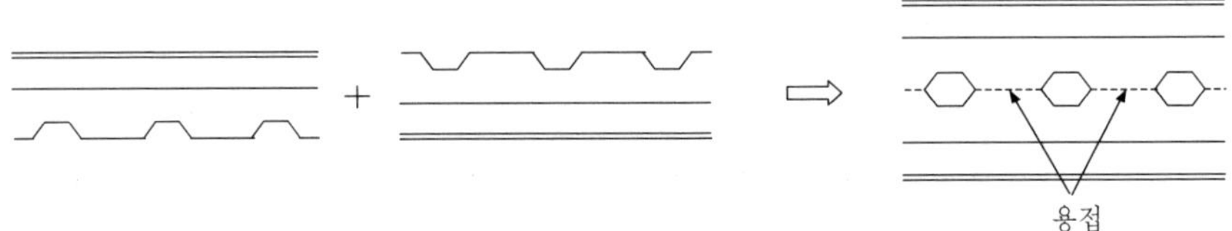

그림 5.27 허니컴보

구멍을 통해 덕트나 배관이 지나갈 수 있으므로 천장 속 공간을 줄일 수 있으며, 따라서 층고를 작게 할 수 있는 장점이 있다.

③ 격자보

그림 5.28과 같이 보의 상하 플랜지부분에는 L형강을 쓰고 웨브재로는 평강(표 5.1 참조)을 써서 상하 플랜지를 사다리 형태로 연결한 보로, 철골철근콘크리트구조에 많이 이용된다. L형강과 평강은 용접이나 리벳으로 접합한다.

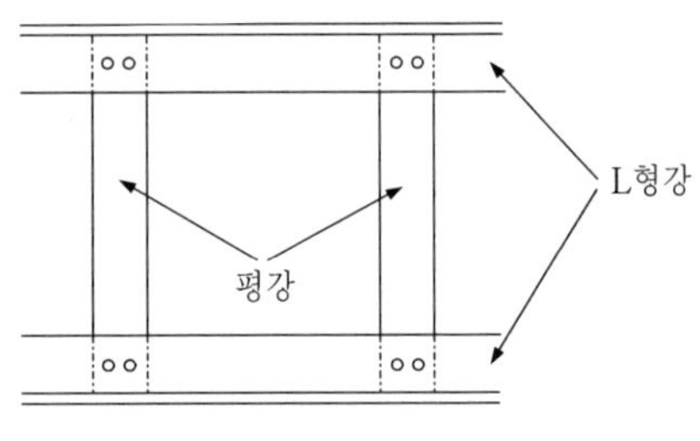

그림 5.28 격자보

④ 래티스보

격자보와 같은 방식이나, 그림 5.29와 같이 평강을 사다리 형태가 아닌 경사진 형태로 연결한 보이다. 지붕트러스 등에서 힘을 많이 받지 않는 간단한 보에 이용된다.

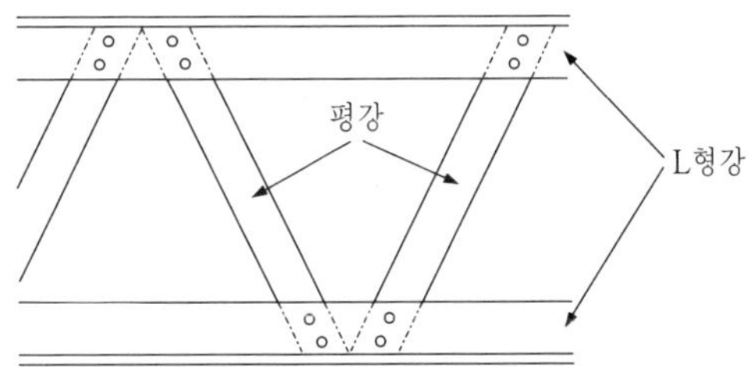

그림 5.29 래티스보

⑤ 트러스보

래티스보와 같이 웨브재가 경사진 형태로 플랜지와 연결되나, 웨브재가 평강이 아닌 L형강 또는 ㄷ형강이다.

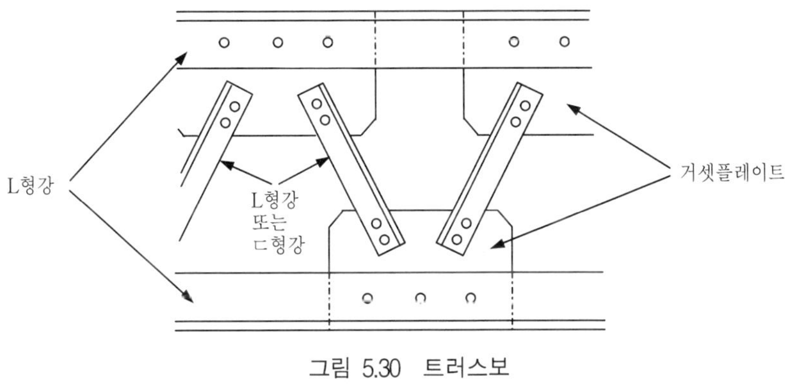

그림 5.30 트러스보

그림 5.30과 같이 거셋플레이트를 이용하여 리벳접합하기도 하고, 웨브와 플랜지를 직접 용접으로 접합하기도 한다. 힘을 많이 받는 구조물에서 다른 형태의 조립보를 이용하기 곤란할 때 많이 적용한다.

(3) 기둥과 보의 접합부 구조

1) 기둥과 기둥

다른 부재의 경우도 마찬가지지만 기둥과 기둥을 잇는 위치는 응력이 작은 곳을 택하는 것이 원칙이며, 일반적으로는 바닥에서 1~1.5m 위치에서 하는 것이 응력도 작고 작업하기에도 편리하다. 접합의 방법으로는 용접을 하기도 하나, 고력볼트를 이용한 접합을 많이 적용한다.

접합하는 두 기둥의 크기가 같을 때는 그림 5.31 (a)와 같이 플랜지와 웨브에 덧판을 대고 접합을 하며, 크기가 다를 때는 그림 5.31 (b)와 같이 크기가 맞도록 끼움판을 끼우고 접합한다.

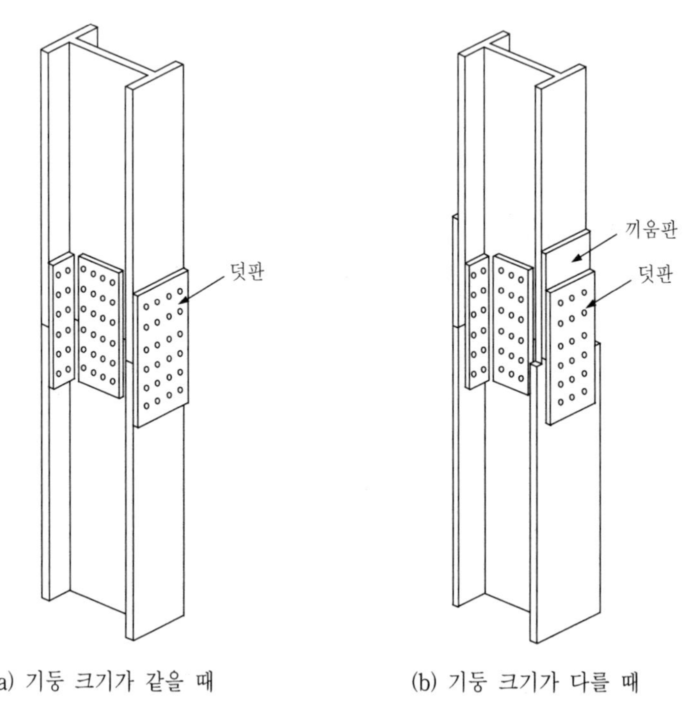

(a) 기둥 크기가 같을 때　　(b) 기둥 크기가 다를 때

그림 5.31 기둥과 기둥의 접합

2) 기둥과 보

기둥과 보의 접합은 크게 브래킷접합과 현장접합이 있다.

① 브래킷(bracket)접합

공장에서 기둥과 함께 보의 일부분을 미리 만들고, 현장에서 보의 나머지 부분을 접합하는 방법이다. 공장에서 만드는 보 부분은 일반적으로 1m 정도이며 용접으로 기둥부분과 접합한다. 이것을 현장에 운반해서 별도의 보 부재를 맞대고 플랜지와 웨브에 덧판을 대어 고력볼트 등으로 접합한다. 기둥과 보의 접합부분은 강성이 충분히 확보되도록 정밀한 시공이 이루어져야 하는데, 이 부분을 공장에서 제작하는 브래킷접합은 이러한 면에서 유리하다. 반면 브래킷 부분이 기둥에서 튀어나와 있기 때문에 차량으로 운반

할 때 불편하다는 단점이 있다.그림 5.32에 브래킷접합을 나타낸다. 왼쪽 그림은 공장에서 기둥과 보의 일부분을 용접해서 제작한 브래킷이고, 오른쪽은 현장에서 다른 부재와 고력볼트로 접합하여 보를 완성시킨 모습이다.

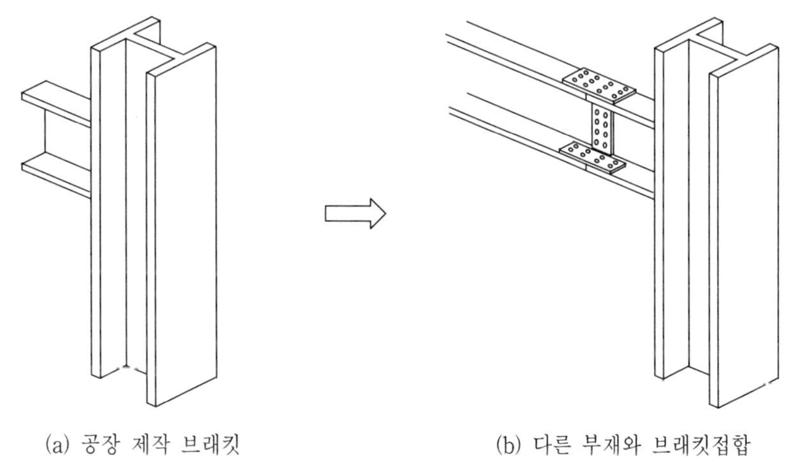

(a) 공장 제작 브래킷 (b) 다른 부재와 브래킷접합

그림 5.32 브래킷접합

한편, 그림 5.32에서는 접합부분이 한 군데 표현되어 있는데, 반대쪽 부분에 두 브래킷접합이 이루어지므로 접합부분은 두 군데가 되는 것이 일반적이나, 기둥과 기둥의 간격(간사이, 스팬)이 작은 건물에서는 브래킷 길이 즉 보 부분의 길이를 간사이의 반으로 해서 보의 중간부분 한 곳에서만 접합하는 경우도 있다.

② 현장접합

현장에서 기둥과 보를 용접 또는 고력볼트로 접합하는 방법이다. 앞에서 설명한 브래킷접합도 브래킷 부분의 접합은 현장에서 하는 것이지만, 이 방법은 보와 기둥의 접합을 직접 현장에서 한다는 의미에서 현장접합이라 한다. 기둥과 보의 접합이 현장에서 이루어지므로 브래킷접합에 비해 접합부의 강성이 떨어질 수 있으나, 기둥에 브래킷 부분이 없으므로 공장에서 현장으로 운반할 때 편리하다는 장점이 있다. 기둥과 보는 그림 5.33과 같이 고력볼트 또는 용접으로 접합한다.

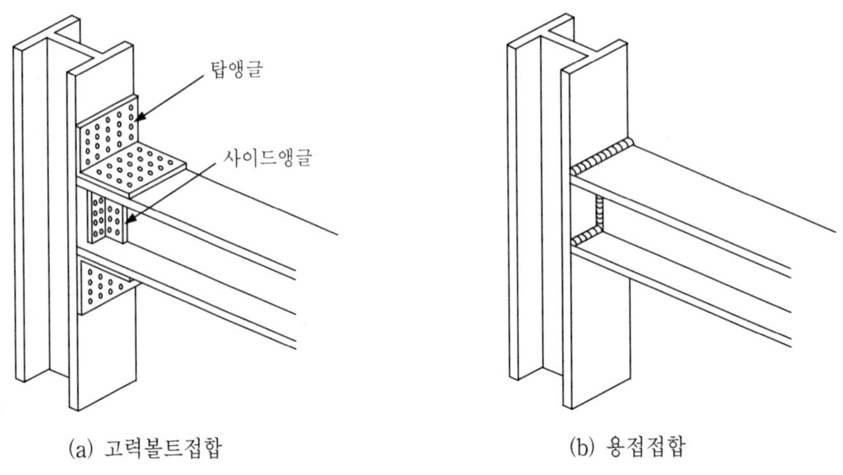

그림 5.33 현장접합

3) 보와 보

보와 보의 접합은 두 보가 같은 크기일 때와 다른 크기일 때로 나누어 생각할 수 있으며, 접합하는 위치는 다른 부재의 경우와 마찬가지로 구조상 가급적 응력이 작은 곳으로 한다.

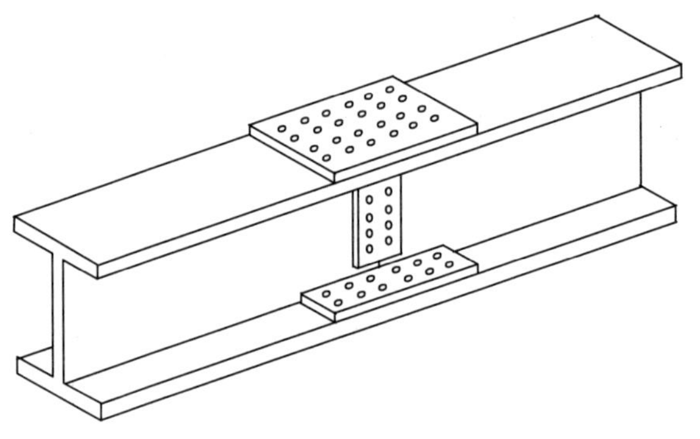

그림 5.34 같은 크기인 보와 보의 접합

접합하는 두 보의 크기가 다를 때, 즉 큰 보와 작은 보를 접합할 때는 큰 보 위에 작은 보를 얹는 형식과 큰 보와 작은 보의 윗면을 나란히 하는 형식이 있다. 그림 5.35에 두 가지 형태를 나타낸다. 큰 보와 작은 보의 윗면을 나란히 할 때는 큰 보에 설치한 스티프너와 작은 보의 웨브를 접합하게 된다.

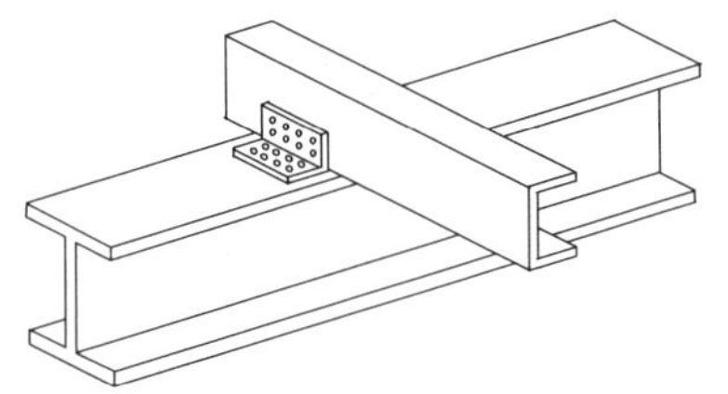

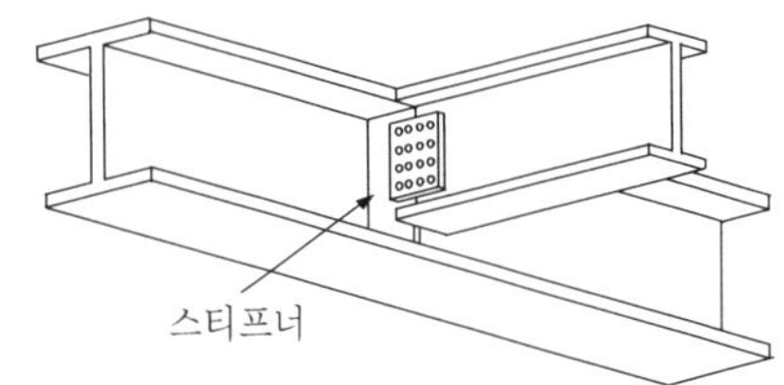

그림 5.35 다른 크기인 보와 보의 접합

(4) 바닥

철골구조의 바닥판은 데크플레이트, 철근콘크리트, PC슬래브 등을 이용하여 이루어진다.

1) 데크플레이트(deck plate) 바닥

p.134 그림 5.7에서 나타낸 골함석 모양의 데크플레이트를 이용해서 바닥판을 구성한다.

데크플레이트 위에 콘크리트를 치게 되는데, 구조계산 방법에 따라 데크플레이트는 콘크리트와 함께 힘을 받기도 하고, 단지 콘크리트를 치기 위한 형틀로서의 역할만 하기도 한다. 그림 5.36에 철골로 기둥과 보를 구성하는 모습과 데크플레이트를 설치한 모습을 나타낸다. 또 그림 5.37에 데크플레이트 바닥 단면을 나타낸다.

그림 5.36 기둥과 보 구성하는 모습과 데크플레이트 설치한 모습

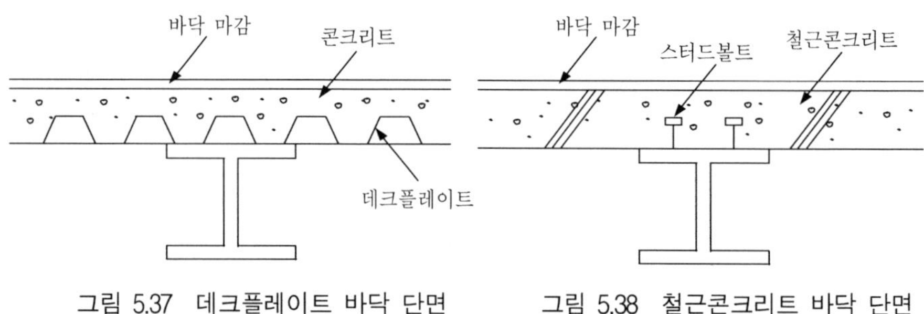

그림 5.37 데크플레이트 바닥 단면 그림 5.38 철근콘크리트 바닥 단면

2) 철근콘크리트 바닥

철골보 위에 거푸집을 설치하고 철근을 배근한 후 콘크리트를 부어 넣는 방식으로 하여 그림 5.38과 같이 형성시킨 바닥이다.

이 방식에서는 p.135 그림 5.8에서 설명한 스터드볼트를 사용하여 보와 바닥의 일체화를 도모한다.

3) PC슬래브 바닥

기본적으로 철근콘크리트 바닥과 유사하다고 할 수 있으며, 다만 철근콘크리트 바닥은 현장에서 콘크리트를 치는 것이고, PC슬래브 바닥은 공장에서 제작한 PC(프리캐스트 콘크리트)를 이용하는 것이 차이점이라 할 수 있다. 철근콘크리트 바닥에서의 스터드볼트와 마찬가지로 PC슬래브 바닥에서도 철골보와 PC슬래브와의 일체화를 위해 여러 종류의 커넥터(connector)를 이용한다.

(5) **지붕틀**

철골조 건물의 지붕틀 구조는 크게 라멘(rahmen)구조와 트러스(truss)구조로 분류할 수 있다. 라멘구조란 부재와 부재가 강접합(剛接合)으로 이어져 있는 것을 말한다.

예를 들어 철근콘크리트구조에서의 기둥과 보처럼 일체화되어 있거나, 철골구조에서 용접이나 고력볼트로 두 부재를 접합한 경우를 강접합이라 한다.

트러스구조는 각 부재가 휨모멘트를 받지 않고 인장력과 압축력만을 받게 만든 삼각형 형태의 구조로, 체육관이나 강당과 같은 대공간의 지붕에 특히 유효하다.

1) 트러스의 종류

트러스에는 여러 형태가 있는데, 대표적인 트러스 종류를 그림 5.39에 나타낸다.

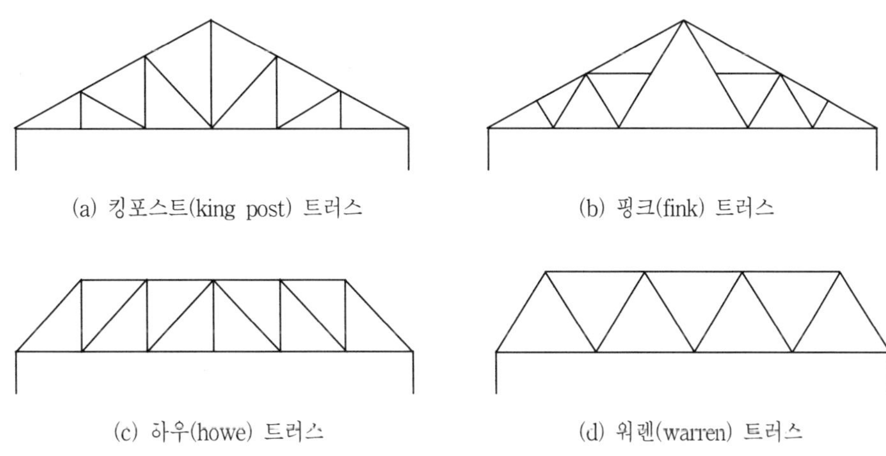

그림 5.39 트러스의 종류

트러스에는 많은 부재가 서로 연결되어 있으며, 각 트러스마다 부재의 명칭이 있는데, 킹포스트 트러스를 예로 들어(그림 5.40) 트러스 부재의 일반적인 명칭을 나타내기로 한다.

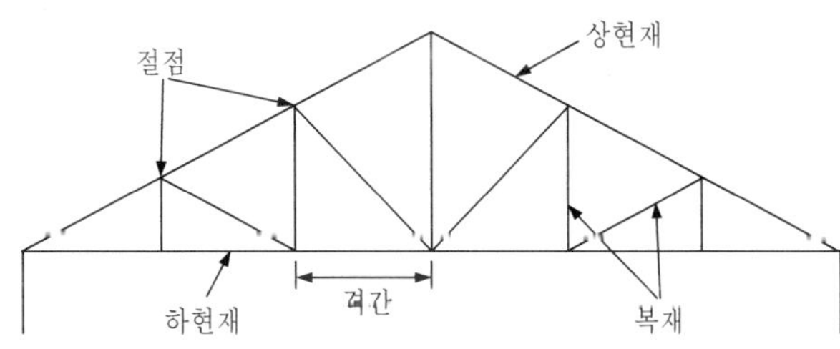

그림 5.40 트러스 부재의 명칭

① 현재 : 트러스의 상부와 하부에 배치되어 하나는 압축력을 다른 하나는 인장력을 받는 부재의 총칭
② 상현재 : 상부에 있는 현재
③ 하현재 : 하부에 있는 현재
④ 복재 : 상현재와 하현재를 연결하는 부재. 복재 중 경사진 복재를 경사재,

수직 복재를 수직재라 한다.

⑤ 절점 : 각 부재가 만나는 점

⑥ 격간 : 절점과 절점 간의 거리

트러스에 수직하중이 작용하면 일반적으로 상현재는 압축재, 하현재는 인장재가 된다. 그리고 복재는 배치방법에 따라 압축재 역할을 하기도 하고 인장재 역할을 하기도 한다.

2) 트러스의 구성

그림 5.39에서 알 수 있듯이 모든 트러스는 좌우 대칭으로 되어 있는데, 이것은 바람의 영향을 적게 받을 수 있기 때문이다. 절점에서의 각 부재의 접합은 부재와 부재를 용접하거나, 그림 5.41과 같이 거셋플레이트를 매개체로 하여 리벳이나 볼트로 접합한다.

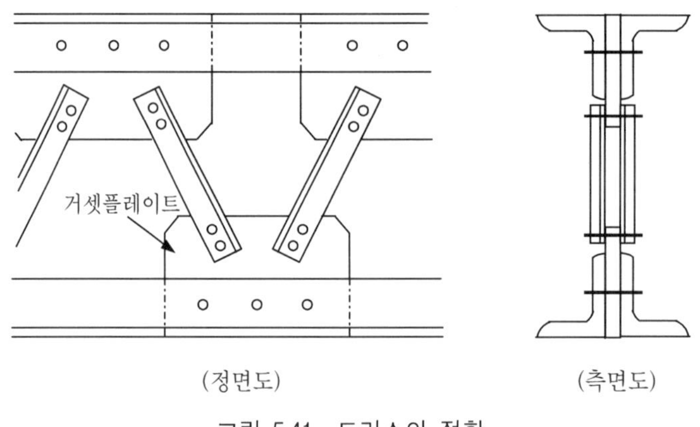

그림 5.41 트러스의 접합

(6) 특수 구조

1) 철골철근콘크리트구조

H형강 등의 철골조 주위에 철근을 배근한 후 거푸집을 설치하고 콘크리트를 부어 넣어 철골과 철근콘크리트가 일체가 되게 한 구조를 철골철근콘크리트구조라 한다.

철골과 철근콘크리트가 일체로 되어 있으므로 충분한 강도를 확보할 수 있는 것은 물론, 철골구조의 약점인 화재로부터의 안전성도 높일 수 있는 구조이다.
또 같은 강도의 철근콘크리트구조에 비해 콘크리트의 양이 적으므로 건물의 자중(自重)을 작게 할 수 있는 장점도 있다. 철골의 내화성능 향상을 위한 피복두께는 건축법상 최소 50mm가 필요하나, 시공의 편의성 등을 고려하여 100mm 이상으로 하는 것이 일반적이다. 그림 5.42에 H형강 주위에 콘크리트 치기 전의 철근 배근 모습을 나타낸다.

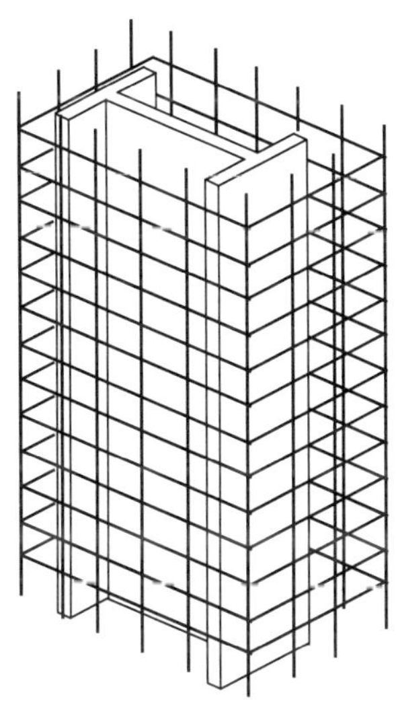

그림 5.42 철골철근콘크리트구조의 배근

2) 경량철골구조

일반적으로 건물의 주요 구조부에 누께 4mm 이하의 경량형강을 사용하여 건물 뼈대를 형성한 구조이다. 경량형강은 단면적에 비해 강도가 커서 구조재로 우수하고 두께가 얇으므로 가공이 용이한 장점이 있으나, 두께가 얇은 본연의 특성 때문에 큰 휨은 받을 수 없어 중소규모의 건물에 적용된다.
또 두께가 얇기 때문에 용접접합을 할 때 용접온도가 너무 높으면 강재에 구멍이 뚫리는 등의 문제가 발생하므로 충분한 주의를 기울이면서 시공해야 한다.

(7) 내화피복

철골구조에서 사용되는 강재는 500~600℃가 되면 강도가 1/2~1/3로 떨어져 구조체로서의 역할을 할 수 없게 된다. 따라서 철골구조는 화재가 발생했을 때 화염을 차단할 수 있는 대책이 필요하다. 앞서 설명한 철골철근콘크리트구조에서의 콘크리트는 좋은 내화피복용 재료가 되지만 그 외의 순수 철골구조에서는 별도의 내화대책이 필요하다.

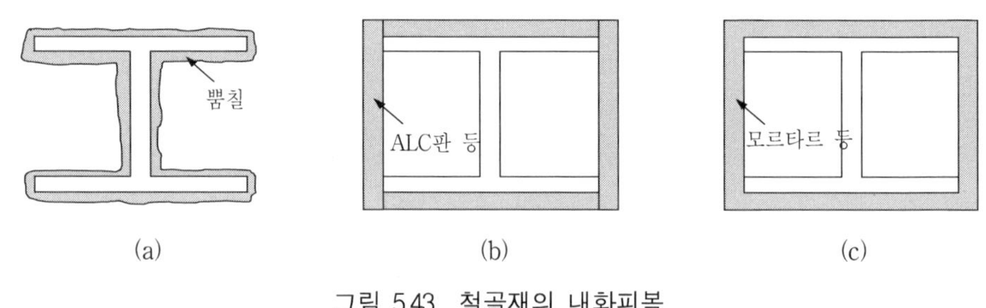

그림 5.43 철골재의 내화피복

1) 뿜칠

그림 5.43 (a)와 같이 철골재 표면에 접착제를 바르거나 라스(lath)로 바탕을 만들고, 모르타르나 플라스터와 같은 내화재를 분무기로 뿜어서 피복하는 공법을 말한다. 여기서 라스란 모르타르 등을 바르기 위해 밑바탕에 치는 망을 말한다. 기둥이나 보, 바닥과 지붕 주위에 사용하며, 구조가 복잡한 부분에서도 시공하기가 용이하나, 피복두께를 균등히 하기가 어렵다.

2) 성형판(成形板) 붙임

그림 5.43 (b)와 같이 경량기포콘크리트(ALC)판, 규산칼슘판과 같이 화재에 강한 재료를 접착제나 부착철물을 이용하여 철골재에 부착시킨다. 품질관리가 용이하지만 모서리 부분에서의 파손 등으로 인해 손실이 발생할 수 있다.

3) 도포

그림 5.43 (c)와 같이 철골재 둘레에 라스(lath)로 바탕을 만들고 그 위에 내화재로서의 모르타르나 플라스터를 바른다. 재료비가 저렴하고 내화재가 마감재의 역할도 하지만 숙련된 시공이 필요하다.

Chapter 06

나무구조

1. 개요

2. 재료

3. 접합

4. 각부 구조

5. 기타 구조

6. 방재

Chapter

06 나무구조

1. 개요

건물의 벽체, 마루바닥, 지붕 등의 뼈대가 나무로 이루어진 것으로, 이음과 맞춤으로 접합해서 조립하는 구조와, 작은 각재(角材)를 사용해서 접합 조립하는 구조가 있다. 과거 건축물의 주된 구조였으나, 철근콘크리트구조나 철골구조가 주류를 이루고 있는 현재 그다지 많이 이용되지는 않고 있다. 나무구조는 목조라고도 하며 다음과 같은 특징을 갖고 있다.

(1) 장점

① 다른 구조에 비해 가볍다.
② 가공 및 보수가 용이하다.
③ 외관이 아름답고 경쾌하며 감촉이 좋다.

(2) 단점

① 내구성이 좋지 않아 수명이 짧다.
② 불에 약하다.
③ 함수율 변화에 따라 재료의 길이와 부피가 변하므로 변형이 생기기 쉽다.

이와 같은 특징으로 인해 나무구조는 1층이나 2층 정도의 건물 및 그다지 크지 않은 건축물에 적용된다.

2. 재료

(1) 목재의 용도별 종류

목재는 용도에 따라 구조재, 수장재, 창호재 및 가구재로 구분한다.

1) 구조재

건물의 뼈대가 되는 부재로서 큰 하중을 받으므로 강도가 큰 것이 사용된다. 알맞게 건조되고 큰 흠이 없어야 하며 특히 접합부 등에는 흠이 적은 것을 사용해야 한다. 구조재에는 큰 목재가 쓰이므로 소나무, 낙엽송 등의 침엽수가 주로 쓰인다.

2) 수장재

치장용 목재이므로 치장재라고도 한다. 곧은 결의 재목이 가장 좋으며 건조 또한 중요한데, 일반적으로 침엽수는 자연건조로도 충분하지만 활엽수는 인공적으로 건조처리를 해서 함수율이 약 15% 정도까지 건조시켜 사용한다. 적송, 낙엽송, 느티나무, 단풍나무, 나왕 등이 많이 이용된다.

3) 창호재, 가구재

문이나 창에 쓰이는 것을 창호재, 가구에 쓰이는 것을 가구재라 하는데, 치장재보다 더 곧은 결의 건조재를 쓴다. 창호재로는 홍송, 나왕, 전나무, 느티나무 등이 이용되며 가구재로는 거의 모든 목재가 사용된다.

(2) 목재의 규격

목재는 통나무 그대로 사용되기도 하지만 보통은 필요한 크기로 가공한 제재목(製材木)이 쓰이며 제재목은 각재와 판재로 구분된다.

1) 각재(角材)

구조용 각재의 크기는 단면치수로 9×12cm 등으로 나타낸다. 단면이 정사각형인 경우는 한쪽 치수만 나타내면서 ‘각재’나 ‘각’을 붙인다. 예를 들어 단면의 가로 세로가 9cm인 정사각형 각재라면 9cm각재 또는 9cm각이라 부른다.

구조재의 크기는 9cm, 10.5cm, 12cm가 표준이며 이들 각각의 1/2과 1/3 크기가 기성품으로 생산된다. 이 크기 외의 각재는 주문생산으로 제재된다. 각재 중 6cm각 미만을 오림목이라 한다.

목재의 길이는 대개 0.9m 단위로 생산되는데, 길이가 1.8m, 2.7m, 3.6m인 것을 정척물(定尺物), 정척물보다 긴 것을 장척물(長尺物), 짧은 것을 단척물(短尺物)이라 한다.

2) 판재(板材)

두께가 0.6~3.6cm, 너비가 9~24cm의 크기를 말하는 것으로 널재라고도 한다. 길이는 각재 정척물과 같다.

3) 통나무(원목)

통나무의 크기는 끝마구리(베어낸 통나무의 위쪽 끝 부분)의 지름으로 나타낸다. 예를 들어 '끝마구리 지름 9cm'와 같이 호칭하며, 끝마구리의 최소 지름은 6cm이고 길이는 각재의 정척과 같다.

4) 체적 단위

목재의 체적 단위는 공식적으로는 m^3이지만, 실무적으로는 관습상 재(才)를 쓰는 경우가 많으며, 1재는 0.00324m^3에 해당한다.

3. 접합

나무구조는 여러 부재를 조합하여 구성하는 구조물이므로 부재의 접합 위치와 방법이 매우 중요한데, 목재의 접합방법에는 크게 이음, 맞춤, 쪽매가 있다.

(1) 이음

부재를 길이방향으로 즉 축방향으로 잇는 것을 이음이라 한다. 이음의 종류는 대단히 많은데 대표적인 것으로는 맞댄이음, 겹친이음, 따낸이음, 중복이음이 있다. 또 잇는 위치에 따라 심이음, 내이음, 베개이음으로 구분한다.

1) 형태별 이음

① 맞댄이음

그림 6.1과 같이 두 부재를 서로 맞대고 목재나 철재의 덧판을 대어 못질이나 볼트조임으로 잇는 것으로, 덧판을 대기 때문에 덧판이음이라고도 한다. 목재 덧판일 경우에는 볼트와 함께 뒤벨(dübel)을 쓰면 이음이 훨씬 강해진다. 뒤벨에 대해서는 뒤의 보강철물에서 설명하기로 한다.

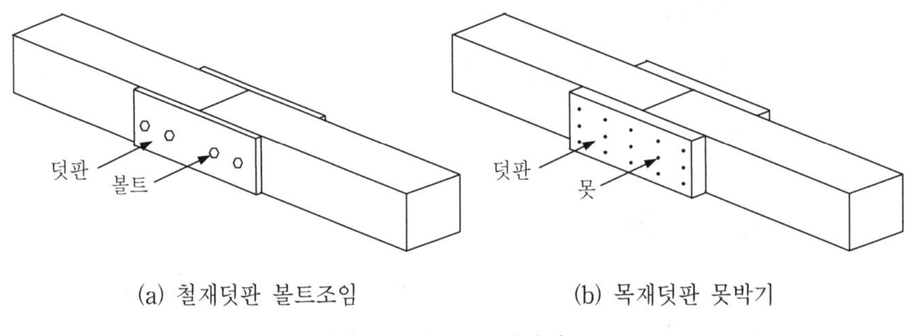

그림 6.1 맞댄이음

② 겹친이음

그림 6.2와 같이 부재를 겹쳐 놓고 볼트로 조이거나 큰 못질을 한다. (a)와 같이 한 면이 겹치는 것과 (b)와 같이 두 면이 겹치는 것이 있는데, 하중의 균등성을 위해 두 면을 겹치게 하는 것이 바람직하다.

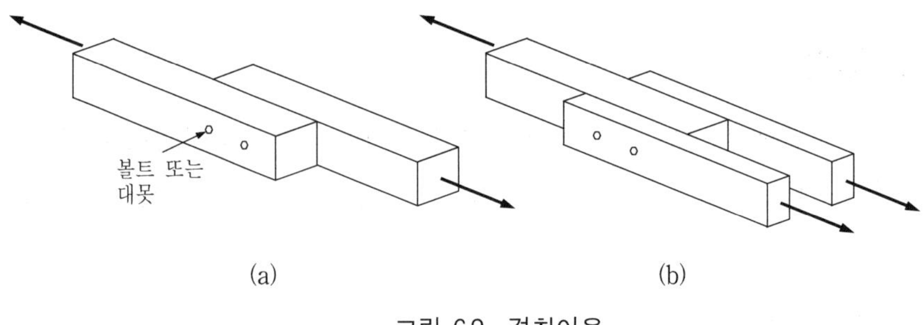

그림 6.2 겹친이음

③ 따낸이음

두 부재가 서로 물려지도록 따내고 맞추어 잇는 것으로, 따내고 맞추는 형상에 따라 턱이음, 주먹장이음, 엇걸이이음, 빗이음, 빗걸이이음, 은장이음,

메뚜기장이음 등이 있다. 그림 6.3에 따낸이음 중 턱이음, 주먹장이음, 엇걸이이음을 나타낸다. 못과 같은 접합재가 필요하지 않은 경우도 있으나 이음의 안정성을 위해 맞추는 부분에 못, 볼트, 산지 등으로 보강한다. 산지는 뒤의 「(4) 접합부의 보강」에서 설명한다.

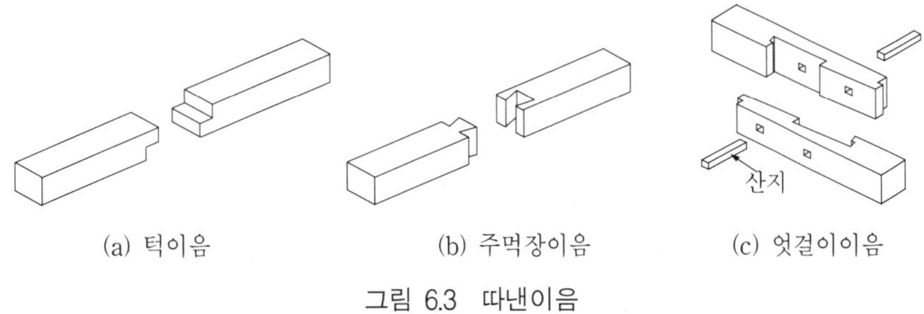

(a) 턱이음 (b) 주먹장이음 (c) 엇걸이이음

그림 6.3 따낸이음

④ 중복이음

큰 힘을 받는 곳에는 굵은 목재를 써야 하는데, 한 개의 각재나 판재(널재)로는 필요한 단면적이 나오지 않을 경우 여러 개의 각재나 판재를 겹쳐 맞추고 못이나 볼트 또는 접착제로 잇는다. 큰 간사이의 나무구조에서 적용한다.

2) 위치별 이음

위치에 따른 이음의 종류로는 심이음, 내이음, 베개이음이 있는데, 심이음은 그림 6.4 (a)와 같이 기둥과 같은 받침재의 중심과 이음의 중심이 일치하는 것을 말하며, 내이음은 그림 6.4 (b)와 같이 받침재의 중심에서 벗어나서 잇는 것을 말한다. 또 베개이음은 그림 6.4 (c)와 같이 받침재 위에 있는 도리와 같은 별도의 부재(베개재) 위에서 이음이 이루어지는 것이다.

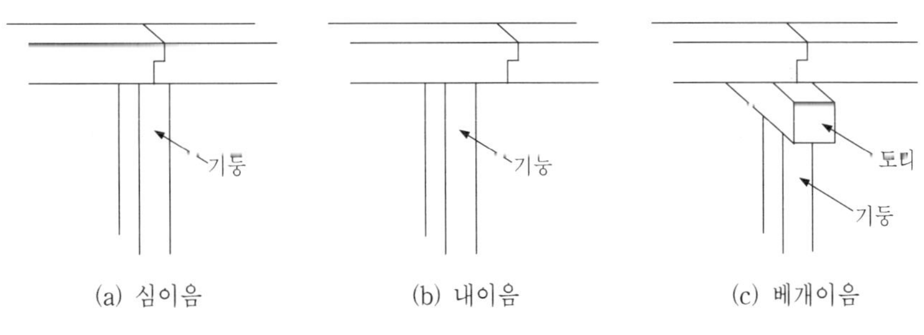

(a) 심이음 (b) 내이음 (c) 베개이음

그림 6.4 이음의 위치별 종류

(2) 맞춤

이음은 부재를 같은 길이방향으로 접합하는 것인데 비해, 맞춤은 그림 6.5~6.8에서 알 수 있듯이 부재끼리 직각 또는 경사를 이루면서 접합하는 것이다. 맞춤의 종류는 매우 많은데, 대표적인 것으로 다음과 같은 것들이 있다.

1) 장부맞춤

부재의 마구리(끝 부분)에서 필요한 일부를 남기고 나머지를 따내어 다른 부재의 구멍 속에 밀어 넣어 맞추는 것을 장부맞춤이라 한다.

따내고 남긴 부분을 장부, 구멍을 장부구멍이라 하며, 맞춤 부분에 산지 등을 박아 빠져나오지 않게 한다. 장부의 모양에 따라 짧은 장부, 긴 장부, 턱장부, 평장부, 부채장부 등 다양한 종류가 있으며, 그림 6.5에 긴 장부와 턱장부를 나타낸다.

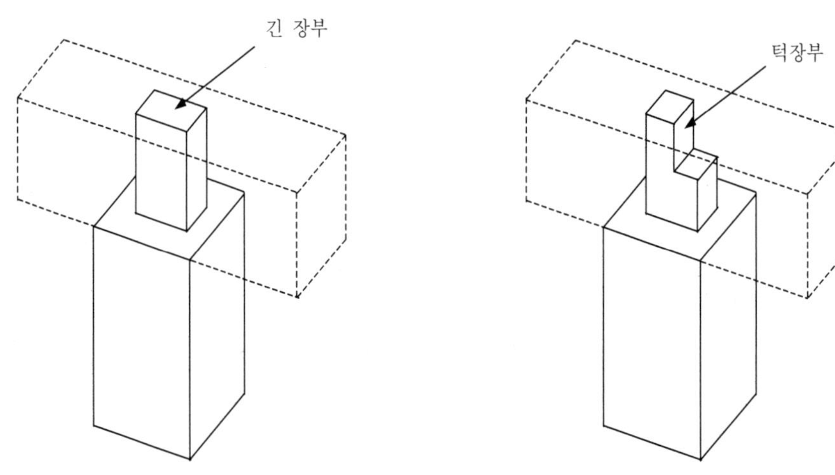

그림 6.5 장부맞춤

2) 통맞춤

그림 6.6과 같이 큰 부재에 구멍을 파고 그 속에 작은 부재를 그대로 끼워 넣는 맞춤으로 장선접합 등에 쓰인다.

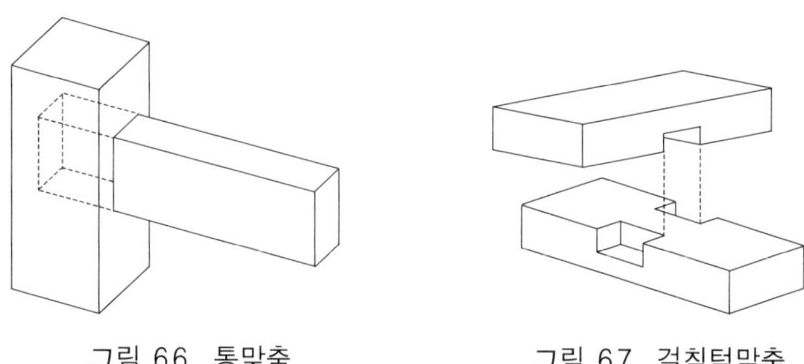

그림 6.6 통맞춤　　　그림 6.7 걸침턱맞춤

3) 걸침턱맞춤

위쪽 부재와 아래쪽 부재가 직각으로 교차할 때 그림 6.7과 같이 접합면을 서로 따서 물리게 하는 접합으로 큰 보와 작은 보의 접합 등에 이용된다.

4) 연귀맞춤

부재의 마구리가 보이지 않게 45°로 잘라 맞댄 것으로, 잘라 맞댄 형상에 따라 그림 6.8과 같이 연귀, 반연귀, 안촉연귀 등의 종류가 있다.

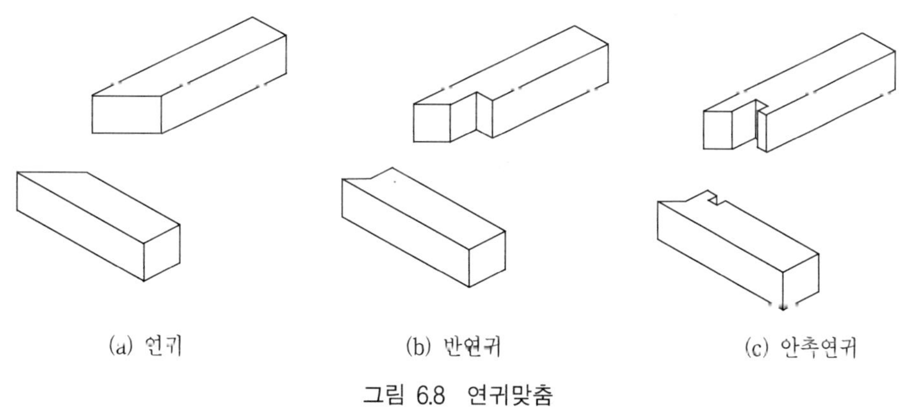

(a) 연귀　　(b) 반연귀　　(c) 안촉연귀

그림 6.8 연귀맞춤

(3) **쪽매**

판재(널재) 등을 옆으로 붙여 대서 넓게 만드는 접합으로 마루널 등에 쓰인다. 접합 형상에 따라 그림 6.9와 같이 맞댄쪽매, 빗쪽매, 제혀쪽매, 반턱쪽매 등이 있다.

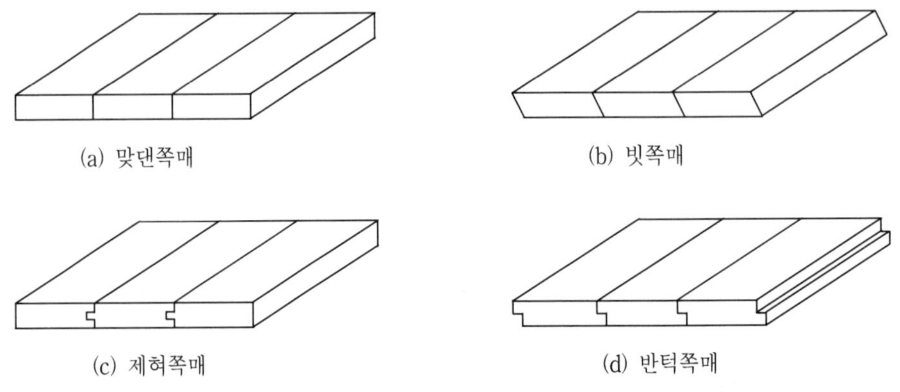

(a) 맞댄쪽매 (b) 빗쪽매

(c) 제혀쪽매 (d) 반턱쪽매

그림 6.9 쪽매

(4) 접합부의 보강

접합부를 보다 튼튼히 하기 위해 나무나 철물로 보강을 하는데, 나무의 경우는 단단하고 건조된 것을 써야 하며, 철물은 녹슬기 때문에 콘크리트나 모르타르 속에 묻는 경우를 제외하고는 페인트칠 등으로 녹스는 것을 방지해야 한다.

1) 나무 보강재

① 산지

원형이나 각형으로 가늘고 길게 다듬어 그림 6.10 (a)와 같이 접합부의 두 부재를 꿰뚫어 꽂아서 두 부재를 고정시킨다.

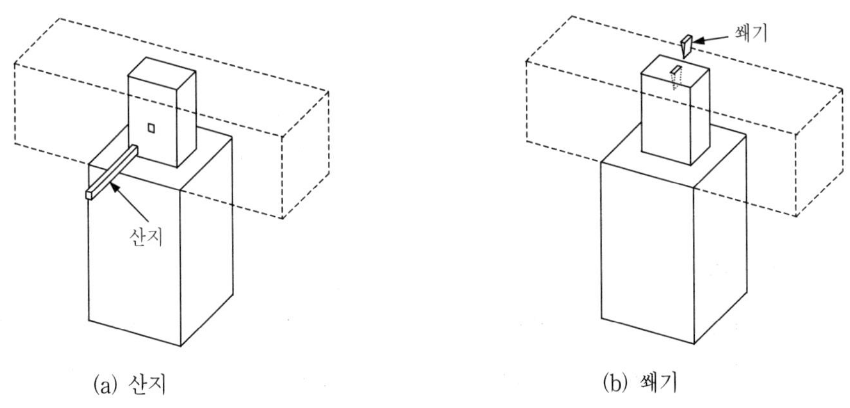

(a) 산지 (b) 쐐기

그림 6.10 나무 보강재

② 쐐기

그림 6.10 (b)에 나타낸 바와 같이, 길이가 짧고 직사각형의 작은 단면을 가진 나무토막 한쪽 끝을 납작하면서 뾰족하게 깎은 것을 쐐기라 하며, 이것을 장부 마구리에 쳐 넣어 맞춤으로 접합한 것이 빠지지 않도록 한다.

2) 철물 보강재

① 못

일상생활에서도 많이 쓰이는 못은 그림 6.11 (a)~(c)와 같이 머리모양이 다양하게 있으며, (d)와 같이 머리가 없이 양끝이 뾰족한 형태도 있다. 또 특수한 형태로 (e)와 같은 ㄱ자못, (f)와 같은 갈고리못이 있으며, (g)와 같은 형태의 나사못이 있어 각각의 용도에 따라 적절한 것을 선택하게 된다.

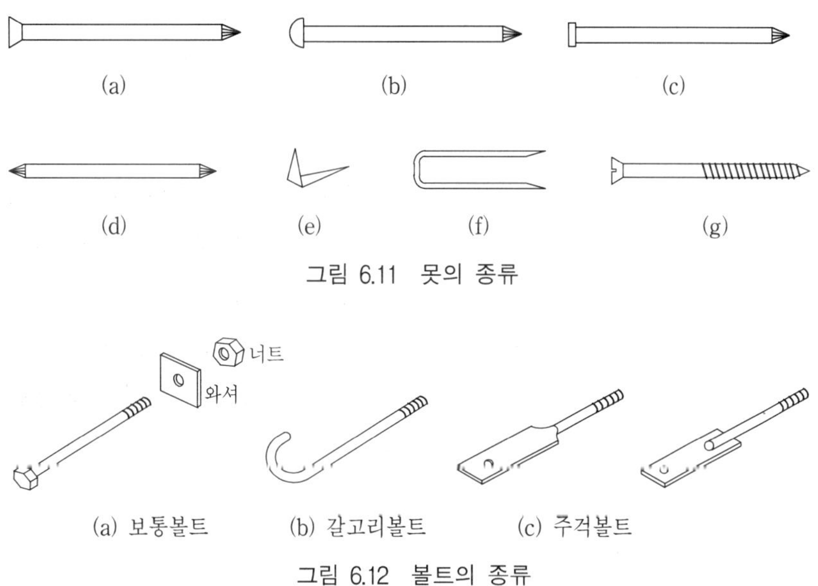

그림 6.11 못의 종류

그림 6.12 볼트의 종류

② 볼트

볼트는 너트 및 와셔와 짝을 이루어 두 부재를 당겨서 조이는 데 사용된다. 두 부재의 접합에 직접적으로 관계되는 것은 그림 6.12 (a)에 나타낸 볼트와 너트인데, 볼트로 너트를 조일 때 너트가 목재 속으로 파고드는 것을 방지하기 위해 대는 것이 와셔이다. 일반적으로 널리 사용되는 보통볼트 외에 그림

6.12 (b), (c)와 같은 형태의 갈고리볼트, 주걱볼트가 쓰이는 경우도 있다.

③ 꺾쇠

단면이 원형인 봉강이나 사각형인 각강(角鋼)을 잘라 끝을 뾰족하게 만들고 ㄷ자 형태로 가공한 것으로, 교차하는 두 부재를 밀착시키는 역할을 한다. 단면은 원형이나 사각형이며, 뾰족한 두 부분의 방향이 같은 것을 보통꺾쇠(단지 꺾쇠라고도 함), 서로 직각방향으로 이루어진 것을 엇꺾쇠라 하며, 주걱볼트와 마찬가지로 한쪽에 주걱이 달린 것을 주걱꺾쇠라 한다. 그림 6.13에 꺾쇠의 종류를 나타낸다.

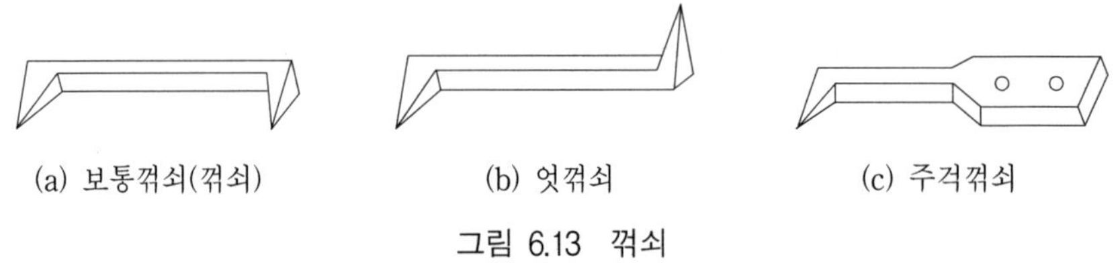

(a) 보통꺾쇠(꺾쇠) (b) 엇꺾쇠 (c) 주걱꺾쇠

그림 6.13 꺾쇠

④ 띠쇠, ㄱ자쇠, 감잡이쇠, 안장쇠

그림 6.14와 같이 평강을 필요한 길이로 잘라 볼트구멍이나 못구멍을 만든 것을 띠쇠라 하며, 그림 6.15와 같은 ㄱ자 형태의 띠쇠를 ㄱ자쇠라 한다. 형태상 띠쇠는 이음의 보강에, ㄱ자쇠는 맞춤의 보강에 주로 이용된다.

또 그림 6.16과 같은 ㄷ자 형태의 띠쇠를 감잡이쇠라 하는데, 접합하는 두 부재를 감잡이쇠 안쪽에 밀어넣음으로써 두 부재를 단단히 밀착시키게 된다. 안장쇠는 안장형태로 가공한 것으로 그림 6.17과 같이 큰 보와 작은 보의 접합에 주로 사용된다.

⑤ 뒤벨(dübel)

볼트와 함께 사용되어, 볼트는 인장력에 뒤벨은 전단력에 각각 대응하면서 부재 상호 간의 변형을 방지하면서 강한 접합이 되도록 한다.

그림 6.18에 볼트와 뒤벨의 역할에 대한 개념을 나타낸다. 뒤벨에는 여러 종류가 있으나 그림 6.19에 나타내는 가락지 뒤벨이 주로 이용되며, 두 부재의 볼트 위치 주변에 홈을 파고 이것을 홈에 끼움으로써 두 부재를 연결하게 된다.

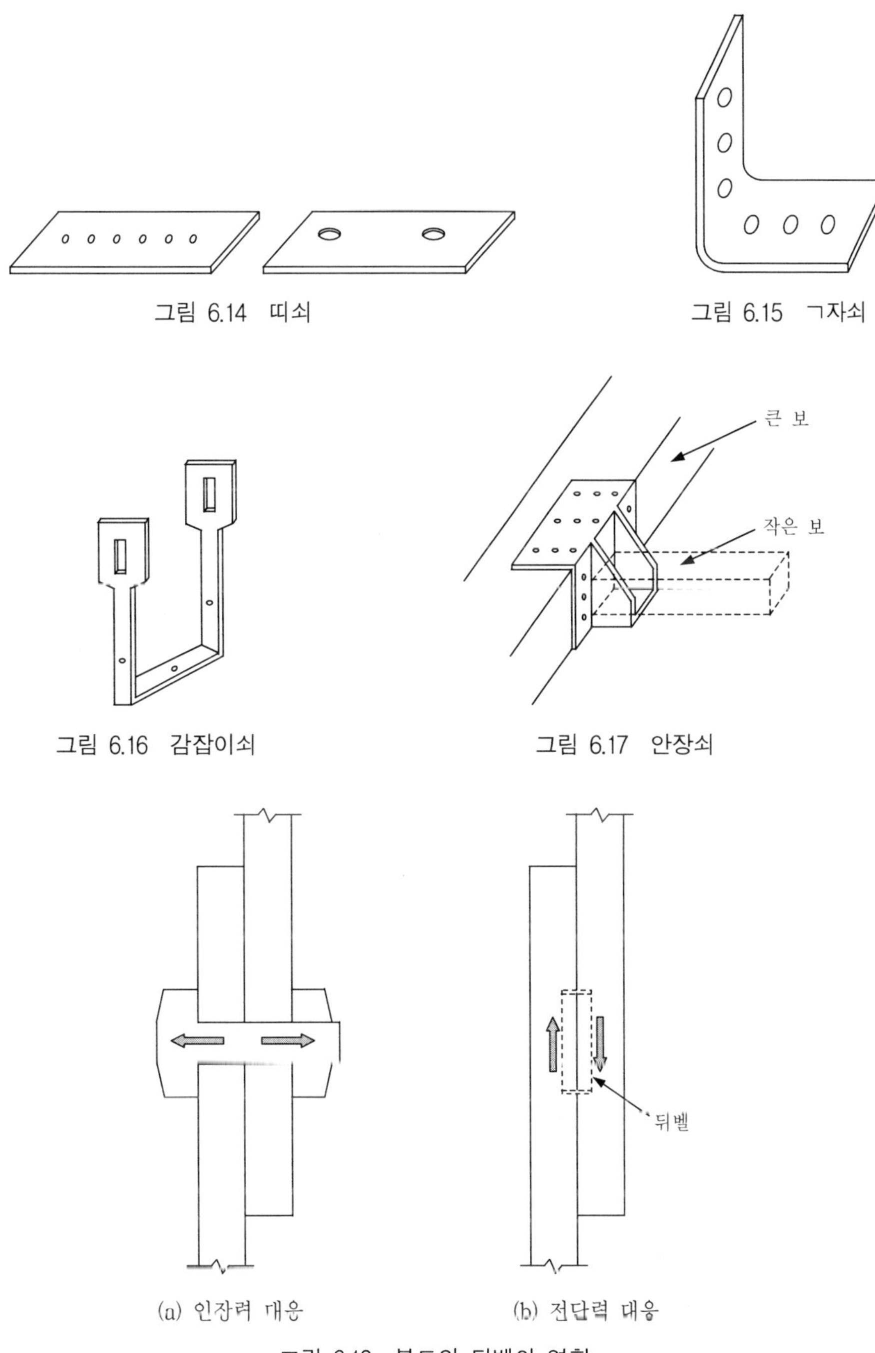

그림 6.14 띠쇠

그림 6.15 ㄱ자쇠

그림 6.16 감잡이쇠

그림 6.17 안장쇠

그림 6.18 볼트와 뒤벨의 역할

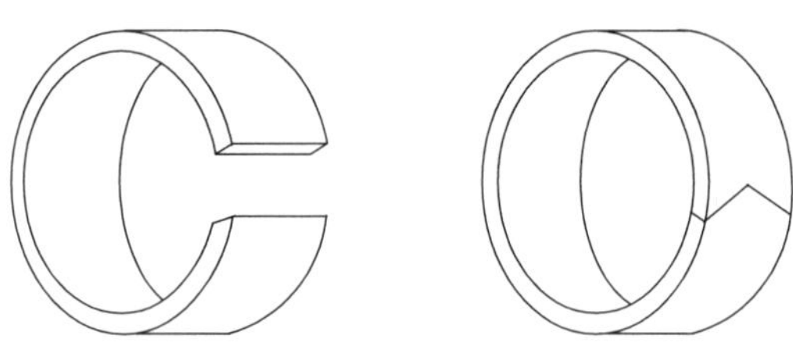

그림 6.19 가락지 뒤벨

4. 각부 구조

(1) 기초

잡석다짐 위에 독립기초를 하기도 하지만 일반적으로는 콘크리트 연속기초(줄기초)를 한다. 규모가 큰 건물에서는 철근콘크리트로 하고, 소규모 건물에서는 무근콘크리트로 하는 경우가 많다. 다른 구조와 마찬가지로 기초 깊이는 동결선 이하로 하여 기초의 안정성을 확보한다.

(2) 토대

기초 위에 설치하여 기둥을 따라 내려오는 하중을 기초에 전달하며, 기둥 밑을 고정시키고 벽을 치는 뼈대가 된다. 뒤에 설명하는 귀잡이를 토대에 설치할 경우 귀잡이토대라 하며, 그림 6.20의 오른쪽과 같이 토대 부분이 삼각형 구조가 되어 수평변형을 방지하게 된다.

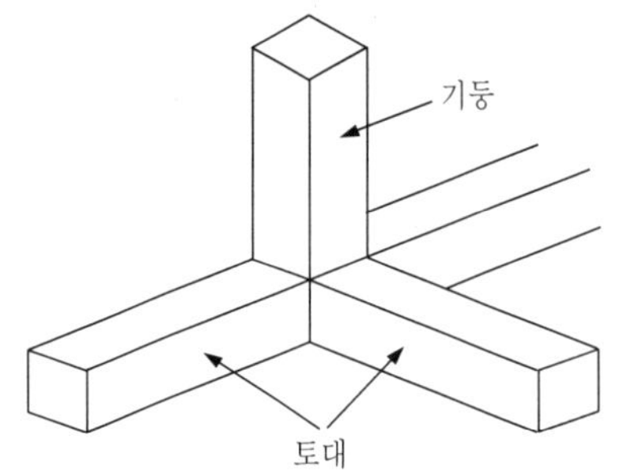

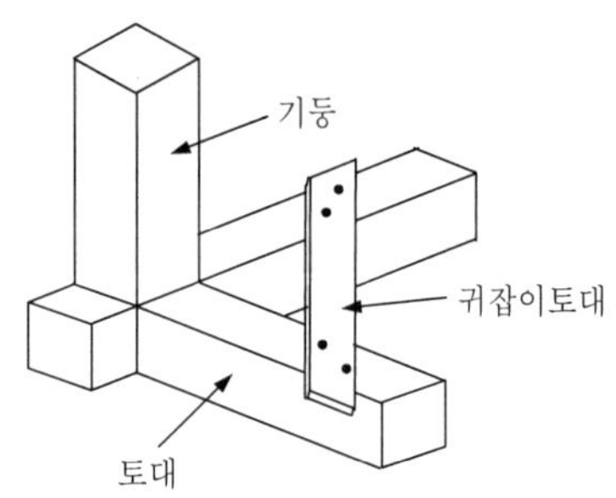

그림 6.20 토대

토대는 가능한 한 지반으로부터 높게 설치하여 습기가 차지 않도록 하는 것이 좋으며 기초에 닿는 면에는 방부제를 칠해서 습기로 인해 썩는 일이 없도록 한다. 토대의 크기는 기둥과 같거나 약간 크게 하는 것이 일반적이다. 토대와 기초는 지름 13mm 이상의 앵커볼트를 사용하여 그림 6.21과 같이 접합하며, 앵커볼트가 기초 속에 적어도 200mm는 묻히도록 한다.

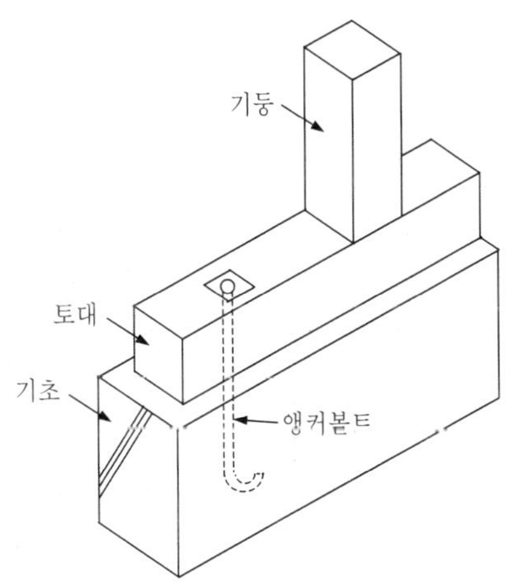

그림 6.21 토대와 기초의 접합

(3) 기둥

기둥은 지붕이나 2층마루 등의 하중을 받아 토대에 전달하는 수직구조체로 본기둥과 샛기둥이 있으며, 본기둥은 다시 통재기둥과 평기둥으로 구분한다.

1) 본기둥

건문의 모서리, 외벽과 칸막이벽과의 교차부분 또는 집중하중을 받는 곳 등에 설치하며, 통재기둥과 평기둥이 있다.

① 통재기둥

건물의 하층에서 상층까지 하나의 부재로 된 기둥을 말한다. 건물의 모서리나, 외벽과 칸막이벽과의 교차부분 등에 배치하며, 그림 6.22에 나타낸 바와 같이 가로재와의 접합부는 철물로 보강하는 것이 좋다.

② 평기둥

층도리 등으로 구분되어 위층과 아래층 별도로 되어 있는 기둥으로, 통재기둥보다는 구조적으로 불리하여 설치간격도 통재기둥보다 작게 하는 것이 일반적이다.

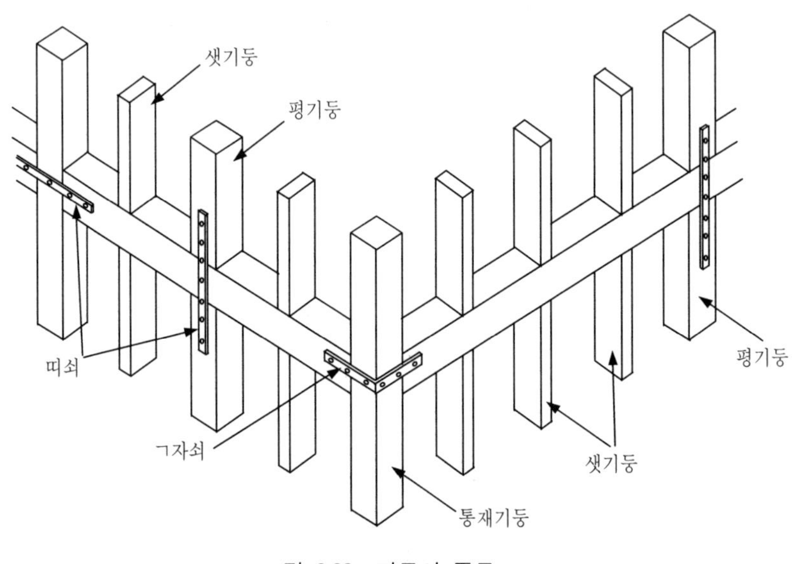

그림 6.22 기둥의 종류

2) 샛기둥

기둥이기는 하나 수직하중을 받는 역할을 하는 것은 아니며, 그림 6.22에 나타낸 바와 같이 본기둥과 본기둥 사이에 400~600mm 정도의 간격으로 세워져 벽체를 이루는 뼈대로서의 역할을 한다. 따라서 본기둥에 비해 크기도 작아 보통 본기둥의 1/2 또는 1/3 정도로 한다. 샛기둥은 뒤에 설명하는 가새의 옆휨을 막는 데 유효하다.

(4) **도리**

1) 층도리

2층 건물에서 2층 마루바닥이 있는 부분에 수평으로 놓는 가로재로, 기둥과 기둥을 연결하면서 보를 받거나 위층 평기둥과 샛기둥의 토대 역할을 하기도 한다. 기둥의 종류를 나타낸 그림 6.22에 나타나 있는 가로재가 층도리이다. 그림 6.23은 부재의 접합부분에서의 보와 층도리의 관계를 나타낸 것이다.

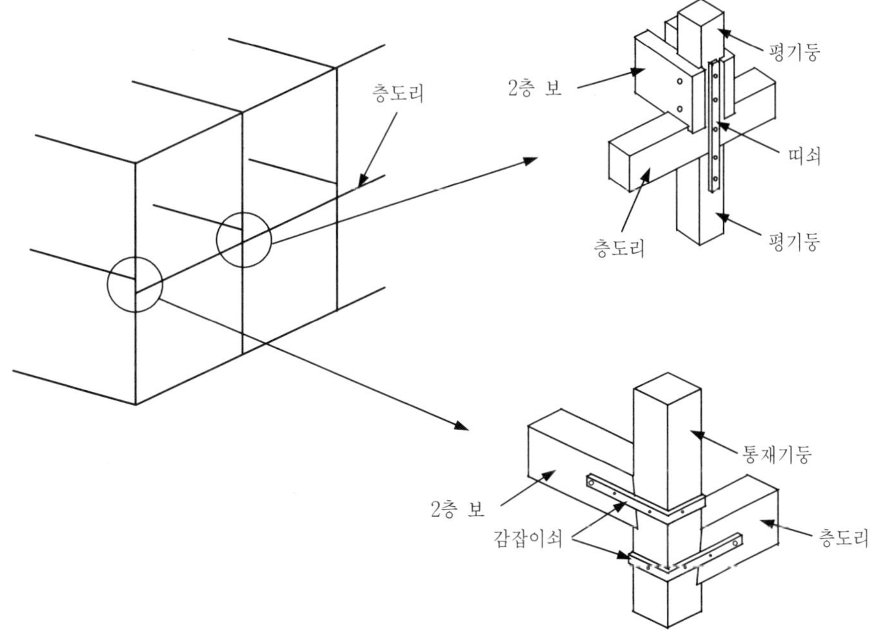

그림 6.23 보와 층도리

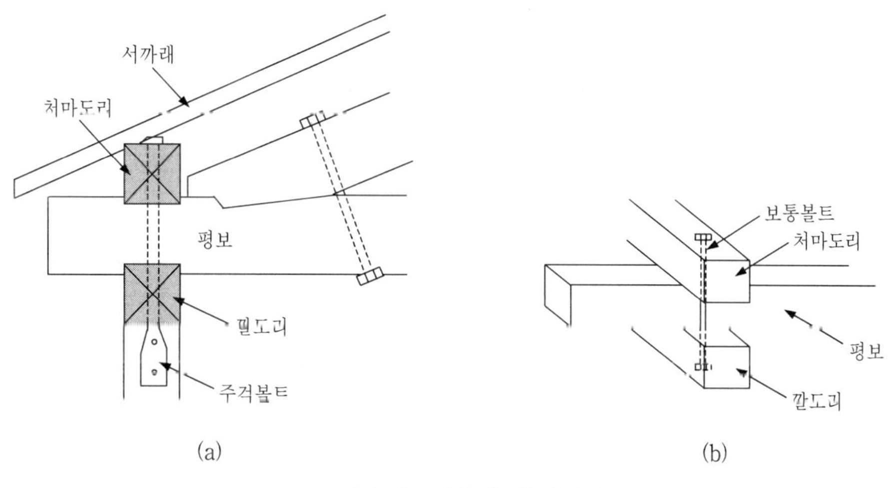

그림 6.24 깔도리, 처마도리

2) 깔도리, 처마도리

그림 6.24에 나타낸 바와 같이 깔도리는 기둥 맨 윗부분에 설치해서 기둥과 기둥을 연결하면서 기둥머리를 고정시키고, 지붕틀의 하중을 기둥에 전달하는 역할을 하는 것이다.

처마도리는 깔도리 위에 설치하는 지붕틀의 평보 위에 깔도리와 같은 방향으로 걸쳐 대는 것으로, 주로 서까래를 받는다. 깔도리와 처마도리의 접합은 그림 6.24 (a)와 같이 기둥에 댄 주걱볼트를 깔도리와 처마도리를 관통시켜 함께 조이거나, (b)와 같이 보통볼트로 평보 옆에서 접합한다.

(5) 기둥밑잡이

앞에서 설명한 깔도리가 기둥과 기둥의 윗부분을 연결시킨 것이었는데, 기둥밑잡이는 기둥과 기둥 사이 또는 기둥 옆면에 대서 각 기둥의 아랫부분을 연결시킨 것을 말한다. 이것은 그림 6.25에 나타냈듯이 각층 마루를 받고, 또 2층 구조에서는 그림 6.25 (b)와 같이 층도리와 평행하게 보 위에서 기둥을 연결함으로써 보의 안정성을 높이게 된다. 그림 6.25 (c)는 1층 부분에서의 토대, 장선, 기둥, 기둥밑잡이의 관계를 입체적으로 나타낸 것이다.

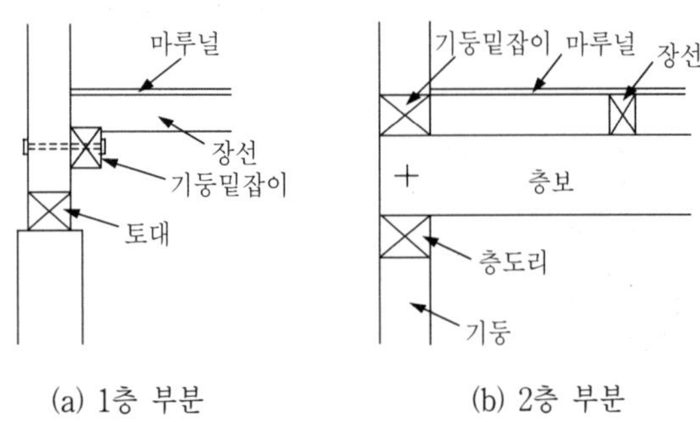

(a) 1층 부분　　(b) 2층 부분

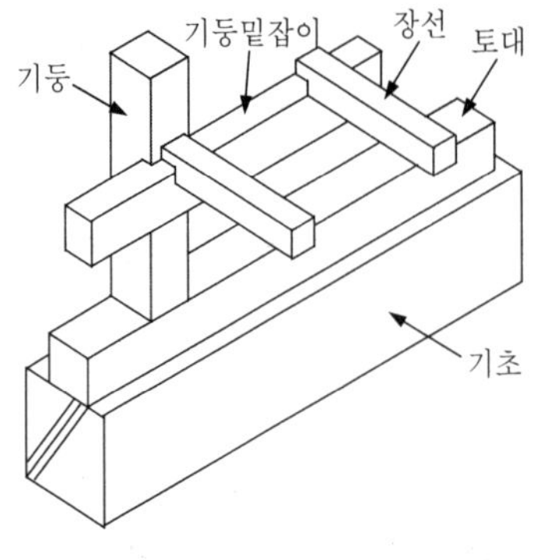

(c) 1층 부분

그림 6.25 기둥밑잡이

(6) 인방

인방은 기둥과 기둥 사이에 끼워 넣어 벽체의 하중을 기둥에 전달하고 창틀이나 문틀을 댈 뼈대가 된다. 그림 6.26에 나타낸 바와 같이 벽의 위쪽에 있는 것을 윗인방(또는 상인방), 아래쪽에 있는 것을 밑인방(또는 하인방), 밑인방 중 창 밑의 것은 창대, 출입구 밑의 것은 문지방이라 한다.

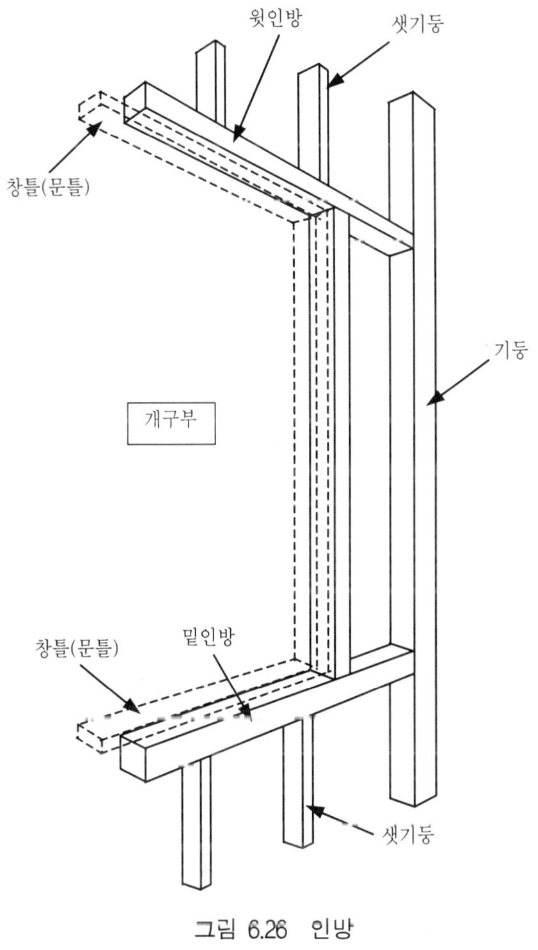

그림 6.26 인방

(7) 평벽, 심벽, 꿸대

기둥과 기둥 사이에 벽을 만들게 되는데, 벽의 형식에는 평벽과 심벽이 있다. 평벽은 기둥 바깥쪽에 벽을 만들어 바깥에서 기둥이 보이지 않고 벽면이 평평하게 된 것이며, 심벽은 기둥의 가운데에 벽을 쳐서 기둥이 벽 바깥쪽으로 내보이게 한 것을 말한다. 양식 목조에서는 주로 평벽으로 하고 한식 목조에서는 심벽을 주된 형식으로 한다. 일반적으로 평벽은 판재(널재)를 이용해서 벽을 만들고, 심벽은 판재를 이용하기도 하지만 보통 흙이나 회반죽을 발라서 벽을 구성하는데, 이러한 구성의 심벽을 만들 때 필요한 것이 꿸대이다. 꿸대는 기둥과 기둥 사이에 수평방향으로 끼워 넣는 폭 100mm, 두께 20mm 정도의 널인데, 이 꿸대를 토대에서 도리까지 약 3~5개 정도 대어 외를 엮어 대는 힘살의 역할을 하도록 한다.

외라는 것은 작은 나뭇가지 등을 가로 세로 얽은 것을 말하며 이 외 위에 흙이나 회반죽을 발라 벽을 구성하는 것이다. 기둥과 기둥 사이가 넓을 경우 가로 방향의 꿸대만으로는 외의 힘살로서 충분하지 않기 때문에 중간에 세로 꿸대를 대기도 한다.

(8) 가새, 버팀대, 귀잡이

그림 6.27과 같이 사각형으로 이루어진 부재는 수평력이 작용할 때 일그러지기 쉬우므로 대각선 방향으로 부재를 대어 삼각형 형태를 만들어 수평력에 대한 보강을 할 필요가 있는데, 이 보강부재를 가새라 한다.

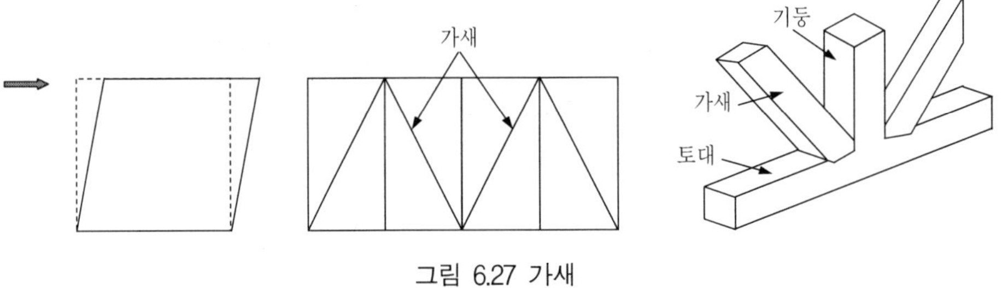

그림 6.27 가새

버팀대는 가새와 같은 역할이며, 가새보다는 수평력에 약하지만 그림 6.28과 같이 개구부 등으로 인해 가새를 댈 수 없는 곳에 적용한다.

또 귀잡이는 수평방향의 사각형 부재 모서리에 대어 수평 모서리의 변형을 방지하는 목적으로 이용된다. 그림 6.20의 토대에서 설명한 귀잡이토대가 이것에 해당된다.

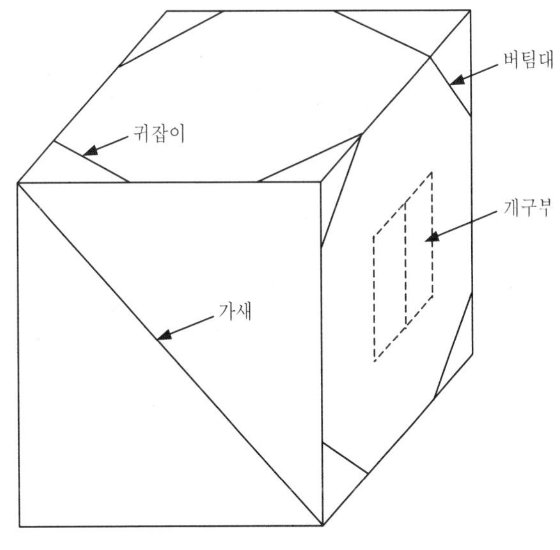

그림 6.28 가새, 버팀대, 귀잡이

(9) **마루**

나무구조는 대부분 1층이나 2층 구조의 건물이므로, 마루는 크게 1층 마루와 2층 마루로 구분된다.

1) 1층 마루

1층 마루의 밑은 통풍이 잘 안되고 습기가 차기 쉬우므로 다른 부분보다 썩기 쉽다. 따라서 건축법상 마루높이를 지표면에서 450mm 이상 떨어뜨려야 하며, 다만 지표면을 콘크리트바닥으로 하는 등 방습조치를 취하면 낮출 수 있다.

① 동바리마루

1층 마루에 널리 사용되는 마루로, 그림 6.29와 같이 동바리돌 위에 동바리를 세우고 그 위에 멍에를 깔고 다시 장선을 걸쳐 마루널(그림에는 표시되어 있지 않음)을 받는 형식이다.

앞에서 언급했듯이 바닥으로부터의 방습을 위해 동바리가 필요하며, 그 위에 가로방향과 세로방향으로 장선과 멍에를 댄다. 한편 그림에 나타냈듯이 멍에는 보통 동바리 위에 대며, 장선은 하중에 따라 동바리 위뿐 아니라 그 사이에 대기도 한다.

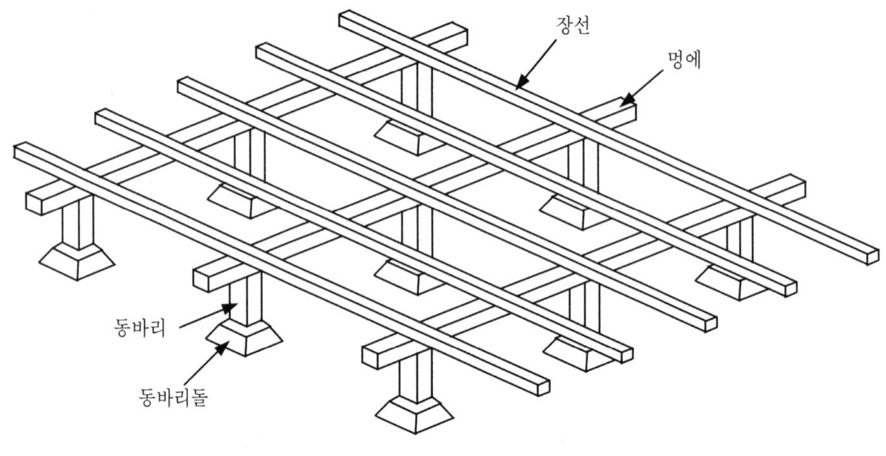

그림 6.29 동바리마루

② 납작마루

간단한 창고나 임시건물 등에서 마루구조를 간단히 하기 위해 마루를 낮게 놓고자 할 때 적용하는 것으로, 땅바닥이나 호박돌(지름 200~300mm 정도의 크고 둥근 돌) 위에 장선을 450~500mm 정도의 간격으로 대고 그 위에 마루널을 깐 것을 말한다. 일부 건물 외에는 별로 사용되지 않는다.

2) 2층 마루

2층 마루는 보통 층도리나 기둥 위에 보를 걸고 그 위에 장선을 걸친 다음 마루널을 깐다. 구조상 홑마루틀, 보마루틀, 짠마루틀로 구분한다.

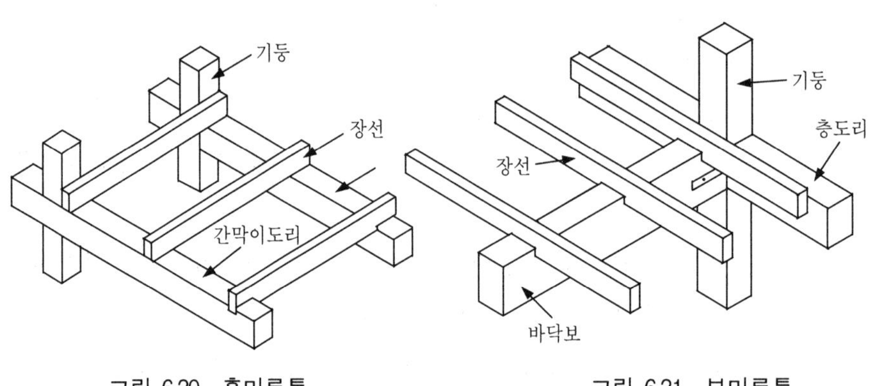

그림 6.30 홑마루틀

그림 6.31 보마루틀

① 홑마루틀

복도나 간사이가 작은 공간에서 그림 6.30과 같이 보를 쓰지 않고 층도리와 간막이도리에 직접 장선을 걸고 마루널을 깐 것으로 장선마루틀이라고도 한다. 이때 장선은 약 500mm 정도의 간격으로 한다.

② 보마루틀

그림 6.31과 같이 보를 걸어 장선을 받게 하고 장선 위에 마루널을 까는 구조이다. 2층 마루에서 가장 일반적인 형식으로, 보통 간사이가 2.7m 이상일 때 적용하며, 보의 간격은 2m 내외로 한다.

③ 짠마루틀

간사이가 커지면 구조적으로 보마루틀이 무리이므로 짠마루틀로 한다. 짠마루틀은 일반적으로 간사이가 6.4m 이상일 때 그림 6.32와 같이 큰 보 위에 작은 보를 걸고 그 위에 장선을 대고 장선 위에 마루널을 까는 형식이다. 큰 보의 간격은 보통 2.7~3.6m, 작은 보의 간격은 1.8~2.0m 정도로 한다.

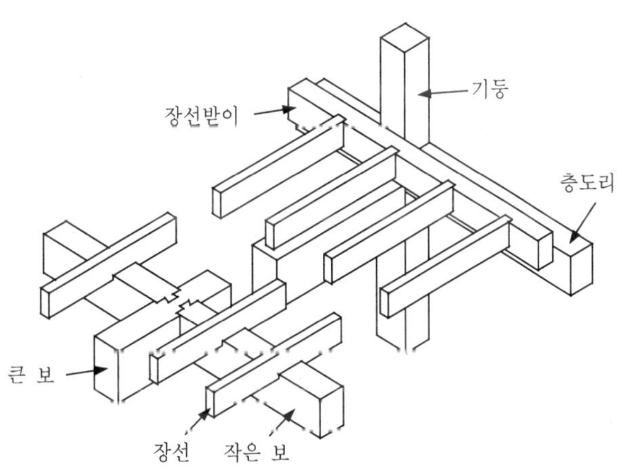

그림 6.32 짠마루틀

(10) 지붕틀

지붕의 하중을 벽체 또는 기둥에 전달하는 역할을 하는 지붕틀은 구성양식에 따라 한식 지붕틀, 한식과 일식의 절충형인 절충식 지붕틀 및 양식 지붕틀로 구분하는데, 나무구조 건물의 대부분이 절충식과 양식이므로 본서에서는 절충식 지붕틀과 양식 지붕틀에 대해서만 설명하기로 한다.

1) 절충식 지붕틀

지붕보, 동자기둥, 지붕꿸대, 종보, 중도리, 서까래, 지붕널 등으로 구성된다. 그림 6.33과 같이 보(지붕보, 종보)를 걸고 그 위에 동자기둥 또는 대공을 세우며, 동자기둥이나 대공 위에 보와 직각방향으로 도리를 대어 지붕의 하중을 받는 형식이다.

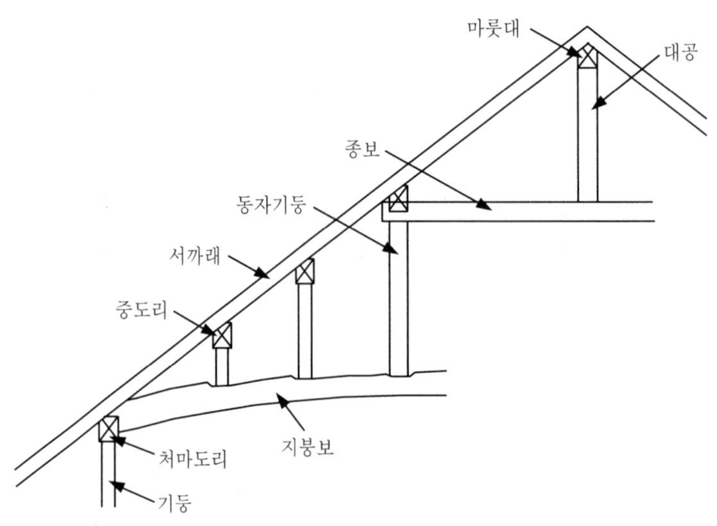

그림 6.33 절충식 지붕틀

① 지붕보

벽체나 기둥 위에 약 1.8m 간격으로 걸쳐 댄다. 일반적으로 각재(角材)가 아닌 통나무를 쓰며 들보라고도 한다.

② 베개보

지붕보의 간격이 넓을 때는 그 중간에 기둥을 세우고 지붕보와 직각 방향으로 베개보를 걸쳐 대고 지붕보를 얹는다.

③ 동자기둥, 대공

보 위에 세워 중도리나 마룻대(마루대)를 받는 짧은 기둥을 말하는데, 지붕보 위에 세워 중도리를 받는 것을 동자기둥, 종보 위에 세워 마룻대를 받는 것을 대공이라 한다. 종보가 없는 건물에서는 한가운데 있는 가장 긴 기둥을 대공이라 한다.

④ 종보

지붕의 높이가 높을 경우 다락방 등으로 이용할 수 있도록 지붕보 위에 또 하나의 지붕보를 세우는데 이것을 종보라 한다. 따라서 지붕높이가 그다지 높지 않은 건물에서는 종보가 없을 수도 있다.

⑤ 지붕꿸대

동자기둥이나 대공과 같은 수직재를 서로 연결시켜 고정시키는 수평재를 지붕꿸대라 한다.

⑥ 중도리, 마룻대

중도리는 동자기둥 위에, 마룻대는 내공 위에 수평으로 걸쳐 대고 서까래를 받는 것이다.

⑦ 서까래

처마도리, 중도리 및 마룻대 위에 경사지게 걸쳐 댄 것으로 지붕널이 이 서까래 위에 올려진다.

⑧ 지붕널

지붕의 가장 윗부분에 놓이는 것을 지붕널이라 한다.

2) 양식 지붕틀

양식 지붕틀은 절충식 지붕틀에 비해 삼각형 형태가 많고 보강철물을 많이 사용하여 큰 간사이(span)의 건물에 적합하다. 양식 지붕틀에는 분류방법에 따라 여러 종류가 있으나 여기에서는 경골지붕틀, 왕대공지붕틀, 쌍대공지붕틀에 내해 설명하기로 한나.

① 경골(輕骨)지붕틀

그림 6.34와 같이 평보, ㅅ자보, 빗대공 등으로 구성되며, 규모가 작은 건물이나 경골 나무구조에서 사용하는 각재를 못이나 볼트를 써서 짜 맞춘 것이다. 여기서 경골 나무구조란 얇은 샛기둥의 뼈대에 널을 붙여 구성한 구조를 말하며, 뼈대로 사용하는 각재의 크기는 대부분 50mm×100mm이다.

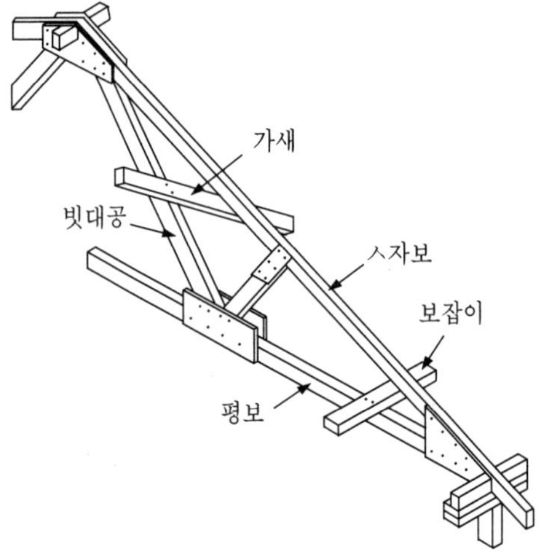

그림 6.34 경골지붕틀

② 왕대공지붕틀

양식 지붕틀 중 가장 많이 이용되는 것으로, 간사이는 20m 정도까지 가능하지만 보통 10m 정도로 한다. 그림 6.35 (a)의 단면에 나타나 있듯이 왕대공, 빗대공, 달대공, ㅅ자보, 평보 등으로 구성되며, 이 지붕틀이 2~3m 정도의 간격으로 배치되어 전체 지붕이 이루어진다.

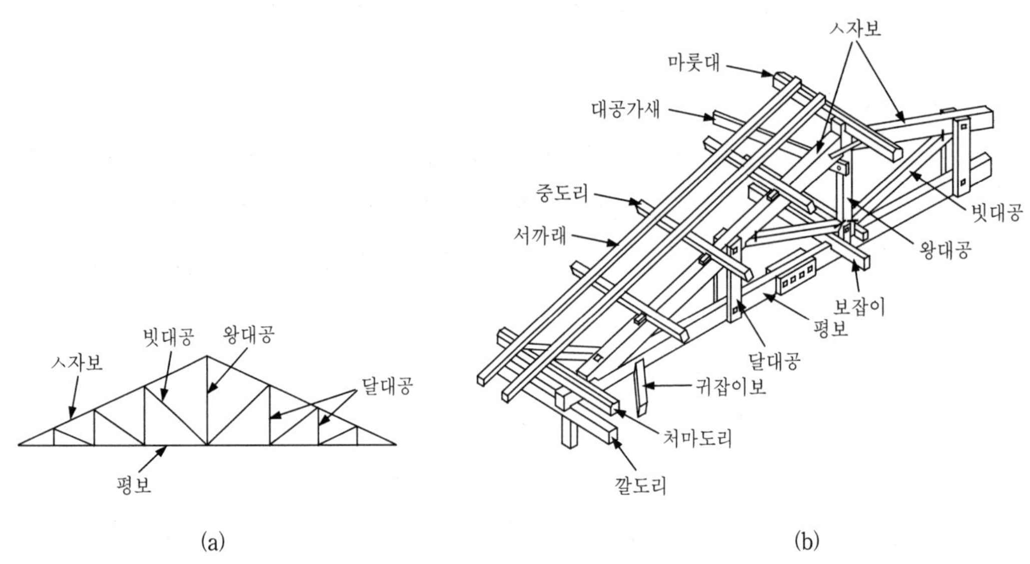

그림 6.35 왕대공지붕틀

지붕틀 및 평보의 옆휨을 막고 지붕틀 상호간을 연결하여 지붕틀을 튼튼히 하기 위해 각 지붕틀의 평보에서 평보로 걸쳐 대는 것을 보잡이라 한다. 또 왕대공과 왕대공 사이에 가새를 대어 지붕틀의 변형을 방지하는데, 이것을 대공가새라 하며 대공가새는 지붕가새라고도 한다. 그 외 부재들은 대략적으로 절충식 지붕틀에서 설명한 것과 같은 역할을 한다.

③ 쌍대공지붕틀

간사이가 10m 이상이면 구조적으로 왕대공지붕틀보다 쌍대공지붕틀로 하는 것이 유리하다. 또 지붕 속을 보꾹방(다락방)으로 이용하거나 외관상 변화를 주고자 할 때도 쌍대공지붕틀을 적용할 수 있다. 일반적으로 간사이를 10~15m 정도로 하며 지붕틀 간격은 1.8~3m 정도로 한다. 지붕틀 구조는 왕대공지붕틀과 유사하며, 단지 그림 6.36과 같이 왕대공이 짧고 쌍대공이 두 개 있다.

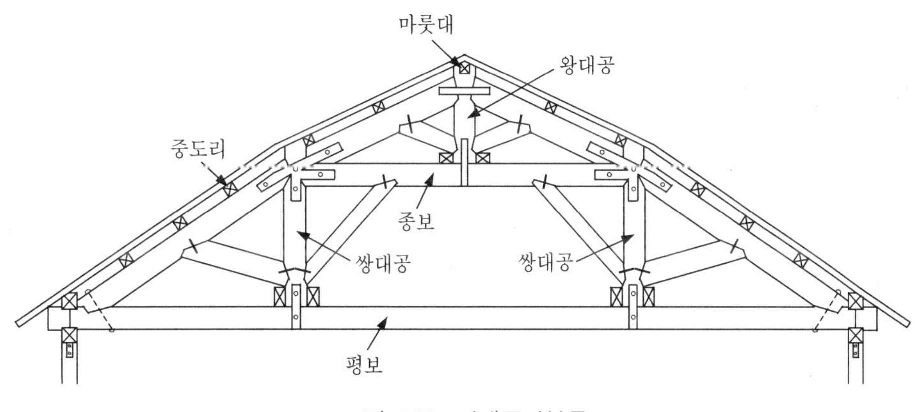

그림 6.36 쌍대공지붕틀

3) 처마

빗물의 처리나 일사를 조절하기 위해 지붕이 벽체 밖으로 내밀어진 부분을 처마라 한다. 처마의 끝 부분이나 아랫부분에서는 서까래가 보이게 되는데 이 서까래를 보이지 않게 하고자 할 때는 그림 6.37과 같이 처마돌림 및 처마반자를 설치한다.

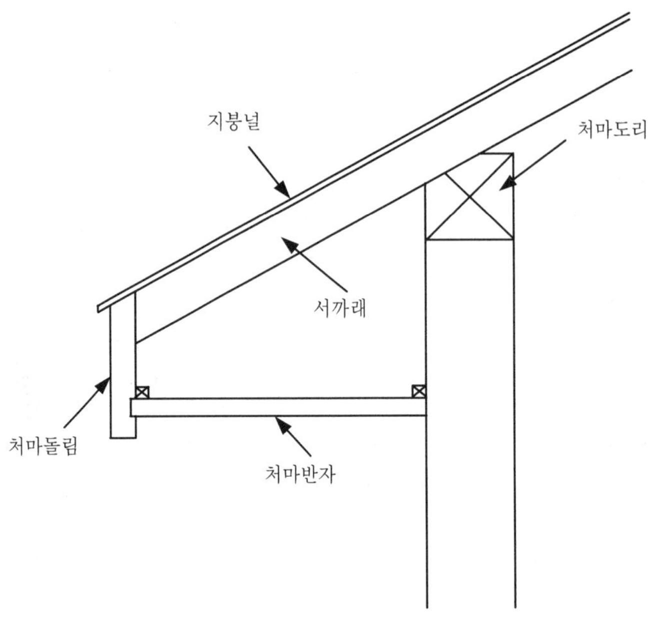

그림 6.37 처마돌림, 처마반자

5. 기타 구조

(1) 경골구조

앞에서 양식 지붕틀 중 하나로 경골지붕틀이 있다고 했으며, 경골지붕틀을 적용하는 구조가 경골구조라 했다. 경골구조는 그림 6.38과 같이 작은 규격재로 뼈대를 조립한 것으로, 구조재의 종류와 치수를 작게 하고 접합을 간단하게 하면서 보강철물을 많이 씀으로써 구조체를 튼튼하게 한 것이다. 규격재로는 단면이 50mm×100mm나 50mm×150mm인 각재가 주로 사용된다.

(2) 귀틀집

통나무집 또는 로그하우스(log house)라는 이름으로 더 많이 불리어지는 것으로, 통나무나 각재를 가로로 쌓아 올려서 벽을 구성하는 집이다. 그림 6.39에 통나무로 벽을 구성한 귀틀집을 나타낸다.

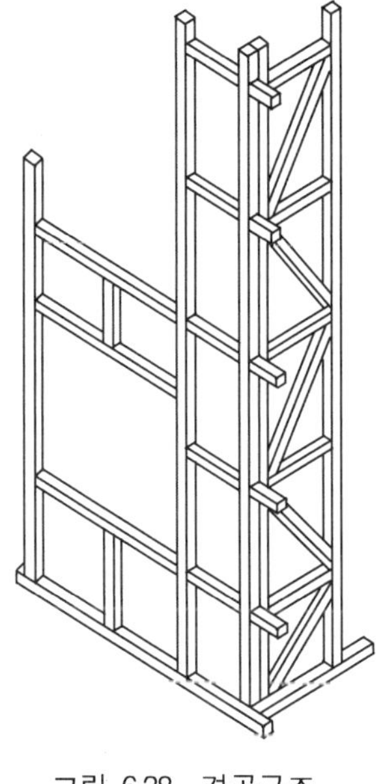

그림 6.38 경골구조

그림 6.39 귀틀집

6. 방재

나무구조는 다른 구조에 비해 화재, 썩음, 충해(蟲害) 등에 매우 약하기 때문에 이에 대한 대책이 필요하다.

화재에 대해서는 나무 부분이 노출되지 않도록 표면에 회반죽 등을 두껍게 바르거나 방화도료(페인트)를 칠해 방화(防火)구조로 만드는 것이 바람직하다.

나무를 썩게 만드는 요소 또한 차단시켜야 하는데, 기본적으로 마루 밑과 같은 곳은 통풍이 잘 이루어지도록 구성되어야 하고 표면탄화(炭化) 등의 처리로 방부내색을 세우도록 한다.

Chapter 07

지붕 및 방수

1. 개요

2. 지붕잇기

3. 방수·방습

07 지붕 및 방수

1. 개요

지붕은 벽, 바닥과 함께 내부공간과 외부공간을 구획하는 부분이며, 기능적으로는 벽과 함께 빗물, 외기 및 소음을 차단하는 역할을 한다. 지붕은 건물의 각 부위 중 외부의 기상조건에 가장 많이 노출되는 부분이므로 내구성은 물론 바람에 날리지 않는 구조로 해야 한다.

(1) 지붕의 종류

지붕의 형태는 그 지역의 기후, 건물의 종류와 규모, 거주자의 기호 등에 따라 정해진다. 지붕의 형태는 그림 7.1과 같이 매우 다양한데, 널리 이용되는 것은 외쪽지붕, 박공지붕, 모임지붕, 합각지붕, 평지붕 등이다.

(2) 지붕의 물매

지붕에 내린 빗물이 잘 흘러내리도록 지붕면을 경사지게 한 것을 지붕물매라 한다. 빗물처리 및 여름철 일사차단을 위해서는 물매의 각도가 클수록 좋지만 바람의 영향이나 지붕재료의 절약을 위해서는 각도가 작을수록 유리하므로 각 요소를 고려해서 정하게 된다.

물매는 수평길이 10cm에 대한 직각삼각형의 수직높이로 나타낸다. 예를 들어 수평방향으로 10cm 가는 동안에 수직방향으로 3cm 가는 경사라면 3cm 물매 또는

3/10 물매라 표현한다. 또 10cm 물매, 즉 경사가 45°인 물매를 되물매라 하며, 되물매보다 경사가 급한 물매를 된물매라 한다.

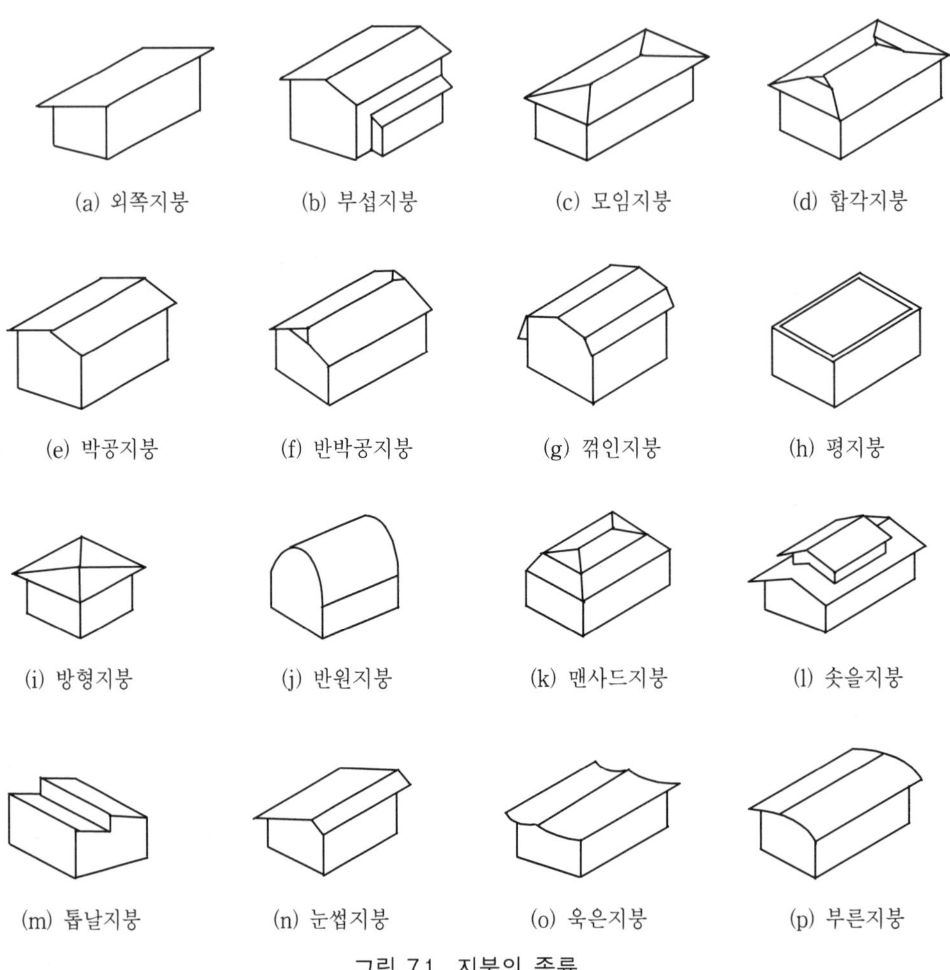

그림 7.1 지붕의 종류

2. 지붕잇기

(1) 기와잇기

기와는 점토를 굽거나 시멘트로 만드는데, 일반적으로 소규모 공장에서 생산되므로 품질이 고르지 못하고 무거운 단점이 있으나, 수명이 길고 저렴하며 또 열전도율이 작아 여름철 일사로 인한 실내온도 상승이 덜 되는 등 많은 장점이 있어 지붕 재료로 가장 널리 이용되고 있다. 기와에는 한식기와, 일식기와, 양식기와가 있으며, 국내에서는 한식기와가 널리 사용된다.

1) 한식기와잇기

한식기와는 암키와와 수키와가 짝이 되어 주된 역할을 하고, 지붕면과 그 주변이 맞닿는 자리 등에는 부속기와를 써서 마무리한다. 그림 7.2에 대표적인 한식기와의 종류를 나타낸다.

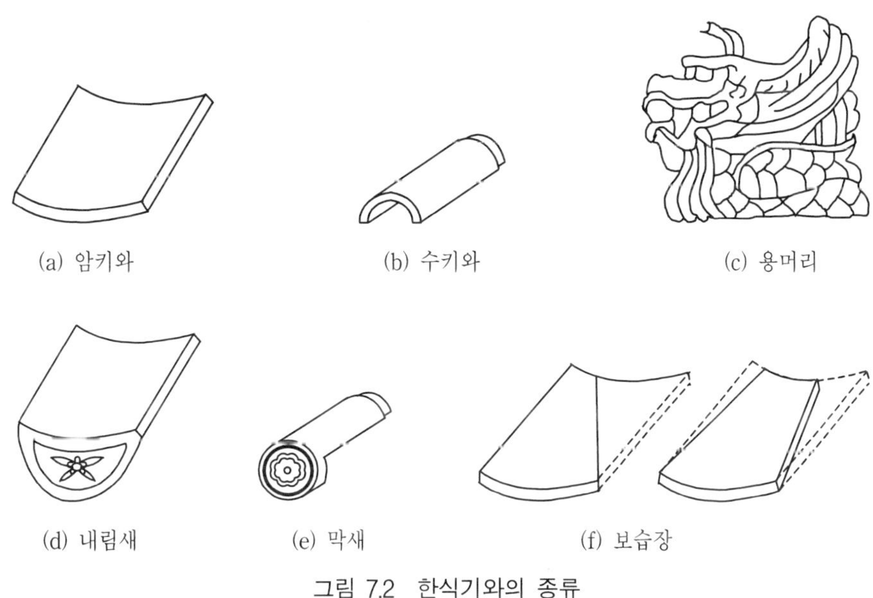

그림 7.2 한식기와의 종류

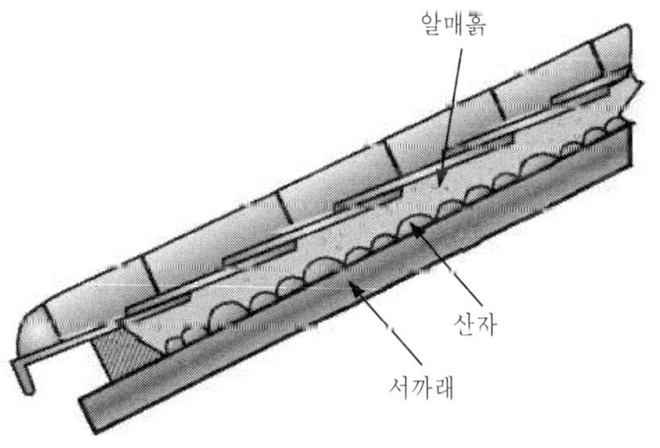

그림 7.3 산자, 알매흙

기와잇기를 할 때는 먼저 산자와 알매흙으로 바탕을 만든다. 산자란 서까래와 서까래 사이를 나무나 새끼 등으로 엮는 것 또는 그 재료를 말하며, 알매흙이란 산자 위에 진흙을 되게 이겨 바르는 것을 말한다. 그림 7.3에 산자와 알매흙을 나타낸다.

알매흙을 다져 넣어가면서 바탕을 만든 후 그 위에 암키와를 깔고, 암키와와 암키와 사이에 되게 이긴 진흙을 뭉쳐 넣고 수키와를 덮어 지붕면을 만든다. 그림 7.4와 7.5에 암키와와 수키와를 잇는 모습을 나타낸다.

그림 7.4 암키와 깔기

그림 7.5 암키와 위에 수키와 잇기

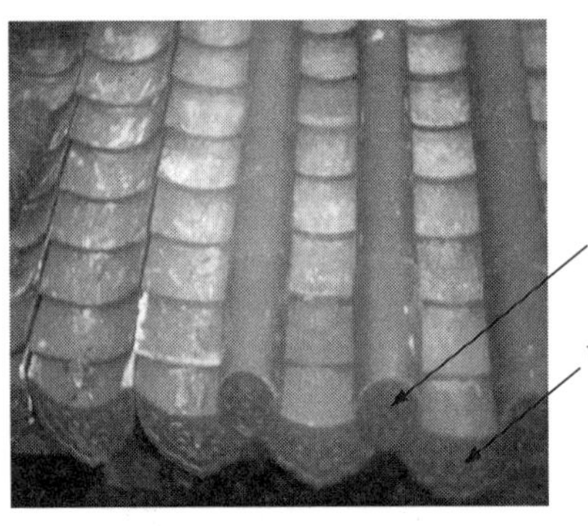

그림 7.6 처마 끝 마무리

그림 7.7 추녀 끝 마무리

처마의 끝 부분에는 그림 7.6과 같이 막새와 내림새를 이용해서 마무리하고, 추녀의 끝 부분에는 그림 7.7과 같이 내림새를 이용해서 마무리한다.

2) 일식기와 잇기

일식기와는 주 역할을 하는 바닥기와와 부속기와로 구성되며, 바닥기와는 기능에 따라 평기와와 걸침기와로 구분된다.

평기와는 기와 밑면이 평평해서 무엇인가에 걸칠 수가 없는 기와이며, 걸침기와는 밑면의 한쪽 끝에 튀어나온 부분을 만들어서 무엇인가에 걸칠 수 있게 한 것이다. 그림 7.8에 평기와와 걸침기와를 나타낸다.

(a) 평기와 (b) 걸침기와

그림 7.8 평기와와 걸침기와

일식기와잇기에는 평기와를 사용하는 평기와잇기와 걸침기와를 사용하는 걸침기와잇기가 있다. 평기와는 걸침턱이 없기 때문에 평기와잇기는 한식기와잇기와 유사한 방법으로 한다.

즉 한식기와잇기에서 나타낸 그림 7.3에서와 같이 알매흙 위에 평기와를 깔아 잇는다. 걸침기와는 밑면에 걸침턱이 있어 기와를 걸칠 수 있는 기와살을 깔고 그 위에 기와를 걸치면서 깔게 된다. 기와살은 그림 7.9에 나타나 있는 바와 같이 지붕널 위에 서까래와 직각방향으로 깔면서 서까래 부분에서 못질을 해서 고정시킨다.

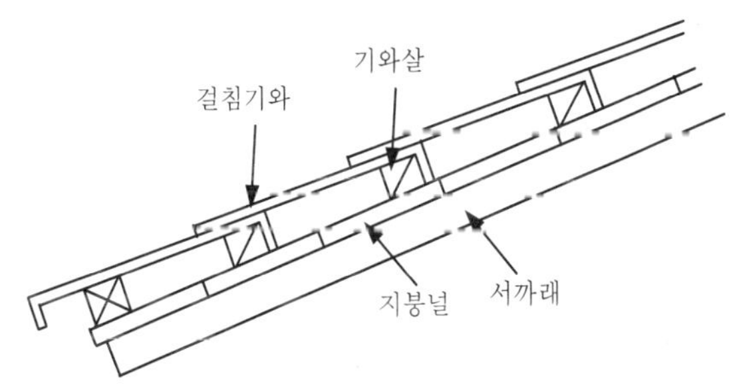

그림 7.9 걸침기와잇기

3) 양식기와잇기

양식기와에도 많은 종류가 있는데, 구조법 및 잇기 요령은 한식기와잇기나 일식기와잇기와 동일하다.

(2) 금속판잇기

지붕용 금속판으로 이용되는 것으로는 강판에 아연을 도금한 함석판, 알루미늄판, 동판 등이 있다.

금속판은 가볍고 불에 타지 않으며 방수 성능이 좋아 지붕 물매를 완만하게 할 수 있는 장점이 있으며, 반면 차음 성능이 좋지 않아 비가 올 때 소리가 많이 나고, 열전도율이 높아 여름철 일사로 인한 실내온도 상승이 크며, 또 외기온도에 따른 신축이 커서 이음 부분의 손상이 발생하기 쉽다는 단점이 있다. 금속판잇기에는 금속판의 형태나 잇는 방법에 따라 평잇기, 기와가락잇기, 함석골판잇기, 절판잇기 등으로 구분한다.

1) 평잇기

평잇기에는 450mm×600mm 정도의 직사각형 판을 이용한 일자형잇기와 300mm나 450mm의 정사각형 판을 이용한 마름모형잇기가 있는데 대부분 일자형잇기가 이용되며, 그림 7.10과 같이 지붕널 위에 금속판을 이어 가면서 지붕을 완성한다. 금속판의 이음은 주로 거멀접기로 하는데, 거멀접기란 그림 7.11과 같은 형태로 접합하는 것을 말한다. 또 금속판과 지붕널과의 접합을 위해 각 금속판마다 그림 7.10에 나타낸 것과 같은 거멀쪽을 끼워 지붕널과 접합한다.

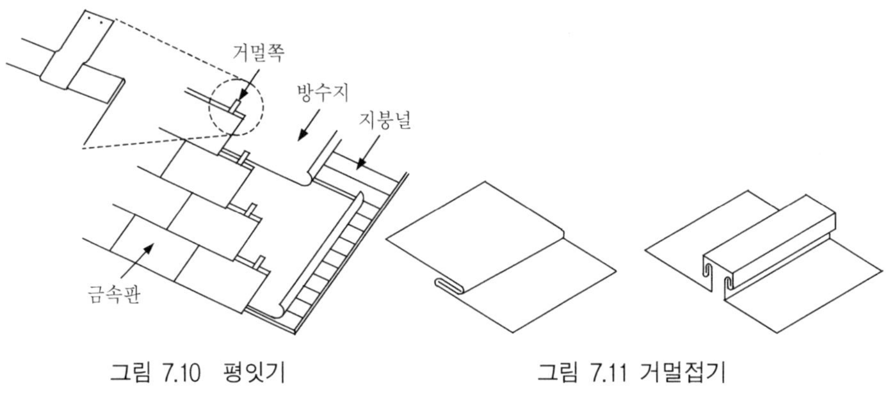

그림 7.10 평잇기

그림 7.11 거멀접기

2) 기와가락잇기

그림 7.12 (a)와 같이 단면크기 40~50mm 정도의 각재를 400~600mm 정도

의 간격으로 못을 박아 댄 것을 기와가락이라 한다. 이 기와가락 사이에 금속평판을 설치하고 그림 7.12 (b)와 같이 평판을 기와가락 옆에서 꺾어 올린 다음 윗부분에서 기와가락 감싸기판을 덮음으로써 이웃 금속평판과의 이음이 이루어진다.

평판과 기와가락 감싸기판과의 이음방법은 평잇기에서와 마찬가지로 거멀접기로 하며, 평판과 지붕널과의 접합 또한 평잇기에서와 마찬가지로 거멀쪽을 이용한다.

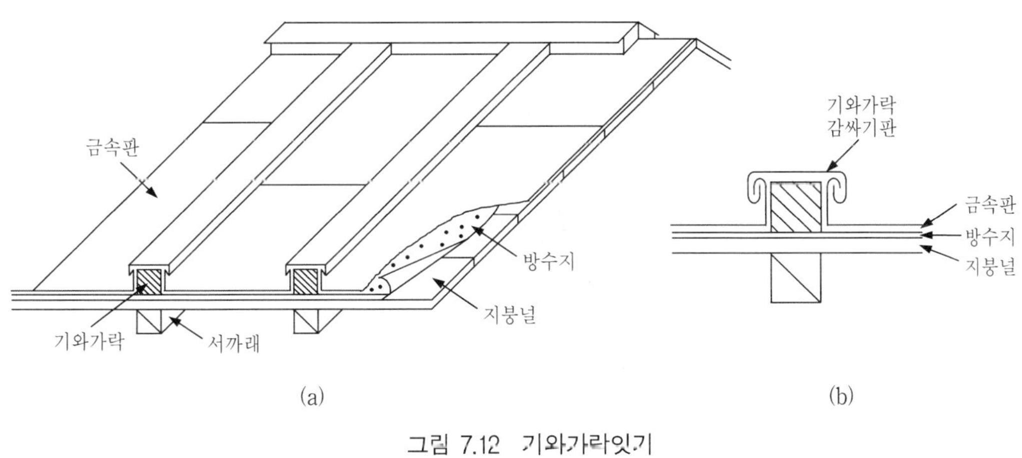

그림 7.12 기와가락잇기

3) 함석골판잇기, 절판잇기

함석판에 골을 낸 것을 골판이라 하고, 그림 7.13에 나타나 있는 것과 같이 사다리꼴 형태로 골을 만들면서 골판보다 크기를 크게 한 것을 절판이라 한다. 골판이나 절판은 평판에 비해 큰 하중에 견딜 수 있으므로 지붕널이 반드시 필요하지는 않으며, 따라서 보(구조형식에 따라서는 중도리라고도 함) 위에 직접 설치하는 경우가 많다.

함석골판은 보에 직접 나사못(보가 목재인 경우)이나 갈고리볼트(보가 강재인 경우)로 접합하며, 절판은 그림 7.13과 같이 타이트 프레임(tight frame)을 매개로 해서 보와 접합한다.

타이트 프레임은 보와는 용접으로, 절판과는 볼트로 접합하는 것이 일반적이다.

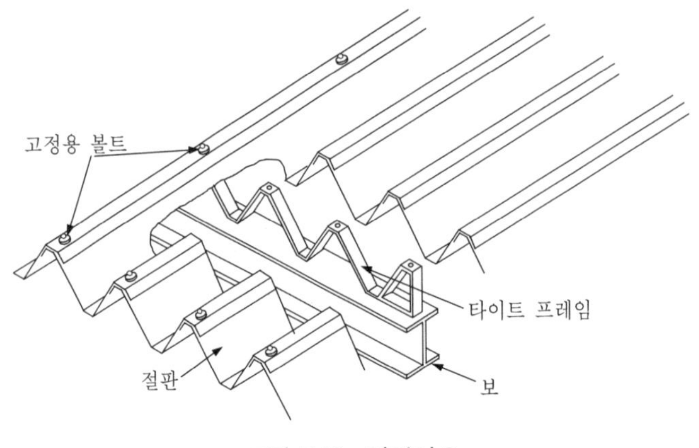

그림 7.13 절판이음

그림 7.14 아스팔트싱글 지붕

4) 아스팔트싱글잇기

아스팔트싱글(asphalt shingle)은 특수한 아스팔트 표면에 채색된 돌 입자를 코팅해 색을 냄으로써 다양한 외관을 연출시키는 지붕재료로, 전원주택 지붕재료의 대표적인 재료로 인식되고 있다. 색상과 질감이 좋고 지붕형태에 맞추어 시공하기가 편리하다. 지붕널과의 접합은 못박기로 하는 것이 일반적이나 못박기가 곤란한 경우에는 아스팔트계 접착제를 이용한다. 그림 7.14에 아스팔트싱글로 이루어진 지붕을 나타낸다.

(3) 홈통, 루프드레인

1) 홈통

지붕에 내린 빗물을 일정한 곳으로 흐르게 하는 것을 홈통이라 한다. 홈통이 없으면 지붕에 내린 빗물이 건물 주변으로 떨어져, 지나가는 사람이라든가 그 외 물품에 피해를 주게 된다. 따라서 홈통은 지붕에서 시작해서 지면 근처까지 내려오도록 해야 한다. 홈통은 그 위치에 따라 처마홈통, 선홈통, 깔때기홈통, 흘러내림홈통 등으로 구분하며, 재료는 주로 금속과 PVC가 사용되고 금속으로는 특히 함석판이 널리 이용된다. 그림 7.15에 홈통의 종류를 나타낸다.

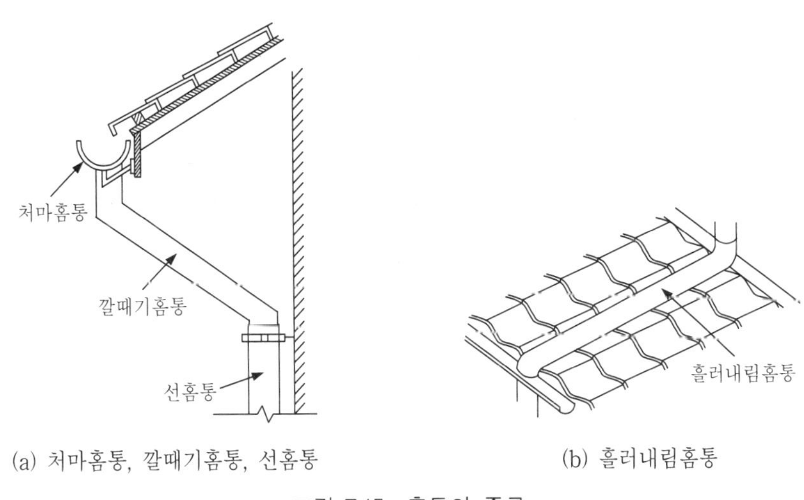

(a) 처마홈통, 깔때기홈통, 선홈통 (b) 흘러내림홈통

그림 7.15 홈통의 종류

① 처마홈통

처마홈통은 처마둘레를 따라 설치한 것으로, 지붕에서 흘러내리는 물이 들어가는 곳이다. 단면 형태로는 반원형 또는 각형이 있다. 처마가 옆으로 길면 처마홈통도 길어지므로 처마홈통을 이을 필요가 있으며, 이때는 그림 7.16 (a)와 같이 20~30mm 정도 겹치게 하고 납땜한다.

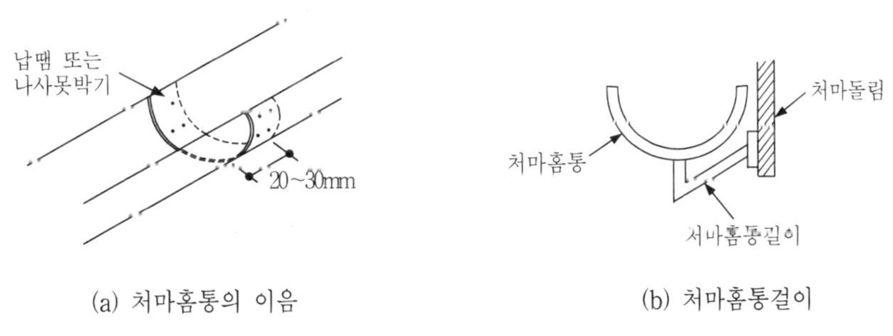

(a) 처마홈통의 이음 (b) 처마홈통걸이

그림 7.16 처마홈통의 접합

처마홈통은 제6장 그림 6.33과 6.37에 나타낸 서까래나 처마돌림에 약 900mm 간격으로 고정시키며, 고정시킬 때는 그림 7.16 (b)의 홈통걸이를 이용한다. 또 선홈통 쪽으로 물이 흘러가야 하므로 선홈통을 향해 최소 1/200 이상, 가급적 1/100 정도로 경사지게 하는 것이 바람직하다.

② 선홈통

선홈통은 처마홈통에서 흘러내리는 물을 받아 하수구 또는 노면에 연결시키는 수직홈통으로, 원형과 각형의 단면이 있다.

그림 7.17 (a)와 같은 홈통걸이를 이용해서 벽이나 기둥에 0.9~1.2m 정도의 간격으로 고정시킨다. 선홈통도 길이가 길어지면 홈통끼리 연결해야 하는데, 그림 7.17 (b)와 같이 윗부분을 아랫부분 속에 30~40mm 정도 넣고 납땜하는 것이 일반적이다.

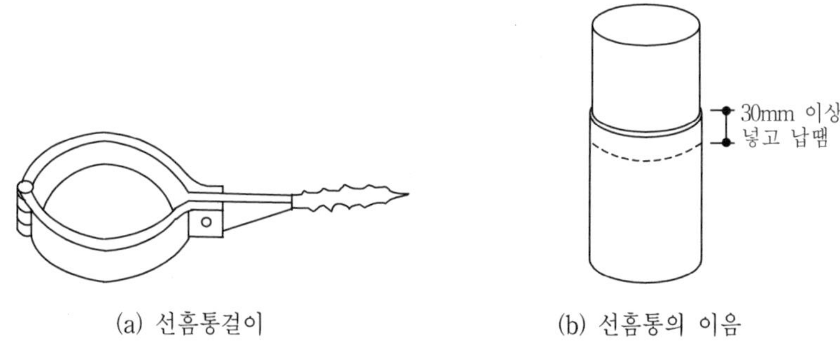

(a) 선홈통걸이 (b) 선홈통의 이음

그림 7.17 선홈통의 접합

③ 깔때기홈통

일반적으로 처마는 벽에서 돌출되어 있고 선홈통은 벽에 근접해 있기 때문에 처마홈통과 선홈통을 연결시키는 것이 필요한데, 그 역할을 하는 것이 깔때기홈통이다. 단면은 선홈통과 마찬가지로 원형과 각형이 있다. 그림 7.15 (a)에서 알 수 있듯이, 깔때기홈통은 구부린 부분이 있는데, 이곳이 떨어지기 쉬우므로 납땜에 특히 주의해야 한다.

④ 흘러내림홈통

그림 7.15 (b)와 같이 2층 건물에서 2층 선홈통의 빗물을 받아 1층 지붕의 처마홈통이나 선홈통에 보내는 것이 흘러내림홈통이다.

2) 루프드레인(roof drain)

평지붕은 경사가 없으므로 다른 지붕에서와 달리 처마홈통이 없다. 따라서 지붕의 어느 한 곳을 향해 약간의 경사를 주어 빗물이 그쪽으로 모이게 하면서 직접 선홈통에 연결시키게 되는데, 선홈통에 연결되는 부분을 루프드레인이라 한다. 그림 7.18과 7.19에 루프드레인과 루프드레인 설치 모습을 나타낸다.

그림 7.18 루프드레인

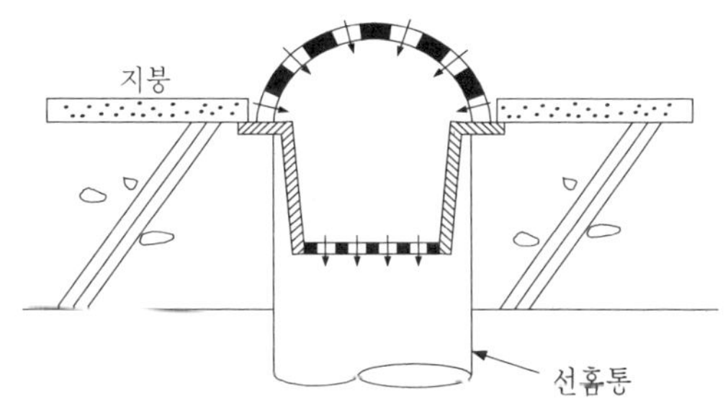

그림 7.19 루프드레인 설치 모습

3. 방수·방습

건물 내부나 외부에서 발생하는 빗물, 지하수, 상하수 등이 거주공간으로 침투하지 못하게 하는 것이 방수인데, 특히 옥상을 통해 들어오는 빗물이 방수의 가장 큰 대상이 된다. 방수문제는 건물의 유지관리에 가장 큰 비중을 차지하고 있으며, 하자가 발생하면 원인 규명에도 어려움이 따르기 때문에 설계 및 시공 시 큰 주의를 기울일 필요가 있다. 또 방습은 실내의 벽, 천장 등에 이슬이 맺히는 것을 방지하는 것을 말한다.

(1) 재료별 방수

방수층을 형성하는 재료에 따라 아스팔트방수, 시트방수, 시멘트액체방수, 도막방수 등이 있다.

1) 아스팔트(asphalt)방수

방수하고자 하는 면에 아스팔트를 붙여 방수를 하는 것이다. 방수가 확실하고 수명이 길며 공사비가 비교적 저렴하여 가장 널리 이용된다. 반면 하자가 발생했을 때 결함부 발견이 쉽지 않고 수리할 때의 범위도 비교적 크게 되는 단점이 있다.

아스팔트방수에 필요한 재료는 아스팔트 자체와 함께 콘크리트나 벽돌과 같은 바탕과 아스팔트가 잘 부착되도록 하는 아스팔트 프라이머(primer), 그리고 방수지가 있으며, 방수지의 종류로는 아스팔트 펠트(felt), 아스팔트 루핑(roofing) 등이 있다. 방수의 주된 역할을 하는 것은 아스팔트이며, 방수지는 방수피막의 형성을 돕고 아스팔트를 보호하는 역할도 한다. 그림 7.20에 아스팔트방수의 구성을 나타낸다.

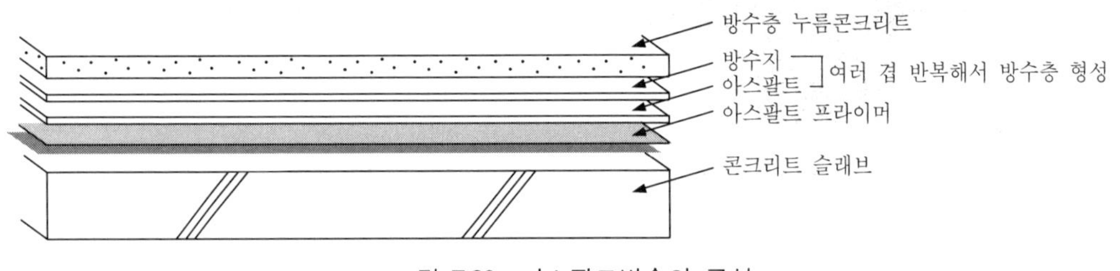

그림 7.20 아스팔트방수의 구성

시공 순서는 먼저 콘크리트나 벽돌 등의 바닥을 잘 청소하고 그 위에 아스팔트 프라이머를 솔질이나 뿜칠로 골고루 바른다.

아스팔트 프라이머가 건조되면 그 위에 아스팔트 녹인 것을 칠하고 방수지 붙이는 것을 여러 겹(보통 4겹) 시행한다. 이렇게 해서 방수층이 형성되면 방수층의 보호를 위해 경량콘크리트나 블록 등으로 방수층 누름을 하여 방수공사를 완료한다.

2) 시트(sheet)방수

합성고무나 합성수지로 만든 방수시트를 이용하는 방수방법이다. 시트의 두께는 보통 1.0~1.5mm이며, 바닥에 접착제를 바른 다음 시트를 붙인다. 사람이 다니지 않는 공간이라면 시트를 붙인 후 다른 처리를 하지 않으나, 사람이 다니는 공간이라면 방수층 보호를 위해 폴리에틸렌 시트를 깔고 그 위에 모르타르누름이나 콘크리트누름을 한다.

시트방수의 하자는 시트의 이음부분에서 많이 발생하므로 이음 부분에 빈틈이 없도록 주의를 기울여야 한다. 시트의 이음은 그림 7.21과 같은 형태로 이루어지며, 겹치는 부분은 보통 40~100mm로 한다.

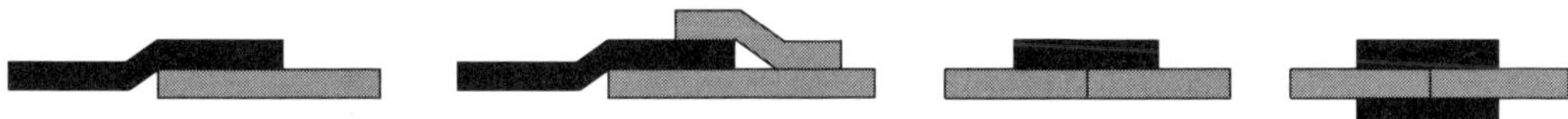

그림 7.21 시트방수의 이음방법

3) 시멘트액체방수 및 모르타르방수

시멘트액체방수와 모르타르방수는 방수개념 및 시공방법은 동일하나 재료의 차이에 의해 구별된다. 시멘트액체방수는 시멘트·방수제·물을 혼합한 방수 시멘트풀(cement paste)을 바르고 다시 방수제를 물로 희석한 용액을 바르는 작업을 몇 번 반복한 다음, 마지막으로 방수층 보호용 모르타르를 바르는 것을 말한다. 모르타르방수는 방수제와 모르타르를 혼합하여 모르타르 자체에 방수성을 갖게 한 것을 말한다. 시멘트액체방수와 모르타르방수는 시공이 간단하고 유지관리 또한 편리하지만, 구조체 자체에 균열이 생기면 방수층 또한 균열로 인해 방수기능을 상실하는 단점이 있다.

4) 도막방수

방수면 위에 합성고무나 합성수지 용액을 솔질이나 뿜칠하여 방수피막을 만드는 방법이다. 곡면부에도 용이하게 방수가 가능한 장점이 있는 반면 균일한 방수두께를 확보하기 어려운 단점이 있다.

(2) 안방수와 바깥방수

지하실을 방수하는 방법으로는 지하층 외벽을 기준으로 실내 쪽으로 방수층을 만드는 안방수와, 실외 쪽으로 방수층을 만드는 바깥방수(밖방수라고도 함)가 있다. 지하층의 외벽이 구성되면 바깥방수는 시공이 불가능하므로 반드시 본공사 전에 실시해야 하고 또 방수층과 방수층 누름벽이 흙속에 설치되므로 부식 등에 대한 고려를 해야 하는 등 경제적으로도 불리하므로 일반적으로는 안방수를 하게 된다.

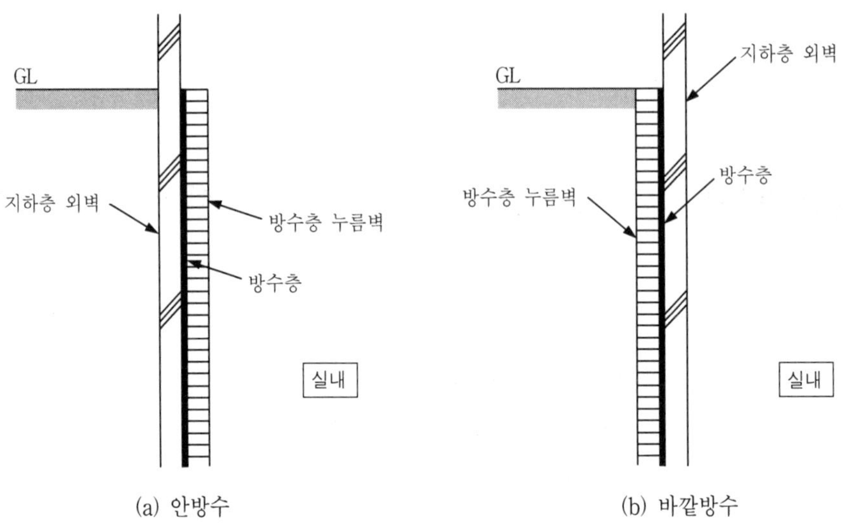

(a) 안방수 (b) 바깥방수

그림 7.22 안방수와 바깥방수

그러나 수압이 센 지하 깊은 곳에 지하실이 있다면 수압을 고려해서 바깥방수를 고려해야 한다. 콘크리트는 수분을 차단시키지는 못하기 때문에, 지하수의 수압이 셀 경우 안방수에서는 지하수가 지하층 외벽을 통과하면서 방수층에도 영향을 미쳐 방수층의 수명이 지장을 받을 수 있기 때문이다. 바깥방수라면 지하수가 방수층 누름벽과 방수층에 영향을 미치려고 해도 지하층 외벽이 뒤에서 지지해 주기 때문에 별 문제가 되지 않는다. 그림 7.22에 안방수와 바깥방수의 개념도를 나타낸다.

(3) 방습

공기 속에는 수분이 함유되어 있는데, 이 수분의 노점온도보다 실내의 표면온도가 낮아지면 표면에 이슬이 맺히게 되며 이것을 결로라 한다. 건물의 지하층은 흙속의 수분이 외벽을 통해 안으로 스며 들어오므로 지하층의 공기 속에는 수분이 많아 노점온도가 높다. 또 지하층은 땅속의 시원한 온도가 전달되어 여름철에도 비교적 온도가 낮기 때문에 벽체의 표면온도 또한 낮게 되며 이 온도가 공기의 노점온도보다 낮을 경우에는 표면에 물방울이 맺히게 된다.

결로는 이러한 원리로 발생되는 것이므로, 방습을 위한 간단한 방법은 환기를 잘 해서 실내공기의 습도를 낮추는 것이며, 건축적으로는 결로가 발생할 가능성이 있는 곳에 단열재를 설치하는 것이다. 즉 지하층 벽면에 단열재를 설치하면 땅속의 시원한 온도가 지하층 실내로 들어오지 않기 때문에 벽면의 온도가 실내공기의 노점온도보다 낮아지지 않아 결로를 방지할 수 있다. 또 하나의 방법으로는 그림 7.23과 같이 벽면 중간에 공기층을 두는 것인데, 그 이유는 공기층도 훌륭한 단열재 역할을 하기 때문이다.

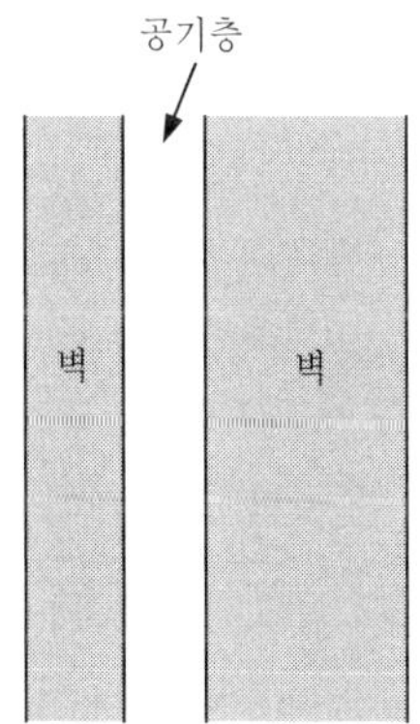

그림 7.23 공기층을 이용한 방습

Chapter 08

계단

1. 개요

2. 계단의 구성요소 및 치수

3. 계단의 종류

Chapter

08 계단

1. 개요

계단은 건물의 위층과 아래층을 연결하는 통로로서의 역할을 하며 복도의 연장이라고도 할 수 있다.

계단의 개수 및 위치는「건축법」규정을 만족해야 하는 것은 물론이지만 건축계획적으로도 기능성과 안전성을 충분히 고려해야 한다.

2. 계단의 구성요소 및 치수

(1) 구성요소

계단은 그림 8.1과 같이 디딤판, 챌판, 계단참, 엄지기둥, 난간두겁대, 난간동자, 논슬립 등으로 구성된다.

그림에서 알 수 있듯이 난산은 임지기둥, 난간두겁대, 난간동자로 구성되는데, 엄지기둥이 없이 난간두겁대와 난간동자만으로 구성되는 난간도 많이 있다.

또 논슬립(nonslip)은 디딤판에서의 미끄러짐을 방지하기 위해 디딤판 앞쪽에 철물 등을 설치한 것을 말한다.

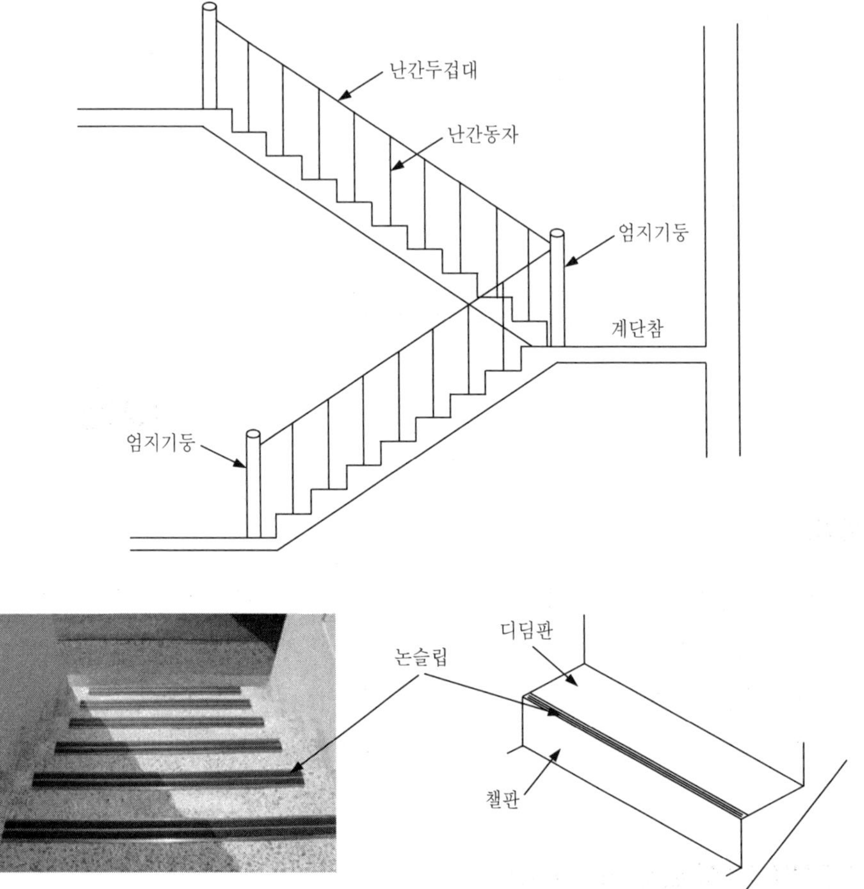

그림 8.1 계단의 구성요소

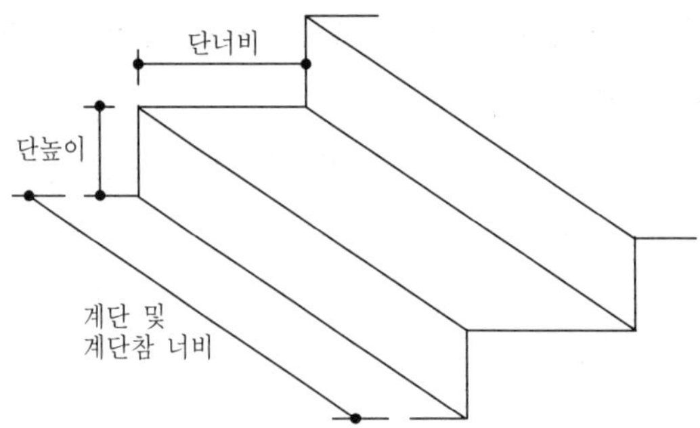

그림 8.2 계단 및 계단참너비, 단너비, 단높이

(2) 계단 치수

그림 8.2에 나타나 있는 계단의 단높이, 단너비 및 계단의 너비에 대해서는 건축물의 용도별로 표 8.1과 같이 건축법에 규정되어 있으며, 건축법에 규정되어 있지 않은 곳에 대해서는 단너비 30cm, 단높이 18cm 정도를 표준으로 하고 있다.

표 8.1 건물 용도별 계단 각부의 치수

건물 용도	계단 및 계단참의 너비	단높이	단너비
초등학교	150cm 이상	16cm 이하	26cm 이상
중・고등학교	150cm 이상	18cm 이하	26cm 이상
공연장, 집회장, 관람장, 도・소매시장 및 상점, 바로 위층의 거실면적 합계가 200m² 이상이거나 거실면적 100m² 이상인 지하층	120cm 이상	-	-
기타	60cm 이상	-	-

주 돌음계단의 단너비는 그 좁은 너비의 끝부분으로부터 30cm의 위치에서 측정한다.

3. 계단의 종류

(1) 형태별 종류

계단의 형태별 종류로는 그림 8.3과 같은 것들이 있는데, (a)와 같이 직선으로 올라가는 것을 곧은 계단이라 하고, (b)는 꺾은 계단이라 하며 ㄴ자꺾음 계단, ㄷ자꺾음 계단, 꺾어돌음 계단 등이 있다. 또 (c)와 같이 계단이 중심점의 주위를 돌아가면서 올라가게 된 것을 돌음계단이라 한다.

돌음계단 중 (d)와 같이 360° 회전하여 올라가는 계단을 나선계단이라 한다. 한편, 계단의 변형으로 단이 없는 것을 경사로(ramp)라 하며, 경사로의 경사도는 1/8 이하가 되어야 한다.

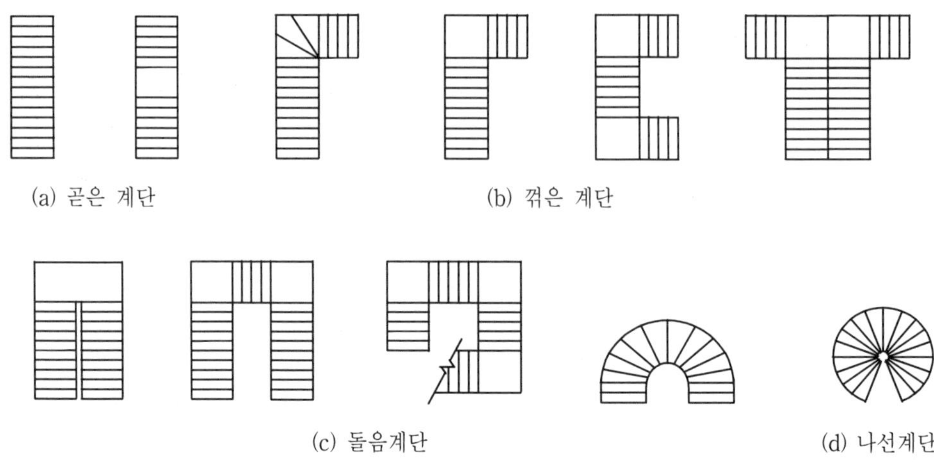

그림 8.3 계단의 형태별 종류

(2) 구조별 종류

1) 목조계단

주택 등에 쓰이며 일반적으로 곧은계단이다. 소규모 주택에 많이 설치되는 계단을 틀계단이라 하며, 일반적인 목조계단은 정식계단이라 한다.

① 틀계단

틀처럼 간단히 짜서 만든다는 의미에서 틀계단이라 한다. 그림 8.4와 같이 계단옆판에 홈을 파서 디딤판을 끼워 넣고, 2~4단 간격으로 제7장에서 설명한 장부맞춤의 형태로 계단옆판에 꿰뚫어 넣은 다음 쐐기를 쳐서 견고하게 조인다. 뒤에는 널판을 대고 디딤판에 못질하여 챌판의 역할을 하도록 한다.

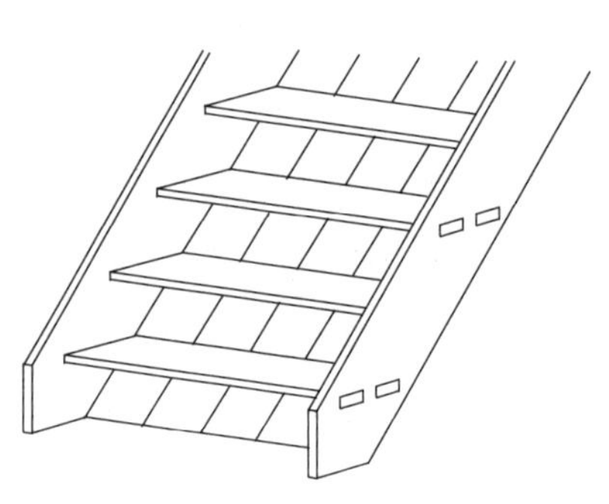

그림 8.4 틀계단

② 정식계단

그림 8.5와 같이 디딤판, 챌판, 계단옆판, 계단멍에, 엄지기둥, 난간두겁, 난간동자 등으로 구성된다.

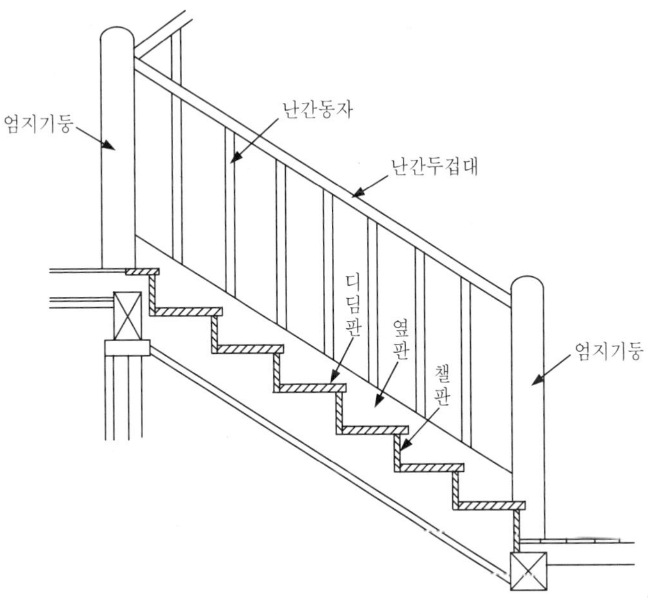

그림 8.5 정식계단

㉠ 계단옆판 : 계단옆판의 옆쪽에는 디딤판과 챌판을 끼울 홈을 30mm 정도의 깊이로 파고, 위쪽에는 난간동자의 장부구멍을 판다.

㉡ 디딤판 : 옆판에 만든 홈에 끼워 놓고 못질하여 고정시킨다. 또 디딤판이 우그러지는 것을 막기 위해 뒤쪽에 거멀띠장을 대기도 한다. 거멀띠상이란 그림 8.6과 같이 디딤판과 같은 널판에 홈을 만들고 그 홈에 끼워 넣는 것을 말한다.

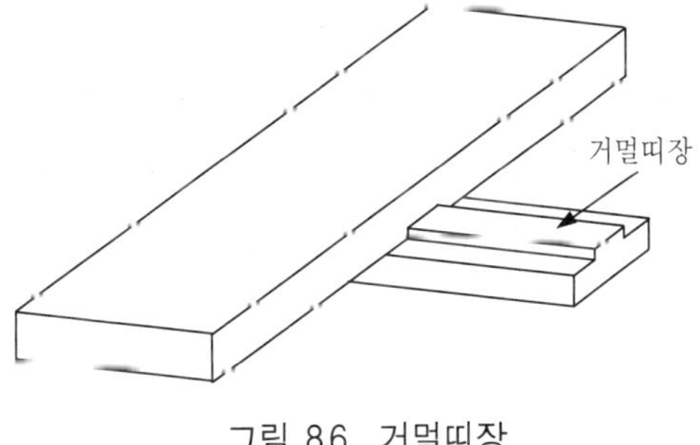

그림 8.6 거멀띠장

㉢ 챌판 : 계단옆판에 닿는 부분은 계단옆판의 홈에 끼우고 위쪽 디딤판에 닿는 부분 또한 디딤판에 만들어진 홈에 끼우며, 아래쪽 디딤판에 닿는

부분에서 못을 박아 디딤판에 고정시킨다.

㉣ 계단멍에 : 계단의 디딤판이 비교적 얇으면서 긴 널이면 계단을 오르내릴 때 출렁이거나 소음이 발생할 수 있다. 이것을 방지하기 위해 그림 8.7과 같이 계단 뒤쪽의 중앙부분에 계단 경사에 따라 대는 보강재를 계단멍에라 한다.

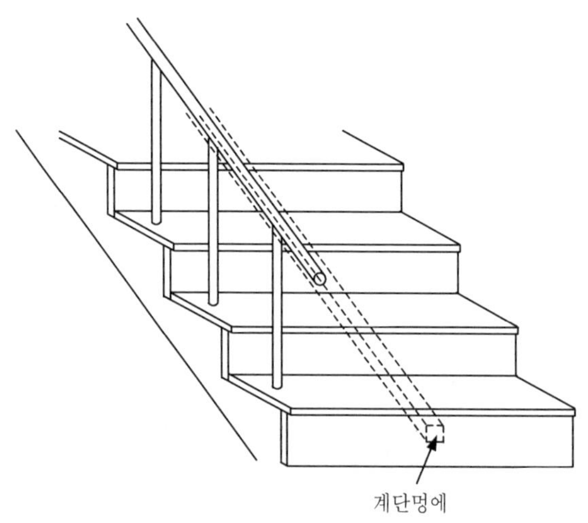

그림 8.7 계단멍에

㉤ 난간 : 오르내리기에 편리하고 조형적 및 안전성의 목적으로 설치하며, 엄지기둥, 난간두겁대, 난간동자로 구성된다. 엄지기둥은 계단옆판과 난간두겁대를 받는 역할을 하며, 난간두겁대는 몸이 불편하거나 할 때 손을 대고 오르내릴 수 있도록 하는 부분으로, 엄지기둥의 구멍에 넣어 고정시킨다. 난간동자는 난간두겁대를 지지하는 부분으로 상부는 난간두겁대에 하부는 계단옆판이나 디딤판에 장부맞춤으로 하여 고정시킨다. 장부맞춤이란 제6장에서 설명한 바와 같이 목조의 접합방법 중 하나이다.

2) 철근콘크리트계단

철근콘크리트계단은 수명이 길고 불에 강하며 다양한 형태로 만들 수 있다. 또 보, 슬래브 등과 일체로 시공이 되므로 주 구조체와의 결합도 용이하다는 특징이 있다. 구조에 따라 슬래브식, 계단보식, 캔틸레버식의 세 종류가 있다.

① 슬래브식

그림 8.8과 같이 바닥보 또는 계단받이보 위에 경사진 슬래브를 걸쳐 댄 구조이다. 일반적인 슬래브 밑에 보가 있듯이 계단 밑에 설치되어 계단을 받는 보를 계단받이보라 한다.

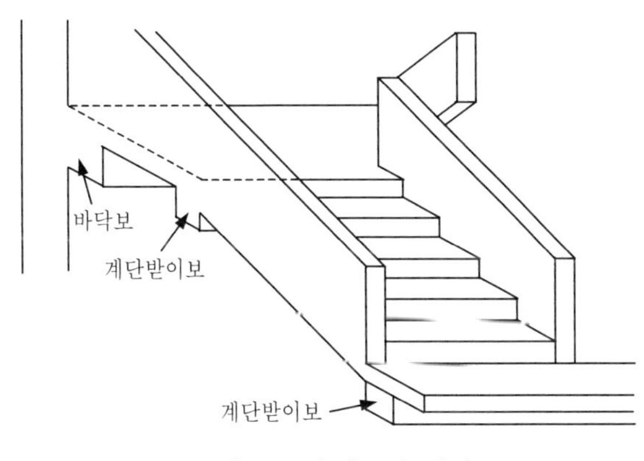

그림 8.8 슬래브식 계단

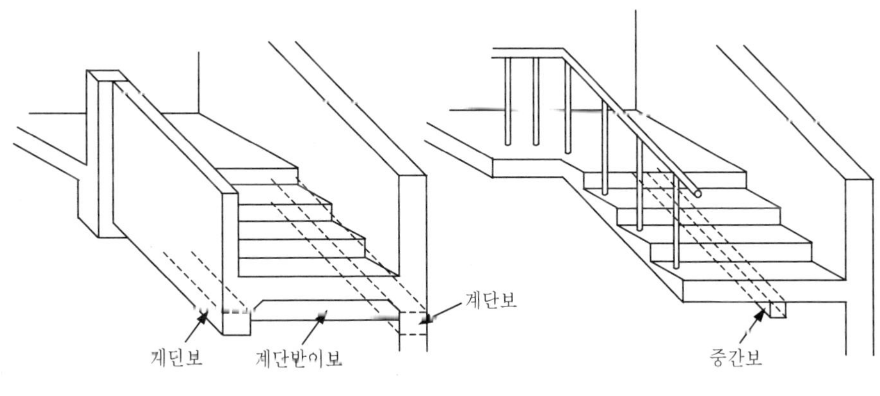

그림 8.9 계단보식 계단

그림 8.10 캔틸레버식 계단

② 계단보식

그림 8.9와 같이 슬래브식에 있는 보 외에 계단의 양 옆에도 경사진 보(계단보)를 설치한 계단을 계단보식이라 한다. 비교적 계단 너비가 큰 계단에 적용한다.

③ 캔틸레버식

계단보를 계단슬래브의 한쪽 가에 두거나 중앙에 두고 계단슬래브를 캔틸레버(돌출보)처럼 돌출시키는 방식의 계단이다. 그림 8.10에 계단슬래브 중앙에 계단보가 있는 캔틸레버식 계단을 나타낸다. 비교적 계단 너비가 작은 계단에 적용한다.

3) 철제계단

철제계단은 강도가 매우 크고 도장을 하면 녹스는 것도 방지할 수 있어 수명이 매우 길므로 공장, 창고, 굴뚝 등의 계단에 널리 이용된다. 다만 불에 약하고 오르내릴 때 소리가 나는 단점이 있다. 「제5장 철골구조」에서 강재의 접합에 대해 설명했는데, 철제계단에서도 리벳, 볼트, 용접을 이용하여 각 부재를 접합하여 계단을 구성한다. 계단옆판으로는 ㄷ형강이나 L형강(ㄱ형강)이 주로 사용되고, 디딤판으로는 강판이나 미끄럼방지용 무늬강판(체크플레이트라고도 함)이 사용된다. 강판을 쓸 경우에는 끝에 논슬립을 붙여 미끄러지지 않게 한다. 또 난간동자와 난간두겁대는 원형이나 각형의 파이프를 쓴다. 그림 8.11 (a)에 ㄷ형강으로 계단옆판을, 무늬강판으로 디딤판을 구성한 철제계단을, (b)에 철제의 나선계단을 나타낸다.

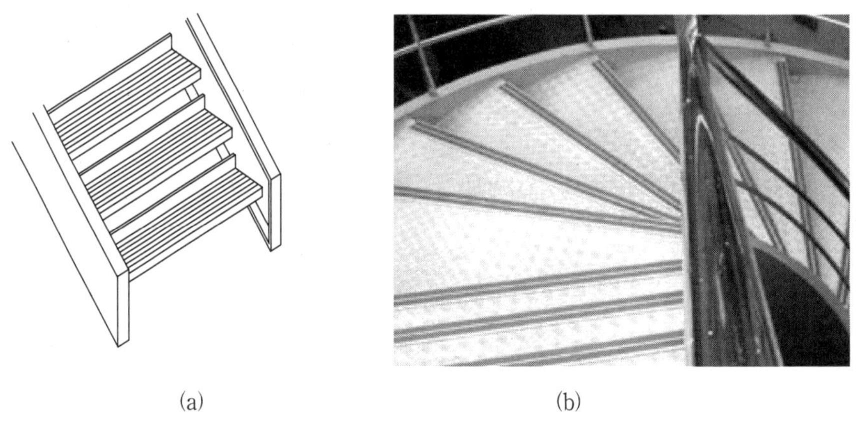

(a) (b)

그림 8.11 철제계단

4) 조적조계단

조적조계단은 돌이나 벽돌을 주로 사용하며 외부 계단에 많이 적용된다. 벽돌계단을 만들 경우 벽돌 치수에 맞추어 바닥콘크리트를 쳐야 하며, 돌계단은 원하는 치수에 맞추어 가공하는 다듬돌계단과, 자연석을 가급적 그대로 이용하는 자연석계단이 있다. 그림 8.12 (a)에 벽돌계단의 단면을, (b)에 외부 벽돌계단의 사진을 나타낸다. 또 그림 8.13 (a)에 다듬돌계단의 사진을, (b)에 자연석계단의 형상을 나타낸다.

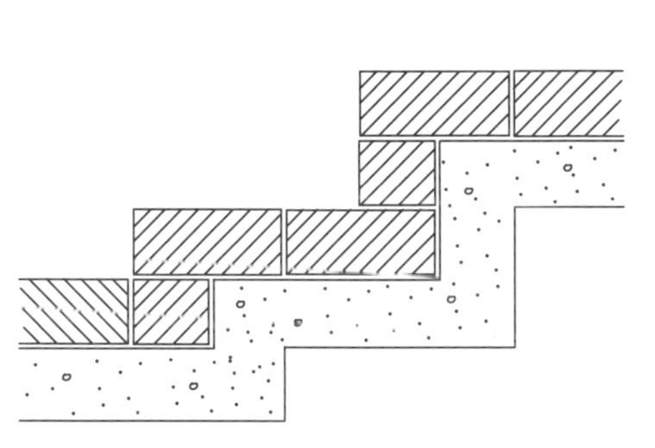

(a) 단면

(b) 외부 계단

그림 8.12 벽돌계단

(a) 다듬돌계단

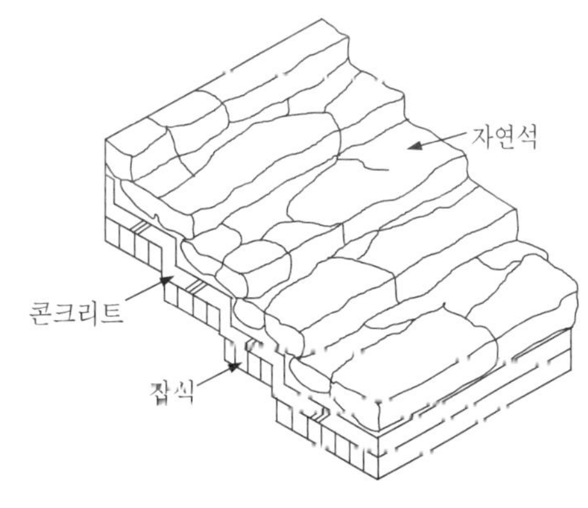

(b) 자연석계단

그림 8.13 돌계단

Chapter 09

창호

1. 개요
2. 창호의 종류

Chapter

09 창호

1. 개요

창호(窓戶)는 창과 문을 총칭하는 것으로 고정된 건축물에서 유일하게 열 수 있는 부분이므로 개구부(開口部)라고도 한다. 창호는 외기와 연결되는 부분이므로 개폐가 손쉬워야 하는 것은 물론이며, 그 외에 빗물이 스며들지 않도록 하는 수밀성, 외부의 소음이 잘 차단되는 방음성, 바람을 막는 기밀성, 난방 때 실내의 열이 빠져나가지 않고 냉방 때 외부의 열이 실내로 들어오지 않도록 하는 단열성 등이 우수해야 한다.

2. 창호의 종류

창호의 종류는 창, 문, 셔터 등으로 구분하며, 개폐방법에 따라 미닫이, 미서기, 여닫이 등이 있다. 또 구성재료에 따라서는 목제, 철제, 알루미늄, 플라스틱, 유리 등이 있다.

(1) 창호의 표시

1) 종류별 표시

① 문 : D　　② 창 : W　　③ 셔터 : S

2) 재료별 표시

① 알루미늄 : A　　② 유리 : G

③ 플라스틱 : P　　　　④ 강철 : S
⑤ 스테인리스스틸 : Ss　　⑥ 나무 : W

상기 종류별 및 재료별 표시방법에 의해 목제 문이라면 WD, 알루미늄제 창이라면 AW로 표시하게 된다.

(2) 개폐방법별 종류

1) 여닫이창호

그림 9.1과 같이 창호 한쪽에 경첩(정첩이라고도 한다) 등을 달고, 그것을 축으로 회전하는 방식이다. 창과 문을 총칭해서 여닫이창호라고 하지만, 그림 9.1과 같이 문일 경우에는 여닫이문이라 하고, 창일 경우에는 여닫이창이라 한다. 이하 다른 창호도 마찬가지이다. 여닫이 창호가 1개이면 외여닫이, 2개이면 쌍여닫이라 하고, 또 안쪽으로 열리면 안여닫이, 바깥쪽으로 열리면 밖여닫이(바깥여닫이라고도 함)라 한다. 또 여닫이문 중 그림 9.2와 같이 양쪽으로 다 열리는 문을 자재문이라 한다.

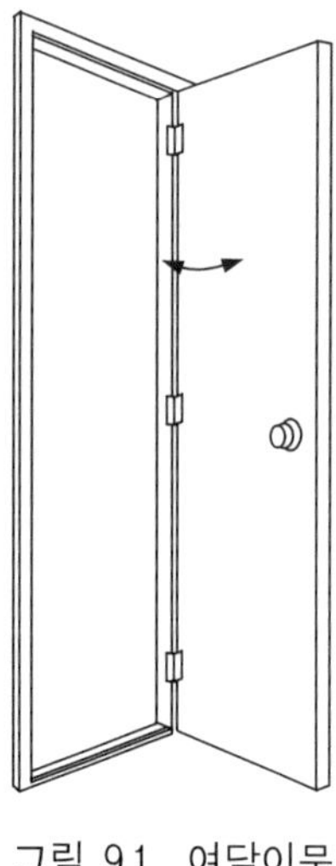

그림 9.1 여닫이문

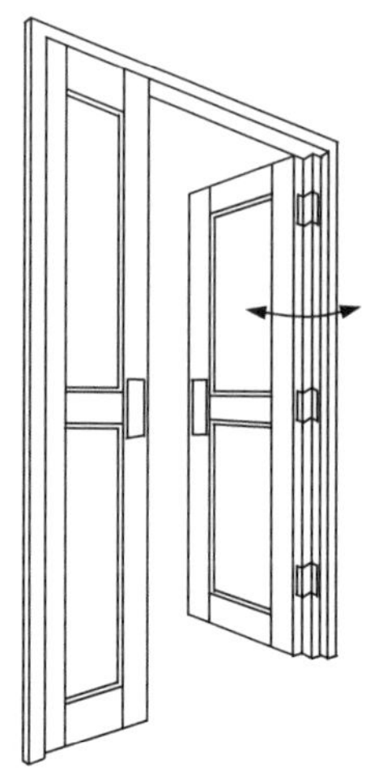

그림 9.2 자재문

2) 미닫이창호

그림 9.3과 같이 창호를 열 때 벽의 옆면에 밀어붙이거나 벽 속에 밀어 넣는

방식으로, 창호를 열면 개구부가 완전히 개방된다. 그림은 문을 열 때 문이 벽 속에 들어가는 형식을 나타내고 있다.

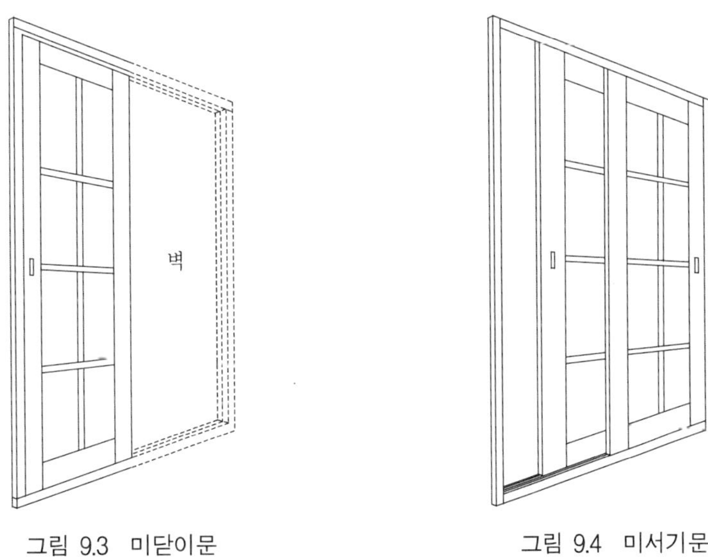

그림 9.3 미닫이문

그림 9.4 미서기문

3) 미서기창호

창호를 옆으로 밀고 당기면서 창호를 개폐하는 것으로 미닫이창호와 개폐방식이 같으나, 미서기창호는 그림 9.4와 같이 창호를 열 때 문 한 짝을 다른 한 짝에 붙이는 형식이기 때문에 창호를 완전히 열어도 개구부의 반만 개방된다.

4) 회전창호

그림 9.5 (a)를 회전문, 9.5 (b)를 회전창이라 한다. 회전문은 한 원통형의 중심축에 네 개의 문을 달아 축을 중심으로 자유로이 회전시키는 문이다. 사람이 출입할 때도 외부의 공기가 내부로 들어오지 않게 하여 냉난방을 할 때 에너지절약을 도모할 수 있는 형식이다. 평상시에는 네 개의 문이 펼쳐진 상태로 있으나, 화재와 같은 비상시에는 그림에 나타낸 바와 같이 네 개의 문이 서로 포개져서 많은 인원이 빠르게 대피할 수 있게 된다.

회전창은 90° 회전시킬 경우 창틀 전체가 완전히 개방되므로 환기에 유리하다. 다만 실외뿐 아니라 실내로도 창이 돌출되어 실내 사용에 지장을 주기 때문에 주로 높은 곳에 설치하는 고창(高窓)으로 이용한다.

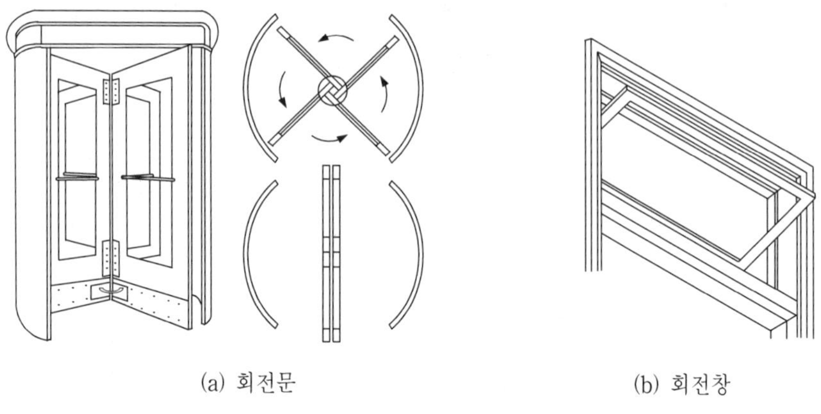

(a) 회전문 (b) 회전창

그림 9.5 회전창호

5) 접문

여러 장의 문짝이 경첩으로 연결되어 천장에 매달려 있는 문으로, 문짝을 펼치면 벽이 형성되어 두 개의 공간이 되고, 문짝을 접어서 한쪽으로 붙이면 하나의 공간이 되도록 하는 것이다. 그림 9.6에 접문을 나타낸다.

그림 9.6 접문

6) 고정창

열고 닫을 수 없는 창으로 붙박이창이라고도 한다. 채광은 필요하나 환기의 필요성이 없는 곳에 적용한다.

(3) 목제 창호

나무는 하중이 걸린 상태로 시일이 경과하면 변형과 수축이 생겨 강도가 저하되므로 가벼우면서 양질의 것을 건조한 상태로 사용할 필요가 있다.

1) 문의 구조

문이나 창을 다는 개구부를 문꼴(실무적으로 문꼴이라고 많이 하나, 표준어는 문골이라 쓰고 문꼴로 읽음)이라고 하며, 문의 경우 문틀, 문선, 문짝 등으로 구성된다. 문짝 하나의 크기는 창고, 공장과 같은 특수한 경우를 제외하고는 폭 0.75~0.9m, 높이 2m 정도로 한다.

① 문틀

문틀은 그림 9.7과 같이 문짝을 거는 틀을 말하며 웃틀(위틀이라고도 함), 선틀, 밑틀로 구성되며, 고창(高窓)이 있는 경우 중간틀이 있게 된다. 최근에는 금속제 문뿐 아니라 목제 문에도 문지방이 없는 경우가 많아 이 경우 밑틀 없이 웃틀과 선틀로만 구성된다. 문지방은 사람이 출입하면서 밟게 되고 그로 인해 마모되기 쉬우므로 가급적 다른 부분보다 단단한 나무를 쓰는 것이 바람직하다.

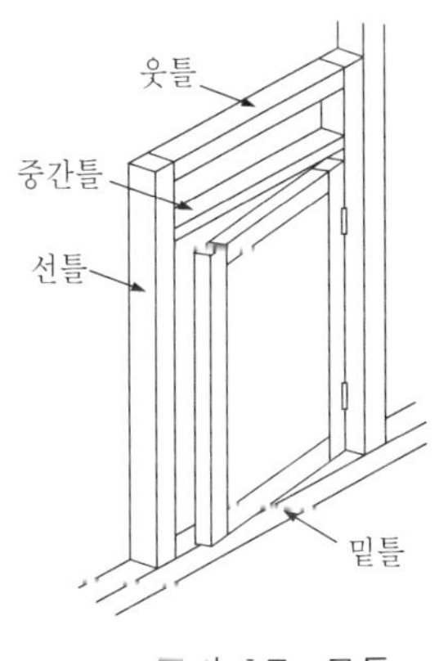

그림 9.7 문틀

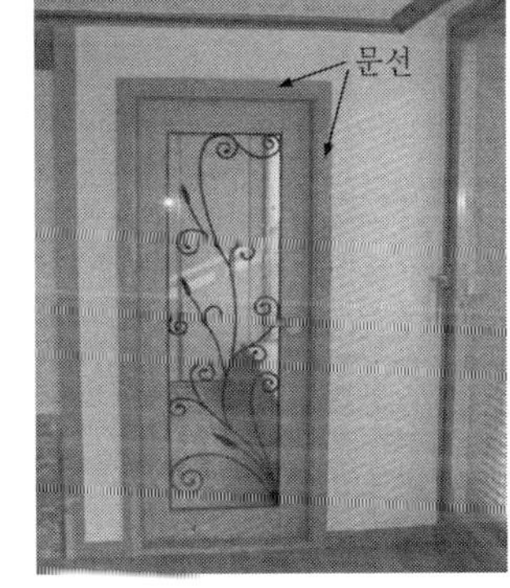

그림 9.8 문선

② 문선

그림 9.8과 같이 개구부와 벽체와의 접합부에서의 마무리를 좋게 하여 미관을 향상시킬 목적으로 대는 것이다. 문틀 위를 완전히 덮기도 하므로 이 경

우 문틀은 보이지 않는다. 인체로 말하면 문틀은 뼈, 문선은 피부라 할 수 있다.

2) 창의 구조

창은 창틀, 창선(창문선이라고도 함), 창선반, 창(문짝과 마찬가지로 창짝이라고도 한다),으로 구성된다. 창틀과 창선은 문에 대한 문틀 및 문선과 동일하며, 따라서 창틀은 문틀과 마찬가지로 웃틀, 선틀, 밑틀로 구성된다. 그리고 창선반은 그림 9.9와 같이 실내쪽 창틀 하부에서 창선을 받는 치장재를 말한다.

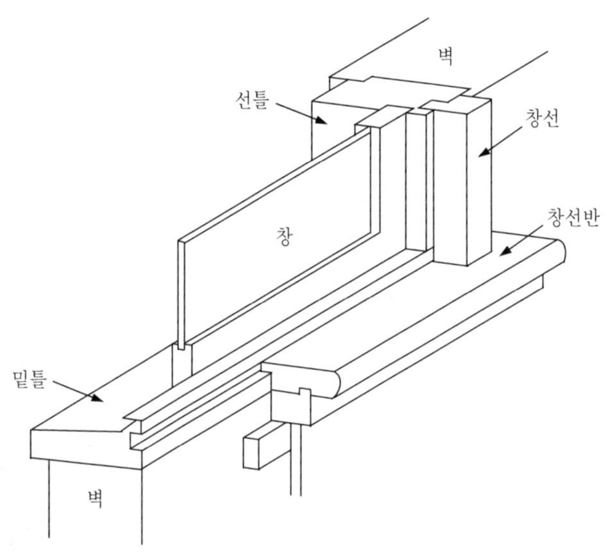

그림 9.9 창의 구조

3) 제작방법별 종류

목제 문은 제작방법에 따라 다음과 같은 여러 종류가 있다.

① 플러시(flush)문

표면을 평평하게 만든 문으로 가장 널리 이용된다. 그림 9.10 (a)와 같이 문짝의 가장자리 네 군데를 뼈대로 하고(이 뼈대를 울거미라 한다), 울거미 사이에 가로 세로로 가는 살을 대어 골격을 형성한 후 양면에 합판을 대서 만든다. 문의 옆쪽 면에서는 울거미와 합판이 보여 미관이 좋지 않으므로 그림 9.10 (b)와 같이 치장재를 붙여 마무리한다.

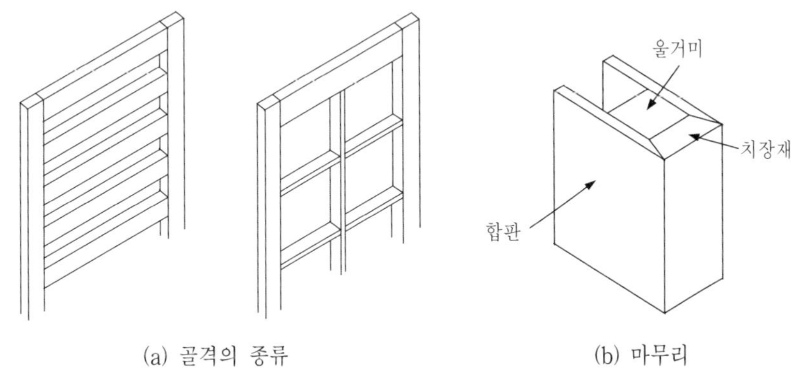

(a) 골격의 종류 (b) 마무리

그림 9.10 플러시문

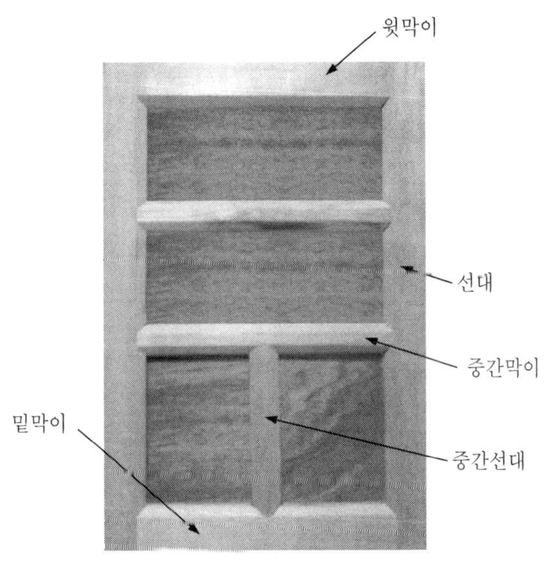

그림 9.11 양판문

② 양판문(paneled door)

울거미를 짜고 울거미 사이에 양판(넓은 판)을 끼워 넣은 문을 말하며, 양판을 끼우기 위해 울거미에 홈을 판다.

양판문에서의 울거미는 그림 9.11과 같이 선대, 중간선대, 윗막이(웃막이라고도 함), 밑막이, 중간막이로 구성된다. 양판 대신 유리를 끼워 넣은 것을 징두리양판문 또는 유리양판문이라 하는데, 일반적으로 중간막이 위에 유리를 끼워 넣는다. 또 울거미 사이에 합판을 끼워 넣은 것을 합판문이라 한다.

③ 창호지 창호

문짝이나 창짝의 가장자리 네 군데에 울거미를 만들고 사이에는 얇은 살을 가로 세로로 넣고 문짝의 한쪽 면에 창호지를 바른 것을 창호지 창호라 하며, 문은 창호지문, 창은 창호지창이라 한다. 한식 건물이나 한식으로 꾸민 방에 많이 이용된다.

⑷ 금속제 창호

금속제 창호로는 과거 강철 재료를 많이 썼으나 현재는 알루미늄이나 스테인리스스틸이 많이 이용된다.

금속제 창호는 목제 창호에 비해 재질이 균일하고 내구성 및 내화성 등이 좋아 일반적인 건물에서는 대부분 금속제 창호가 쓰인다.

1) 강제(鋼製) 창호

강철로 만든 것으로 철제(鐵製) 창호라고도 한다. 강도가 높아 견고하고 내화성이 좋은 장점이 있으나 녹이 슬기 때문에 주기적으로 칠을 다시 해야 하고 무겁다는 단점이 있다. 창보다는 문에 적합하며 내화성이 있으므로 방화문에 특히 적합하다.

① 철판문

L형강(앵글)으로 울거미(뼈대)를 짜고 한쪽 면에 철판을 대어 접합한 문으로, 공장이나 창고와 같은 곳에 사용되는 가장 간단한 문이다.

② 양판문

목제 양판문과 마찬가지 형태이다. 즉 강판을 구부려서 속이 빈 정육면체나 직육면체 형태의 울거미를 만들고 울거미 사이에 강판을 끼워 만든다. 강판을 끼워 넣기 위해 울거미에 홈이 필요한데, 오목하게 홈을 만든 것(이것을 쇠시리라 한다)을 울거미에 붙인다. 목제 양판문과 구별하기 위해 철제 양판문이라고도 한다.

③ 플러시문

목제 플러시문과 같은 형태이다. 즉 울거미의 양쪽 면에 강판을 접합해서 표면을 평평하게 만든 것으로, 일반적인 건물에 가장 널리 이용된다. 철제 양판문과 마찬가지로 목제 플러시문과 구별하기 위해 철제 플러시문이라고도 한다.

④ 행거스틸도어

목제 문에서의 미서기문이나 미닫이문과 마찬가지로 옆으로 밀어서 개폐하는 문으로, 문짝 상부에 바퀴를 달아 위에 고정시킨 레일 위를 달리게 하고 하부에는 홈에 끼워 벗어나지 않도록 한다. 더욱 원활히 구르게 하기 위해 하부에도 바퀴를 달기도 한다.

⑤ 스틸셔터

폭이 좁고 길이가 긴 강판을 서로 물리게 하고 문틀 상부나 옆에 있는 축에 두루마리로 감으면서 열고 닫는 방화·방범용 철제문으로, 감는 장치에 따라 수동식과 전동식이 있다.

개폐방향은 상하와 좌우가 있는데, 상하방향으로 여닫는 것이 일반적이다. 스틸셔터 중 방화(防火)셔터는 평상시에는 항상 열려 있지만 화재가 발생하면 감지하여 자동적으로 닫혀 주변으로 화재가 번지는 것을 방지하는 장치이다.

2) 알루미늄 창호

알루미늄은 무게가 철의 1/3 정도로 가볍기 때문에 여닫음이 용이하고, 녹슬지 않아 수명이 길며 또 외관도 좋은 장점이 있다. 반면 철제에 비해 강도가 작고 내화성이 약하다는 단점이 있다.

3) 스테인리스스틸 창호

스테인리스스틸 창호는 앞서 설명한 강제 창호와 구조, 형식 등의 면에서 같으나, 강제 창호에 비해 녹슬지 않고 알루미늄 창호에 비해 강도가 큰 장점이 있으며, 반면에 가격이 비싼 단점이 있다.

(5) 합성수지 창호

합성수지 창호는 플라스틱 창호라고도 일컬어지는 것으로, 플라스틱 재료이므로 금속에 비해 열전도율이 낮아 열손실이 작고 부식이 없을 뿐 아니라, 첨가제를 배합함으로써 강도 및 유연성을 향상시켜 대형 창호에도 사용 가능하게 할 수 있다. 이러한 특징으로 인해 알루미늄 창호에 이어 보급이 지속적으로 증가하고 있다.

(6) 창호 철물

창호 철물은 창호에 부속된 것으로, 창호를 지지하는 지지철물, 방범 등을 위한 잠금철물, 창호의 여닫음을 조정하는 개폐조정기 등이 있다.

1) 지지철물

① 경첩

문짝을 문틀에 달아 열고 닫을 때의 축이 되는 것으로, 정첩이라고도 한다. 경첩에는 다음과 같은 종류가 있다.

㉠ 보통경첩 : 일반적인 경첩으로 출입문이나 방문에 주로 쓰인다.

㉡ 자유경첩 : 출입이 잦은 곳에 쓰이는 것으로, 내장스프링에 의해 양쪽으로 다 열 수 있으며, 자동으로 닫히는 구조로 되어 있다.

㉢ 피벗힌지(pivot hinge) : 일반적인 경첩으로는 지탱하기 어려운, 무거운 문에 쓰이는 것으로 돌쩌귀라고도 한다.

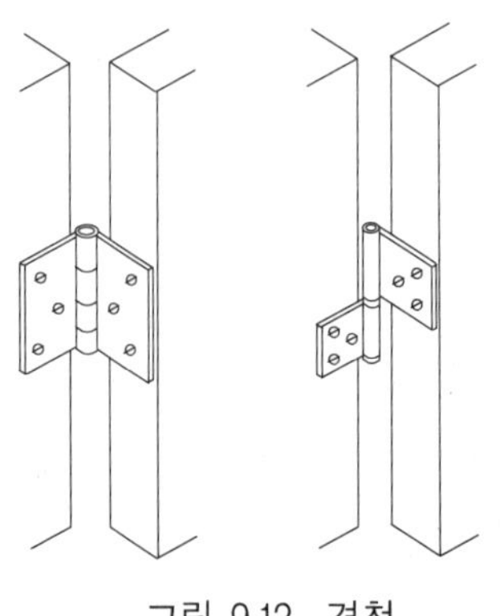

그림 9.12 경첩

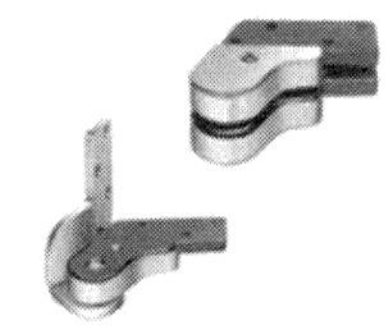

그림 9.13 피벗힌지

② 문바퀴와 레일

미서기 창호 등의 문짝이나 창의 밑에 다는 바퀴를 문바퀴라 하며, 이 바퀴가 움직이는 길을 레일이라 한다.

2) 잠금철물

① 자물쇠

㉠ 함자물쇠 : 파 넣은 자물쇠 형식으로, 외부에서 열쇠로 열고 닫을 수 있는 구조의 자물쇠이다. 가장 일반적으로 이용된다.

㉡ 실린더자물쇠 : 실내측 손잡이의 버튼을 누르면 실외측 손잡이가 움직이지 않게 되며, 실외에서는 열쇠를 사용하여 열 수 있는 구조의 자물쇠이다.

㉢ 기타 : 최근에는 비밀번호를 입력해서 여는 디지털자물쇠, 지정된 카드를 긁거나 삽입해서 여는 카드 자물쇠 등이 보급되고 있다.

② 크레센트

미서기창이나 오르내리창 등의 잠금장치로 널리 이용되는 것으로, 그림 9.14에 크레센트를 나타낸다.

그림 9.14 크레센트

그림 9.15 도어체크

3) 개폐조정기

① 도어체크(door check)

그림 9.15와 같이 문의 위쪽 틀과 문짝에 설치하여 열려진 문이 자동적으로 닫히도록 하는 장치로, 도어클로저(door closer)라고도 한다.

② 도어스톱(door stop)

문이 열릴 때 문의 손잡이가 벽에 부딪히면서 벽체가 손상될 수 있는데, 이것을 방지하기 위해 벽체나 바닥 또는 문에 설치되어 손잡이와 벽의 충돌을 막는 장치이다. 그림 9.16에 도어스톱을 나타낸다.

그림 9.16 도어스톱

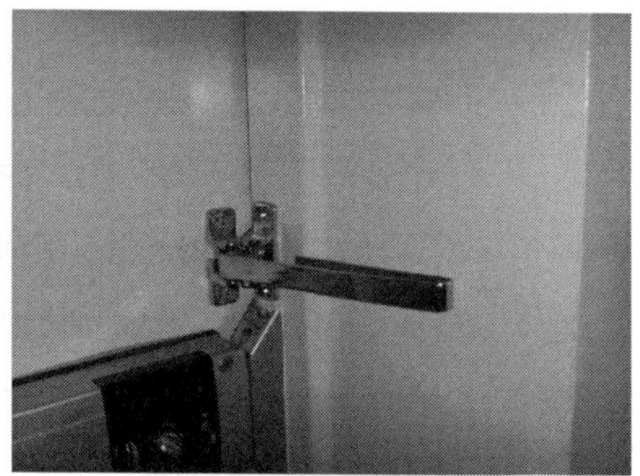

그림 9.17 도어가드

③ 도어가드, 도어체인

문짝에 부착되어 문을 조금 열어 외부 사람을 확인한 후 열 수 있게 만든 장치이다. 그림 9.17에 도어가드(door guard)를 나타낸다. 도어체인은 도어가드가 체인으로 되어 있는 것을 말하며, 도어체인은 체인도어파스너(chain door fastener)라고도 한다.

Chapter 10

마감

1. 개요
2. 바닥
3. 벽
4. 천장

Chapter

10 마감

1. 개요

건축물 중에는 주요 구조부 즉 뼈대가 보이도록 하는 경우도 있지만, 대부분의 건축물에서는 치장을 겸해 내장재 및 외장재로 마무리를 하는데, 이것을 마감 또는 수장(修粧)이라 한다. 건축물의 마무리를 위한 공사를 마감공사 또는 수장공사라 하며, 건물 내부와 외부를 구별할 때는 내장공사, 외장공사라 한다.

2. 바닥

바닥마감은 바탕의 종류 즉 바닥구조가 콘크리트인가 나무인가 등에 따라 마감의 재료나 공법이 달라지는데, 일반적으로 붙임바닥마감, 바름바닥마감, 깔기바닥마감, 특수바닥마감 등으로 구분한다.
한편 깔기바닥마감은 붙임바닥마감과 같은 의미로 사용되는 것이 일반적인데, 문헌에 따라서는 카펫깔기와 같이 부착과 제거가 자유로운 것에 한하여 사용되기도 한다.

(1) 붙임바닥(깔기바닥)

나무널판, 타일, 벽돌 등을 고정철물이나 접착제를 사용하여 콘크리트 및 나무바탕(구조체) 위에 붙여서 마감하는 것을 말한다.

1) 나무판 바닥

① 마루널판(플로어링보드, flooring board) 붙임

나무나 콘크리트 바탕 위에 설치되며, 마루널판의 두께는 보통 18mm 이상, 너비는 100mm 내외, 길이는 600mm 이상이다.

그림 10.1 (a)와 같이 목조 바탕에서는 장선 위에 밑창널과 방수지를 대고 설치하며, (b)와 같은 콘크리트 바탕에서는 장선을 깔고 장선 사이사이에 모르타르나 신더콘크리트(cinder concrete, 경량콘크리트의 일종)를 붙여 고정시킨 위에 설치한다.

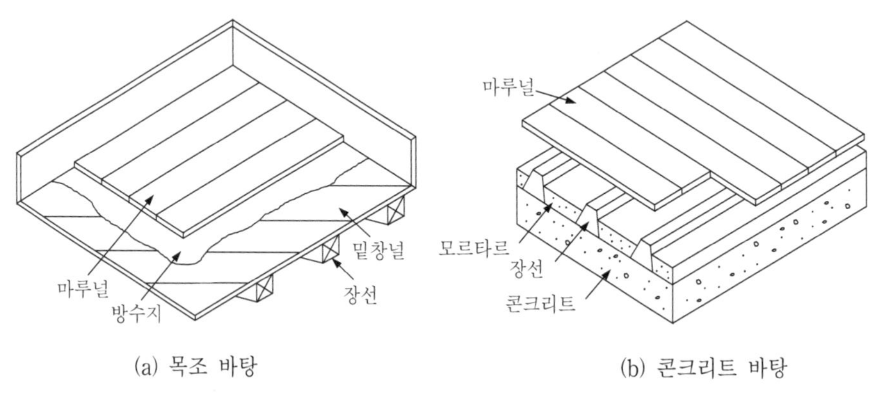

(a) 목조 바탕 (b) 콘크리트 바탕

그림 10.1 마루널판 붙임(깔기)

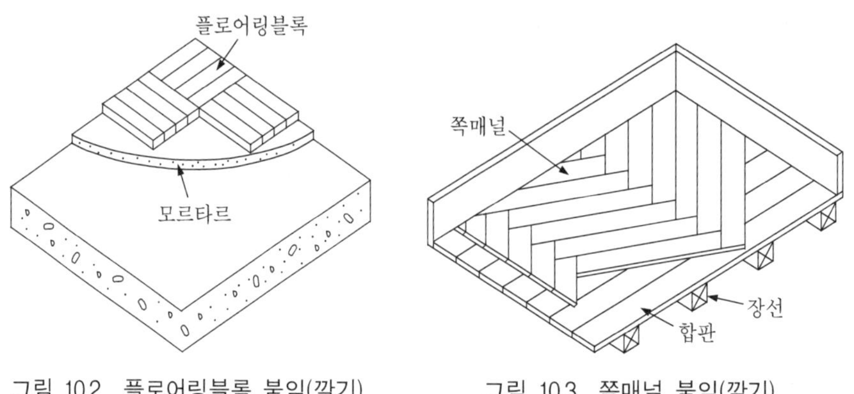

그림 10.2 플로어링블록 붙임(깔기) 그림 10.3 쪽매널 붙임(깔기)

② 플로어링블록(flooring block) 붙임

무늬가 아름다운 목재를 두께 18mm, 너비 60~100mm, 길이 300mm 정도

로 하여, 그림 10.2와 같이 3~5장 붙여서 300mm×300mm로 만든 것을 플로어링블록이라 하며, 콘크리트 바탕에 사용된다.

③ 쪽매널 붙임

색깔과 무늬가 아름다운 널을 의장(意匠)도면에 맞추어 가로, 세로 또는 사선방향으로 조합하여 붙인 것을 쪽매널 붙임이라 한다. 나무판 바닥 중 가장 장식적이다. 규격품이 없기 때문에 형상이나 치수 등은 주문에 따라 가공한다. 그림 10.3에 쪽매널 붙임을 나타낸다.

④ 특수목조바닥

실내경기 즉 농구, 배구, 핸드볼, 볼링 등을 위한 바닥은 경기에 지장이 없도록 적절한 탄성과 충격하중이 고려된 바닥이 되어야 하며, 따라서 각 경기에 적합한 마루판을 선정해서 시공한다.

2) 돌, 벽돌, 타일 바닥

① 돌 붙임

그림 10.4와 같이 콘크리트 바탕 위에 돌 붙임용 모르타르를 깔고 돌을 붙인다. 돌 붙임용 모르타르는 시멘트와 모래의 배합비를 1 : 3으로 하며, 줄눈용 모르타르는 치장을 겸해서 1 : 1의 배합비로 하는 것이 일반적이다. 또 줄눈의 크기는 보통 7~12mm로 한다.

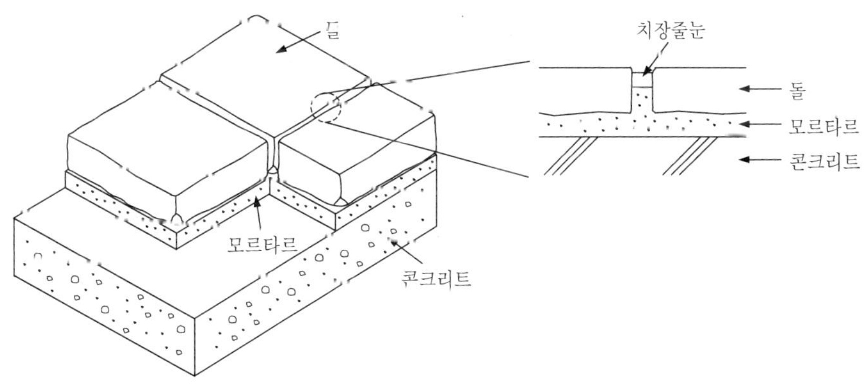

그림 10.4 돌 붙임(깔기)

② 벽돌 붙임

돌 붙임과 같은 공법으로 콘크리트 바탕 위에 벽돌을 붙이는 것으로, 벽돌을 눕혀서 붙이기도 하나 주로 그림 10.5와 같은 형태로 붙인다. 줄눈 크기는 보통 10mm로 한다.

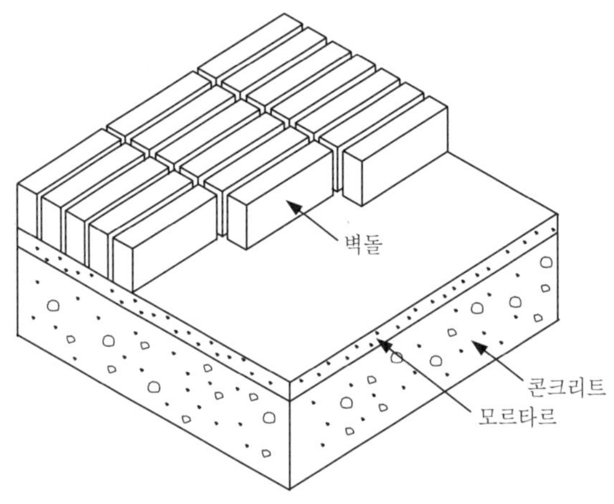

그림 10.5 벽돌 붙임(깔기)

그림 10.6 바닥타일 시공 모습

③ 타일 붙임

나무 바탕이나 콘크리트 바탕 위에 모르타르를 깔고 붙이며, 바닥용 클링커 타일(clinker tile) 및 모자이크 타일(mosaic tile)이 사용된다. 모자이크 타일은 특히 장식을 겸한 것으로 널리 이용된다. 타일의 줄눈 크기는 일반적으로 4~5mm로 하며, 모자이크 타일은 크기가 작기 때문에 줄눈도 2mm 정도로 작게 한다. 그러나 경우에 따라서는 줄눈 없이 타일을 붙여서 시공하기도 한다. 그림 10.6에 줄눈이 있는 경우와 없는 경우의 타일 시공 모습을 나타낸다.

3) 아스팔트타일, 고무타일, 플라스틱타일 붙임

인공적으로 만든 타일로서 콘크리트 바탕이나 나무 바탕 위에 모르타르가 아닌 접착제를 사용하여 붙인다. 붙이는 방법은 나무널판(플로어링 보드)과 마찬가지로 콘크리트 바탕에서는 접착제를 이용해서 직접 붙이고, 나무 바탕에서는 내수(耐水)합판과 밑창널을 깐 다음 접착제를 사용하여 부착한다.

4) 리놀륨, 고무시트, 플라스틱시트 붙임

상기 아스팔트타일 등과 같은 방법으로 붙인다. 아스팔트타일 등은 타일이라는 이름에서 알 수 있듯이 크기가 작고, 리놀륨 등은 크기가 크다는 차이점이 있다.

(2) 바름바닥

시멘트모르타르, 인조석, 테라조 등을 바닥에 발라 마감하는 것을 말한다. 인조석이란 자연석이 아닌 인공적으로 만든 것으로, 시멘트와 모래를 섞어 물로 개고 이것에 화강암, 석영, 대리석 등의 깬 돌이나 가루 그리고 황토 등을 혼합하여 만든 것을 말한다. 또 테라조는 인조석의 일종으로 대리석이나 화강암 등을 잘게 깬 것에 착색한 시멘트 등을 섞어 굳힌 다음 표면을 갈아 대리석같이 윤이 나게 만든 것이다. 주택 등에서는 시멘트모르타르가, 일반 건물에서는 테라조가 많이 이용된다.

1) 시멘트모르타르 바름

콘크리트 바탕 위에 시멘트풀(시멘트에 물을 넣어 반죽한 것)을 깔고, 시멘트와 모래의 배합비가 1 : 2인 모르타르를 24~30mm 정도 두께로 바른 뒤 흙손으로 평탄하게 마무리한다. 바름바닥은 바닥에 균열이 발생하기 쉬우므로, 시멘트모르타르 바름을 할 때도 바닥이 좁을 때는 관계없으나 바닥이 넓을 때는 2m 이하의 간격으로 그림 10.7과 같이 줄눈을 두어 바닥에 신축이 발생해도 균열이 생기기 않도록 한다. 줄눈 부분에는 공사시방서 등에 지정되어 있는 충전재를 채워 넣는다.

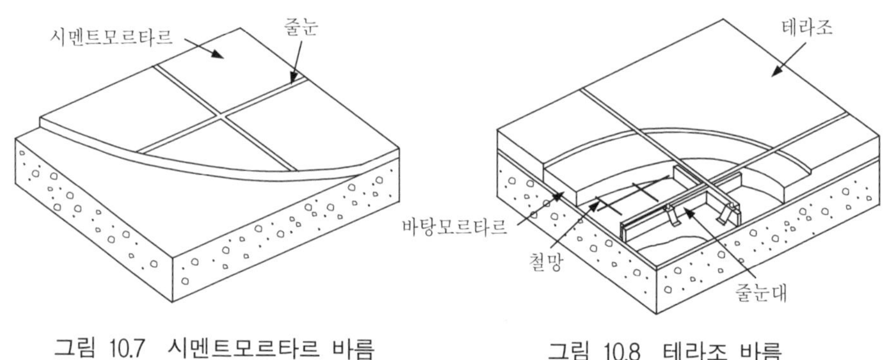

그림 10.7 시멘트모르타르 바름

그림 10.8 테라조 바름

2) 테라조 바름

시멘트모르타르 바름과 마찬가지로 테라조 바름도 바닥에 균열이 발생하기 쉽기 때문에 줄눈을 설치한다. 테라조 바름에서는 $1.2m^2$ 이내마다 그림 10.8과 같이 줄눈대를 설치하며 재료는 일반적으로 황동제가 이용된다. 줄눈대를 시공한 후에는 시멘트풀(cement paste)을 바른 다음 배합비 1 : 2인 모르타르를 20mm 정도 발라 바탕을 만들고 테라조를 15mm 정도의 두께로 바르고 고르게 다진다. 바른 것이 모두 굳으면 기계로 평평하게 갈면서 광내기를 한다.

(3) 특수바닥

1) 방사선 차폐바닥

방사선실은 방사선이 실 밖으로 빠져나가지 않도록 벽과 함께 차폐구조로 한다. 구성은 그림 10.9와 같이 콘크리트바닥 위에 납판을 깔고 그 위에서 경량콘크리트로 누르도록 하고 모르타르를 바른 다음 아스팔트 타일 등을 깐다. 납판의 두께는 방사선실의 규모에 따라 정해진다.

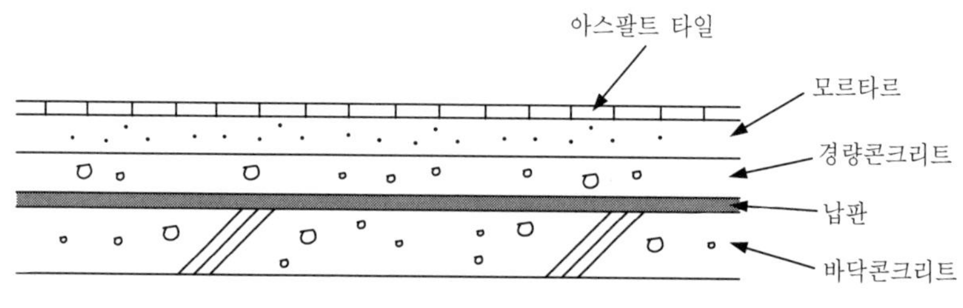

그림 10.9 방사선 차폐바닥

2) 프리 액세스 플로어(free access floor)

바닥 마감판을 언제든지 해체 및 조립할 수 있도록 하여 배선이나 배관과 같은 전기 및 기계설비의 설치와 해체를 손쉽게 하기 위한 바닥구조를 프리 액세스 플로어 또는 간단히 액세스 플로어라 한다. 인텔리전트빌딩은 물론 일반 건물에서도 컴퓨터실과 같이 배선이 많은 공간은 프리 액세스 플로어로 바닥 마감을 하는 경우가 많다. 그림 10.10에 프리 액세스 플로어의 개념도 및 바닥 아래 배선의 모습을 나타낸다.

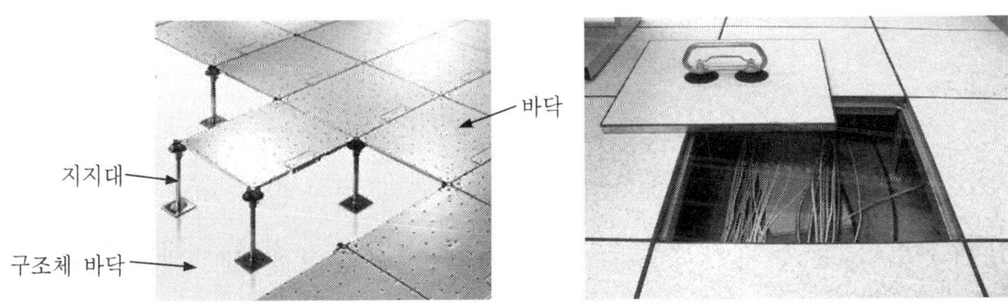

그림 10.10 프리 액세스 플로어

3) 온돌바닥

온돌은 우리나라의 전통적인 난방방식으로, 바닥 구조체를 가열하여 그 표면에서 방출되는 복사열을 이용해서 난방을 하는 것을 말하며, 온돌이 놓인 바닥을 온돌바닥이라 한다.

전통적인 온돌은 바닥 밑에서 불을 때어 화염 및 연기로 바닥을 가열하는 것이지만, 현재 대부분의 건물에서는 그림 10.11 (a)와 같이 바닥 속에 온수배관을 설치하고 그 속에 온수를 보냄으로써 바닥을 가열하는 방법이 일반적이다.

온수배관의 재질은 과거에는 강관이나 동관을 이용했으나 현재는 수명 및 작업의 용이성 등으로 인해 대부분 플라스틱계(합성수지) 배관이 이용되고 있다.

그림 10.11 (b)는 바닥 구조체 위에 온수배관을 깔고 그 위에 모르타르를 덮기 전의 모습이다.

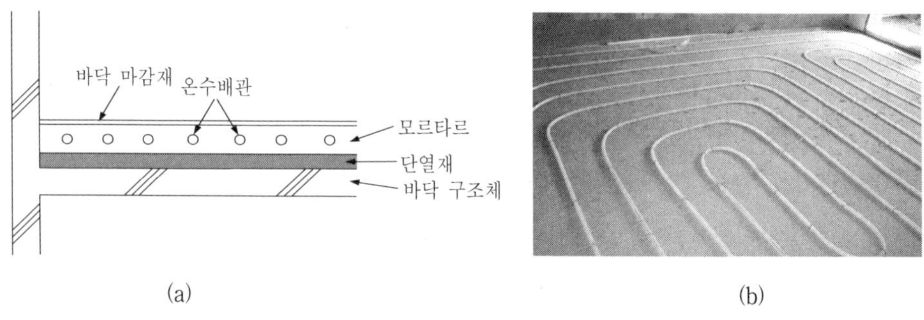

(a) (b)

그림 10.11 온돌바닥

3. 벽

벽은 구조적으로는 힘을 받는 내력벽과 힘을 받지 않는 비내력벽으로, 그리고 위치적으로는 외기와 접해 있는 외벽과 내부공간을 구획하는 내벽으로 구분된다.

(1) 벽 바탕

벽체를 마감하기 위해서는 마감재를 부착 또는 바르기 위한 바탕이 먼저 이루어져야 하는데, 바탕 공법은 벽 마감재료의 종류에 따라 여러 종류가 있으며, 대표적인 것으로 다음과 같은 것들이 있다.

1) 띠장바탕

널 등을 붙이기 위해 그림 10.12와 같이 각재(角材)를 가로로 댄 것을 띠장바탕이라 한다. 벽체가 콘크리트나 벽돌인 경우에는 뒤에 설명하는 나무벽돌을 묻어 놓고 띠장을 붙인다.

2) 졸대바탕

그림 10.13에 나타낸 바와 같이 좁고 긴 재료를 졸대라 하는데, 졸대바탕은 안벽에 회반죽을 바를 때 주로 쓰인다. 한편 졸대바탕에서는 마감 바름재의 균열이 발생할 수 있는데, 이것을 방지하기 위해 뒤에 설명하는 메탈라스를 설치하기도 한다.

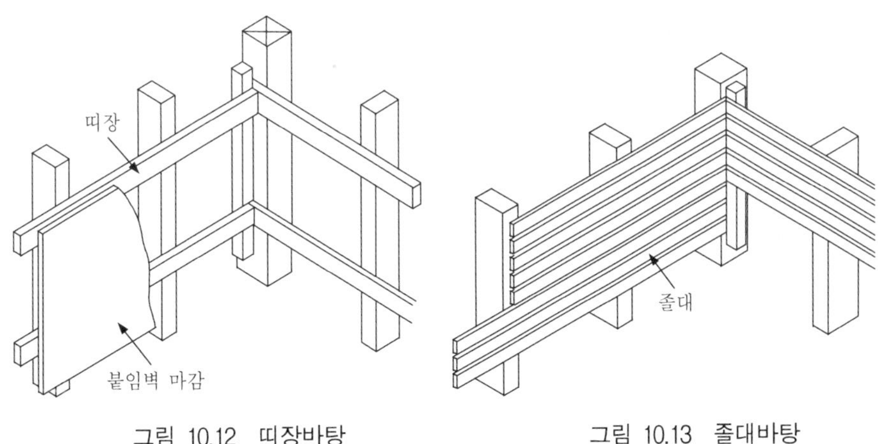

그림 10.12 띠장바탕

그림 10.13 졸대바탕

3) 라스바탕

라스(lath)란 벽에 모르타르 등을 바르기 위해 그물처럼 만든 철망을 말하며, 메탈라스(metal lath)와 와이어라스(wire lath)가 있다. 둘 다 금속으로 된 것으로 제작방법의 차이가 있으나 형상은 같다. 목조나 철골조의 모르타르 바름 또는 타일 붙임에 쓰이며, 그림 10.14는 목조의 바름벽 바탕으로서의 라스바탕을 나타낸다.

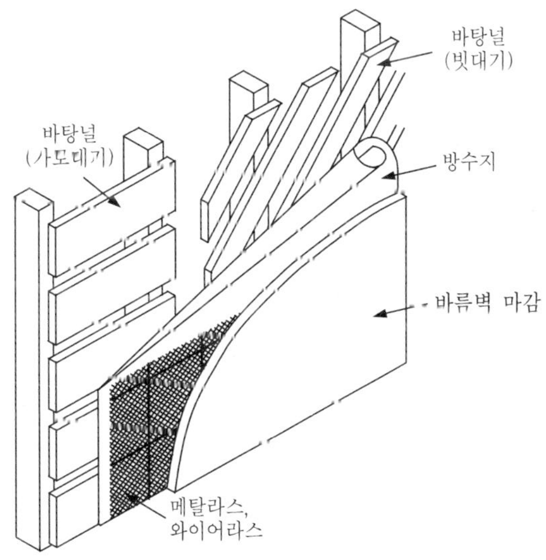

그림 10.14 라스바탕

4) 나무벽돌

콘크리트, 벽돌, 블록 등의 벽체에서 띠장 등을 받기 위해 그림 10.15와 같이 벽에 묻거나 접착제로 붙인 것을 나무벽돌이라 하며, 이 나무벽돌에 띠장을 대고 마감재를 붙이게 된다.

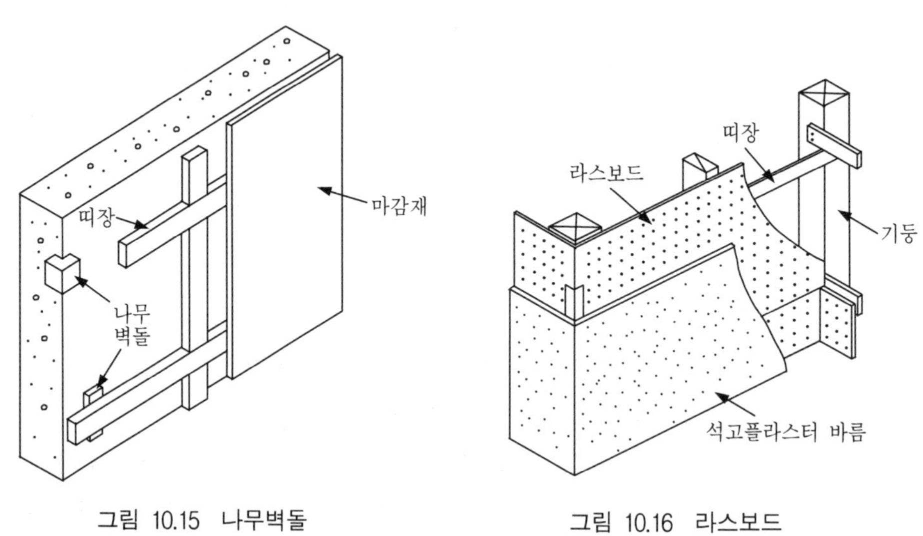

그림 10.15 나무벽돌

그림 10.16 라스보드

5) 라스보드(lath board)

앞서 라스바탕에서 라스에 대해 설명했는데, 라스보드는 라스와 형태 및 재료는 다르지만 역할은 같다. 즉 그림 10.16과 같이 석고를 재료로 해서 만든 석고판에 작은 구멍을 많이 뚫은 것을 라스보드라 하며 석고플라스터의 바탕으로 사용한다.

한편, 콘크리트, 벽돌, 블록의 벽면은 이와 같은 바탕 없이 직접 바름재를 발라 마감하는 경우도 많은데, 구조체가 바탕의 역할을 겸하기 때문에 강도면에서 유리하지만, 구조체에 균열이 생길 경우 그 균열이 마감재에 그대로 나타나는 결점이 있다.

(2) 외벽

1) 판벽

비교적 얇은 널을 가로 또는 세로로 댄 벽을 가로판벽, 세로판벽이라 한다.

가로판벽에는 형태에 따라 여러 종류가 있으며, 그림 10.17에 그 예를 나타낸다. 가로판벽은 빗물이 안으로 들어오는 것을 방지하기 위해 그림에 나타낸 벽체 단면과 같이 가로판의 아래쪽이 튀어나오도록 약간 경사지게 설치한다. 한편, 세로판벽은 그림 10.18에서와 같이 쪽매로 접합하거나 틈막이대를 대어 빗물의 침투를 방지하는데, 가로판벽보다는 그 성능이 떨어져서 외벽의 설치 방법으로는 그다지 사용되지 않는다.

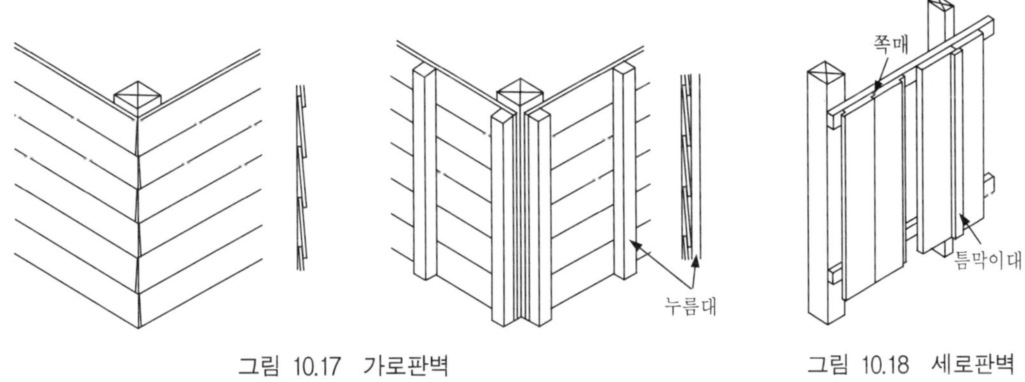

그림 10.17 가로판벽

그림 10.18 세로판벽

2) 바름벽

바름벽으로 가장 널리 이용되는 시멘트모르타르벽과 함께, 한식벽, 회반죽벽 등이 있다. 시멘트모르타르벽은 시멘트와 모래의 배합비를 1 : 2~1 : 3 정도로 한 모르타르를 사용하며, 공법은 바름바닥에서 설명한 것과 동일하다. 한식벽은 진흙을 주재료로 하고 짚여물, 모래 등을 물로 반죽하여 바르며, 또 회반죽벽은 소석회를 주재료로 하고 여물을 섞으며, 그 외 점도 조절재로 모래 등을 섞어 바른다.

3) 붙임벽

붙임벽에 사용되는 마감재료로는 타일, 돌, 테라코타 등이 있으며, 각 재료마다 벽 바탕에서 설명한 바와 같은 방법으로 붙인다. 테라코타(terra-cotta)는 좋은 품질의 진흙을 구워 만든 것으로 구조용 또는 장식용으로 사용된다. 그림 10.19에 타일 붙임벽의 구성을, 그림 10.20에 테라코타로 마감한 벽을 나타낸다.

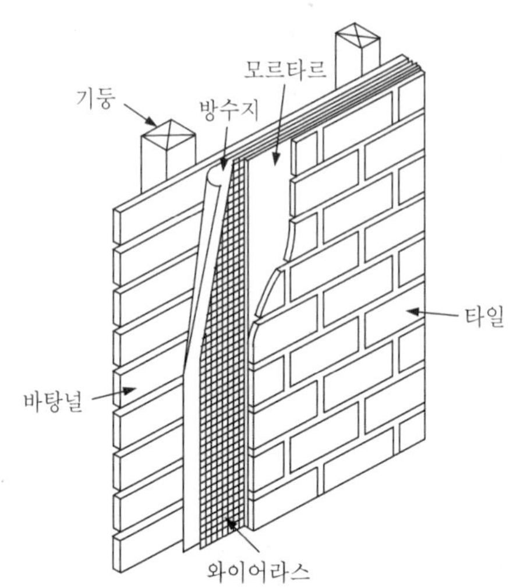

그림 10.19 타일 붙임벽

그림 10.20 테라코타로 마감한 벽

4) 커튼월(curtain wall)

커튼월이란 커튼과 같은 벽, 즉 힘을 받지 않는 비내력벽으로, 건물의 내부와 외부의 칸막이 역할을 하는 것이라 할 수 있다. 공장에서 제작한 프리캐스트 콘크리트나 금속에 유리를 끼워 외벽을 구성하는데, 외벽이 규격화되기 때문에 공기단축 및 품질향상에 도움이 되어 고층건물에 많이 적용된다.

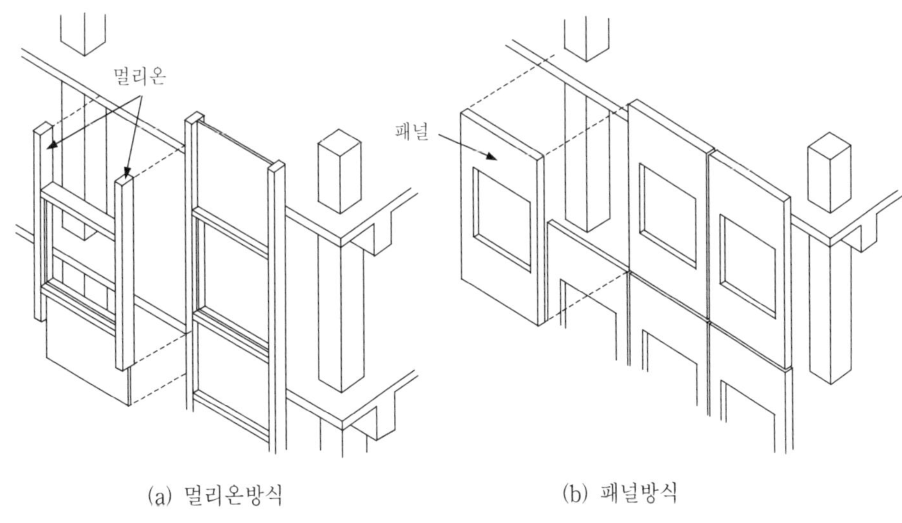

(a) 멀리온방식 (b) 패널방식

그림 10.21 커튼월의 종류

커튼월은 구성방식에 따라 여러 종류가 있으나 대표적인 것으로는 멀리온방식과 패널방식이 있다.

멀리온(mullion)방식은 그림 10.21 (a)에 나타내는 멀리온을 세로로 일정간격으로 배치하여 슬래브나 보에 접합하고, 멀리온 사이에 새시, 유리, 패널 등을 끼워 벽체를 구성하는 방식이다. 또 패널(panel)방식은 그림 10.21 (b)와 같이 창과 벽을 일체로 만든 한 층 높이의 단일 패널을 슬래브나 보에 접합하여 벽체를 구성하는 방식이다.

(3) 내벽

1) 판벽

① 판벽, 징두리판벽, 징두리양판벽

일반적으로 벽 전체에 마감재를 붙인 벽을 판벽, 바닥에서 1~1.5m 정도까지 붙인 벽을 징두리판벽이라 한다. 그림 10.22는 벽 하부에 타일을 붙인 징두리판벽을 나타낸다. 또 벽 하부에 틀을 짜 붙이고 틀 안에 넓은 판을 끼워 넣은 것을 징두리양판벽이라 한다. 그림 10.23에 징두리양판벽의 시공 모습을 나타낸다.

그림 10.22 징두리판벽

그림 10.23 징두리양판벽의 시공 모습

② 코펜하겐리브벽

리브(rib)란 갈비뼈를 의미하는 것으로 두꺼운 목재의 표면을 그림 10.24 (a)와 같은 갈비뼈 형태로 가공했다 하여 리브란 이름이 붙었으며, 덴마크의 코펜하겐에 있는 방송국에서 처음 적용된 벽이기 때문에 코펜하겐리브벽이라 한다.

(a)

(b)

그림 10.24 코펜하겐리브벽

코펜하겐리브는 실내에서의 에코를 방지하면서 음향효과를 높이기 위해 사용된 것이었으나 지금은 장식적 의미로도 사용되고 있다. 그림 10.24 (b)에 코펜하겐리브벽을 나타낸다.

③ 걸레받이

바닥을 물걸레로 청소할 때 벽 하부에 걸레가 닿아 더러워지는 것을 방지하기 위해 바닥과 벽의 연결부분에 대는 것을 걸레받이라 한다. 걸레받이는 보통 100~200mm 높이로 하여 벽면보다 10~20mm 밖으로 나오게 하거나 안으로 들어가게 한다. 그림 10.25에 걸레받이를 나타낸다.

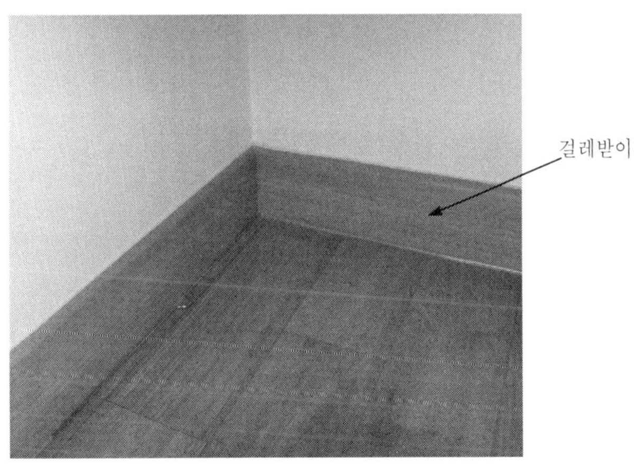

그림 10.25 걸레받이

2) 바름벽

외벽의 바름벽과 재료 및 공법 등이 유사하며, 내벽의 경우 빗물이 떨어질 염려가 없으므로 내수성(耐水性)은 떨어져도 관계없으며, 다만 삼촉은 외벽보다 좋을 필요가 있다.

3) 붙임벽

타일, 돌, 합판, 섬유판, 종이 등이 붙임벽의 마감재료로 사용되며, 타일이나 돌은 외벽에서의 붙임벽의 경우와 동일하다.

합판이나 섬유판은 나무구조에서는 띠장에, 경량철골조에서는 기둥이나 샛기둥에 직접 붙이며, 콘크리트구조나 벽돌구조 등에서는 벽 바탕에서 설명한 나무벽돌에 띠장을 대고 붙인다.

종이와 같은 마감재를 붙이는 것을 도배라 한다. 도배는 부드러운 느낌을 줄 뿐 아니라 색깔과 무늬의 선택이 자유롭고 시공도 간단해서 주택에서 많이 사용된다. 도배의 바탕으로는 회반죽바탕, 모르타르바탕 및 합판이나 석고보드와 같은 넓은 판이 이용된다.

(4) 벽의 보호

벽체의 모서리는 부딪힘 등으로 인해 손상을 받기 쉽기 때문에, 손상의 경감 및 방지를 위해 그림 10.26과 같은 코너비드(corner bead)를 댄다. 코너비드는 주로 금속재가 사용되지만 목재나 염화비닐재가 사용되기도 한다.

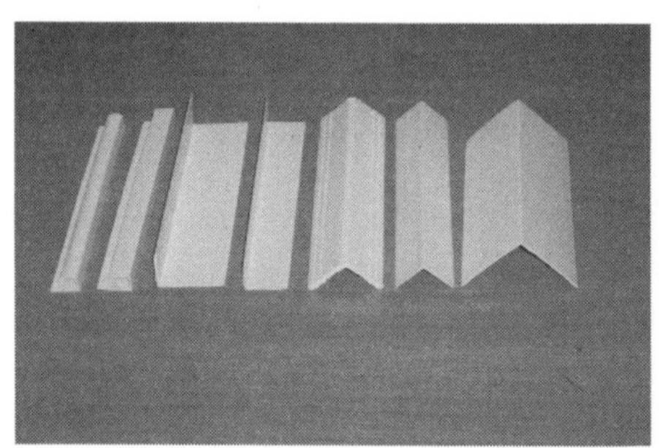

그림 10.26 코너비드의 종류와 설치 모습

4. 천장

실내의 상부를 구획한 면을 천장이라 하는데, 건축법상으로는 반자라 한다. 또 반자의 바탕구성체를 반자틀이라 한다. 반자는 달반자와 제물반자로 나뉘는데, 달반자는 반자를 지붕틀에 매다는 것이고, 제물반자는 위층 바닥판에 그대로 반자를 만드는 것이다. 따라서 특별한 경우를 제외하고는 대부분의 반자는 달반자이다.

(1) 반자틀

1) 목재 반자틀

철근콘크리트구조에서의 목재 반자틀을 나타낸 그림 10.27과 같이 아래에서 위로 반자틀, 반자틀받이, 달대, 달대받이로 구성된다.

① 반자틀 : 반자를 고정시키는 것으로 반자대라고도 하며, 보통 0.45m 간격으로 댄다. 실무적으로는 천장틀이라고도 한다.

② 반자틀받이 : 반자틀을 고정시키며, 약 0.9m 간격으로 대고 달대로 매단다.

③ 달대 : 반자틀받이와 달대받이를 접속하면서 반자틀받이를 고정시켜 주는 것으로 약 1.2m 간격으로 한다.

④ 달대받이 : 달대를 받으며 약 0.9m 간격으로 댄다.

한편 그림에는 나타나 있지 않으나, 반자와 벽이 만나는 부분에는 미관을 위해 그림 10.28과 같은 반자돌림대를 댄다.

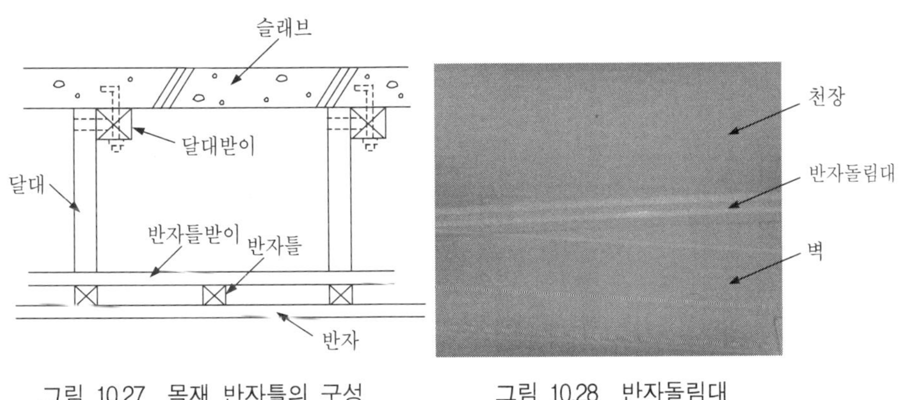

그림 10.27 목재 반자틀의 구성 그림 10.28 반자돌림대

2) 철재 반자틀

과거에는 목재 반자틀이 많이 이용되었으나, 화재의 위험성 등으로 인해 근래 철재 반자틀이 많이 이용되고 있다. 기본구성은 목재 반자틀과 유사한데, 달대에 해당되는 것이 달대볼트이고 이 달대볼트를 인서트(insert)에 연결시킨다. 인서트는 콘크리트에 미리 매설시켜 놓는다. 그림 10.29에 철재 반자틀의 구성을 나타낸다.

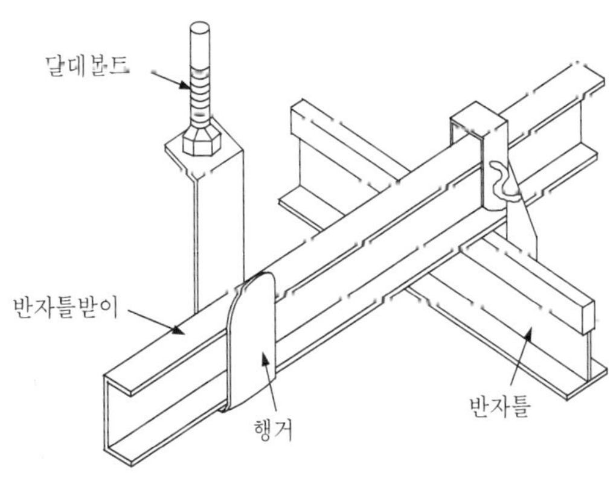

그림 10.29 철재 반자틀의 구성

(2) 반자의 종류

1) 바름반자

그림 10.30 (a)와 같이 반자틀에 졸대, 라스보드 등을 걸고 그 위에 회반죽이나 모르타르를 발라서 구성한다. 그림은 회반죽바름을 나타내고 있다. 또 철근콘크리트구조에서 별도의 반자가 없는 제물반자(앞에서 설명했듯이, 위층 바닥이 아래층 천장이 되는 반자)로 할 때는 그림 10.30 (b)와 같이 콘크리트 바닥판에 직접 모르타르를 발라 구성한다. 그림에 표현되어 있듯이, (a)에서의 회반죽이나 (b)에서의 모르타르 등을 바를 때는 한 번만 바르는 것이 아니고 세 번 정도 반복해서 바르는 것이 바름의 균일성 등을 위해 바람직하다.

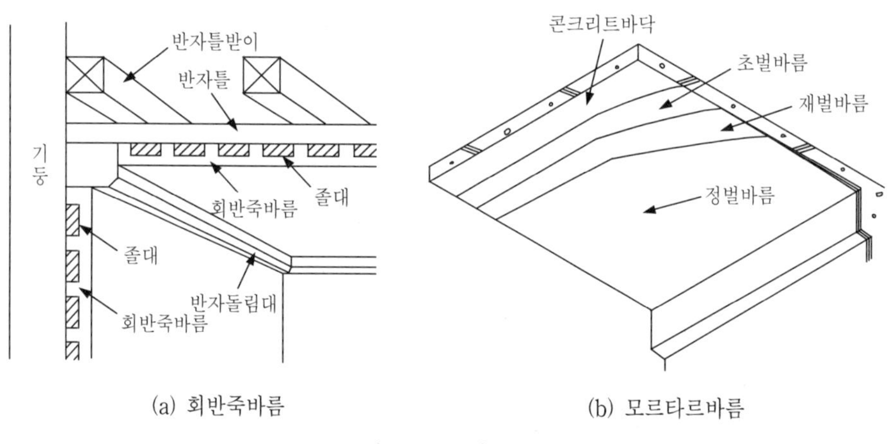

(a) 회반죽바름 (b) 모르타르바름

그림 10.30 바름반자

2) 붙임반자

① 널반자

반자틀 밑에 널을 대서 반자를 구성하는 것으로, 그림 10.31과 같이 형태에 따라 치받이널반자, 살대반자, 우물반자 등이 있다.

그림에서 알 수 있듯이, 치받이널반자는 반자틀을 짜고 그 밑에 널을 대고 못박아 붙인 것이고, 살대반자는 반자틀 밑에 넓은 널이나 합판을 대고 그 밑에 살대를 붙여 구성한 것이다. 또 우물반자는 반자틀을 격자형태로 만들어(이것을 격자틀이라 한다), 그 위에 또는 사이사이에 양판을 대고 양판의 윗면에서 달대를 다는 형태로 만든 것이다.

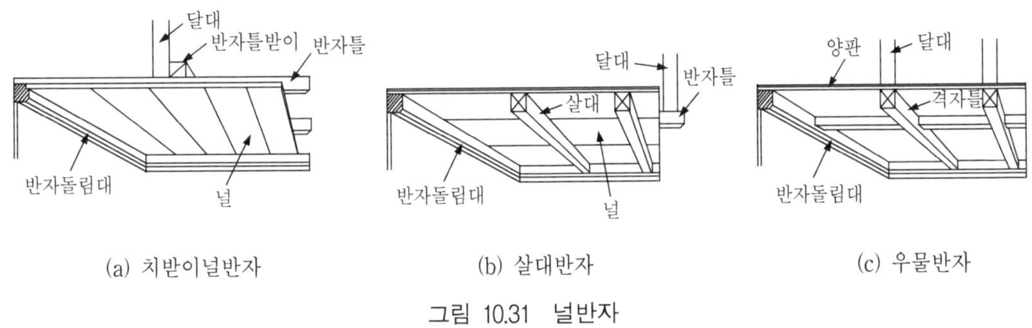

(a) 치받이널반자　　(b) 살대반자　　(c) 우물반자

그림 10.31 널반자

② 판반자

합판, 석고판, 금속판 등을 반자틀에 대는 반자를 말하며, 원래 크기대로 또는 적절한 크기로 잘라서 붙이는 것을 넓은 판반자라 하며, 합판 등을 300~600mm 정도의 작은 크기로 만들어 사용하는 것을 작은 판반자라 한다. 일반적인 건물에서는 그림 10.32와 같이 판에 작은 홈을 내서 흡음효과도 겸하게 한 작은 판반자를 많이 적용한다.

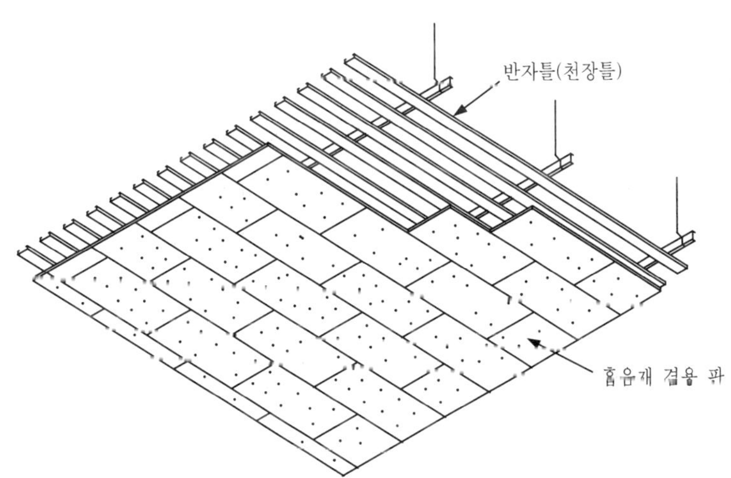

그림 10.32 흡음재 겸용 작은 판반자

찾아보기

(ㄱ)

(ㄴ)

(ㄷ)

(ㅇ)

(ㅍ)

(ㅎ)

참고문헌

- 건축일반구조학, 장화균 외, 기문당, 2011
- 건축일반구조, 정세환 외, 세진사, 2010
- 건축제법규 해설, 장동찬, 기문당, 2010
- 건축+법 이야기, 윤혁경, 기문당, 2010
- NET ZERO, 삼우설계, 2010
- 건축구조학, 김정섭 외, 기문당, 2009
- 건축일반구조, 강병두 외, 구미서관, 2009
- 건축구조학, 고만영 외, 구미서관, 2009
- 건축구조기준 및 해설, 대한건축학회, 2009
- 건축물의 구조기준 등에 관한 규칙, 국토해양부, 2009
- 건축공사 표준시방서, 국토해양부, 2009
- 친환경건축물 요소기술과 설계기법, 삼우설계, 2008
- 건축일반구조학, 김노동, 보성각, 2008
- 건축일반구조학, 서삼열, 보성사, 2008
- 건축일반구조, 김봉주 외 역, 문운당, 2008
- 건축일반구조학, 정평란, 형설출판사, 2007
- 건축일반구조학, 송성진 외, 문운당, 2007
- 건축구조학, 이홍렬, 기문당, 2007
- 건축일반구조학, 김정수 외, 문운당, 2007
- 건축일반구조학, 정상진 외, 기문당, 2006
- 실내건축일반구조학, 김남효 외, 서우문화사, 2005
- 건축기술 실무이야기, 삼성물산, 공간예술사, 2001
- 건축일반구조학, 이정우, 보성각, 2000
- 건축구조학, 장기인, 보성각, 2000
- 건축일반구조, 조병선, 광문각, 1999
- 건축일반구조, 조동제 외, 성진사, 1999
- 건축용어사전, 건축용어편찬위원회, 건설연구사, 1999
- 건축용어사전, 김평탁, 기문당, 1995
- 圖說やさしい建築一般構造, 今村仁美 외, 學藝出版社, 2009
- はじめての建築一般構造, 建築のテキスト編輯委員會, 學藝出版社, 1996

□ 저자 약력 □

• 이 철 구
(日) 國立豊橋技術科學大學 공학박사
(日) 新菱冷熱工業株式會社
삼우설계
현 세명대학교 건축공학과 교수

• 이 응 직
(독) Dortmund대학교 공학박사
(독) 건축사사무소 PEZOLA
(독) Dortmund대학교 건축환경연구소
현 세명대학교 건축공학과 교수

• 방 승 기
한양대학교 공학박사
현대건설
현 경민대학교 건축과 교수

• 함 흥 돈
한양대학교 공학박사
선진설비연구소
현 대원대학교 소방안전관리과 교수

• 이 완 건
홍익대학교 공학박사
건축연구소 탑
유일건축사사무소
현 세명대학교 건축공학과 교수

건축일반구조의 이해 값 20,000원

저 자 이 철 구
이 응 직
방 승 기
함 흥 돈
이 완 건

판권 검인

발행인 문 형 진

2011년 8월 22일 제1판 제1쇄 발행
2015년 3월 10일 제2판 제1쇄 발행
2018년 9월 12일 제2판 제2쇄 발행
2019년 9월 11일 제2판 제3쇄 발행

발행처 세 진 사
㊕02859 서울특별시 성북구 보문로 38 세진빌딩
TEL : 02)922-6371~3, 923-3422 / FAX : 02)927-2462
Homepage : www.sejinbook.com
〈등록. 1976. 9. 21 / 서울 제307-2009-22호〉